AF369430

ÉCLAIRAGE

À

L'ÉLECTRICITÉ

Pour tous les renseignements complémentaires relatifs à l'éclairage à l'électricité, on peut s'adresser directement à M. Hippolyte Fontaine, rue Drouot, 15, Paris.

SAINT-OUEN (SEINE). — IMPRIMERIE JULES BOYER
(Société générale d'imprimerie).

ÉCLAIRAGE

A

L'ÉLECTRICITÉ

RENSEIGNEMENTS PRATIQUES

PAR

HIPPOLYTE FONTAINE

DEUXIÈME ÉDITION

81 GRAVURES DANS LE TEXTE

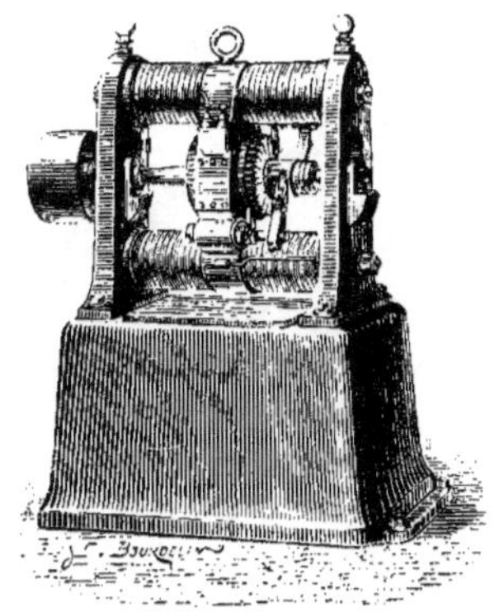

PARIS

LIBRAIRIE POLYTECHNIQUE

J. BAUDRY, LIBRAIRE-ÉDITEUR

RUE DES SAINTS-PÈRES, 15

LIÉGE, MÊME MAISON

1879

AVANT-PROPOS

La première édition de cet ouvrage a été mise en vente
au mois de mai 1877 : il y a juste deux ans. Elle a été tra-
duite en anglais et en allemand, et tous les tirages ont été
rapidement épuisés.

Ce succès, assez rare lorsqu'il s'agit d'ouvrages technolo-
giques, vient surtout de l'actualité du sujet traité et des renseignements pratiques que nous avions réussi à grouper et à
coordonner entre eux.

Aujourd'hui, comme en 1877, la lumière électrique est à
l'ordre du jour. Un nombre considérable d'inventeurs s'occupent d'en perfectionner l'emploi et les manufacturiers
commencent à s'en servir d'une manière courante. Person-
nellement, nous avons fait, en deux ans, plusieurs centaines
d'installations et recueilli une foule de notes sur les travaux
des électriciens français et étrangers : aussi cette nouvelle
édition a-t-elle pu être notablement augmentée et contenir
une foule de documents inédits.

Voici, en quelques traits rapides, l'état actuel de la
question d'éclairage à l'électricité.

L'invention de M. Gramme avait donné à la lumière électrique ses grandes entrées dans les usines et les ateliers de construction ; MM. Sautter et Lemonnier l'ont brillamment lancée dans la marine et l'art militaire ; M. Breguet l'a surtout fait connaître dans les laboratoires et en Angleterre ; M. Jaspar s'applique à la propager en Belgique, M. Siemens en Prusse, M. Mercier en Autriche, M. Konn en Russie, M. Dalmau en Espagne, etc. ; et voilà que la bougie de M. Jablochkoff, aidée de la machine Gramme, la répand dans les magasins, dans les hôtels et même sur les voies publiques.

Ce développement est-il appelé à croître sans cesse comme l'espèrent les électriciens, ou les installations existantes vont-elles disparaître à bref délai ainsi que l'affirment les Compagnies de gaz ? C'est ce à quoi il est facile de répondre.

Une industrie est passagère lorsqu'elle a pour unique base la mode et qu'elle ne répond pas à un besoin général. Elle devient, au contraire, nécessairement prospère lorsqu'elle rend des services réels et qu'elle est basée sur des principes véritablement économiques.

Or, il est incontestable que, lorsqu'on a besoin d'une lumière très-intense en un seul point, comme cela a lieu dans les forts pour surveiller l'ennemi, dans les ports pour combattre l'effet destructif des bateaux torpilles, dans les phares pour guider les navigateurs, la lumière électrique est non seulement la plus économique de toutes les lumières, mais elle est encore souvent la seule qui soit applicable. Il est également certain que, pour un grand chantier de travaux publics comme celui de l'avant-port du Havre ou pour une vaste enceinte comme celle de l'Hippodrome de Paris où il est impossible de suspendre des appareils d'éclairage et de placer des candélabres sur la piste, la lumière électrique est la seule possible, la seule qui puisse remplacer le soleil absent.

On peut donc tout d'abord affirmer que l'éclairage à l'électricité a un domaine qui lui est propre et où il ne craint même pas la concurrence des autres systèmes. Cela seul suffirait à lui assurer un grand avenir, alors même qu'il ne conviendrait pas pour beaucoup d'autres applications.

Pour l'éclairage des habitations particulières, le gaz offre la solution la plus agréable, la plus commode et la plus économique. L'électricité pourra bien, par-ci par-là, pénétrer dans quelques grands appartements ou dans quelques somptueux hôtels, mais ce sera une exception si rare qu'il est inutile d'en tenir compte.

Pour l'éclairage des voies publiques, c'est également le gaz qui convient le mieux. Cependant les grandes avenues et les vastes places peuvent déjà utiliser les bougies Jablochkoff, et cela malgré les petites imperfections qu'on rencontre toujours au début d'une exploitation et qui disparaîtront à bref délai.

Pour les grands magasins, les grands cafés, et en général pour les établissements qui cherchent à attirer la clientèle par la beauté des marchandises mises en vente ou par la richesse de leur décoration, la lumière électrique fractionnée est une solution qui s'imposera d'elle-même dans toutes les villes importantes.

Pour l'éclairage des usines, des ateliers de mécanique, des forges, des fonderies et des manufactures, la lumière électrique se présente avec ses avantages et ses inconvénients en concurrence avec le gaz, l'huile et le pétrole. Le plus souvent le gaz et l'électricité sont seuls en présence.

Le gaz jouit, comme agent lumineux, de propriétés remarquables : il procure un éclairage bien uniforme résultant de son fractionnement en un grand nombre de foyers peu intenses ; son emploi est commode et facile, car il suffit d'ouvrir un robinet pour qu'il arrive aux brûleurs ; une fois allumé, il brûle indéfiniment sans qu'on ait à s'en occuper ; il peut être allumé et éteint aussi souvent que cela est nécessaire ; sa flamme peut être augmentée ou diminuée à volonté suivant les besoins et passer de l'éclat de la plus belle lampe à la lueur de la plus modeste veilleuse ; enfin, dans presque toutes les villes, il est toujours à la disposition du consommateur, la nuit comme le jour.

Ses inconvénients résident surtout dans l'odeur désagréable répandue par la moindre fuite, dans la couleur jaune de sa flamme, qui altère la nuance des objets éclairés, dans la chaleur considérable qui accompagne sa combustion, ce qui le rend malsain dans les locaux peu ventilés et très habités ; et surtout dans les incendies et les explosions qu'il provoque assez fréquemment.

La lumière électrique possède des avantages également très remarquables ; elle dégage une faible chaleur, et n'emprunte à l'air ambiant qu'une petite partie de son oxygène, ce qui rend son usage très salubre ; elle conserve aux couleurs les nuances qu'elles ont le jour, et permet de différencier les teintes les plus voisines ; elle crée dans les usines un éclairage ambiant qui facilite la surveillance, diminue les chances d'accidents et simplifie les travaux de manutention ; elle peut fournir des foyers d'une puissance extraordinaire, éclairer des espaces très-éloignés du lieu de sa production, et répandre autour d'elle une splendide lumière diffuse ; elle écarte les dangers d'incendie, et son prix est extrêmement minime, eu égard à son pouvoir éclairant.

Ses inconvénients, qui sont surtout la conséquence de sa récente mise en pratique, et que l'expérience de quelques années supprimera certainement en partie, peuvent se résumer ainsi : elle perd beaucoup de son intensité totale lorsqu'on la divise en petits foyers, ce qui la rend difficilement applicable aux petits locaux ; elle donne lieu à des extinctions, de courte durée il est vrai, mais d'un effet désagréable sur les voies publiques ; elle exige l'emploi d'un moteur ; sa production donne lieu à un bruit souvent très fatigant ; et elle demande quelques manipulations pour le remplacement des crayons ou des bougies.

Si les ateliers sont composés de pièces relativement petites, si les plafonds sont bas, les outils élevés et encombrants. Le gaz est généralement préférable à l'électricité. Si les locaux sont vastes, les plafonds suffisamment élevés, les outils assez espacés, l'électricité est généralement préférable au gaz. Il y a, pour chaque cas particulier, un calcul à établir avec des données qui dépendent surtout du prix du gaz dans la localité, et du genre de travail à exécuter dans les usines.

Mais, malgré la concurrence qui peut s'établir, dans certains cas, entre l'éclairage à l'électricité et l'éclairage au gaz, l'industrie du gaz ne sera jamais arrêtée dans son développement par l'industrie de l'électricité.

Nous avons dit au meeting de l'Institution des ingénieurs mécaniciens anglais, et nous ne saurions trop répéter que la lumière électrique ne peut nuire en rien ni au gaz, ni aux lampes à huile, ni aux bougies ; au contraire. Elle ne vient pas modifier, comme le prétendent certains financiers, de fond en comble la question de l'éclairage, détruire ce qui existe, monopoliser à elle seule toutes les applications industrielles, domestiques et publiques. La lumière électrique a sa place marquée dans une foule de circonstances, mais loin de faire diminuer la consommation des autres lumières, elle en développera l'emploi, en faisant ressortir les avantages d'un éclairage plus intense et plus complet.

Le champ d'exploitation de cette nouvelle industrie est immense, mais il ne représente certainement pas la centième partie de l'éclairage général, et on peut, sans rien exagérer, prévoir, qu'à bref délai, l'éclairage général sera doublé.

Les électriciens peuvent donc poursuivre leurs recherches, car leurs travaux recevront sans aucun doute leur juste récompense ; de leur côté, les porteurs d'actions des Compagnies de gaz peuvent dormir tranquilles, leurs titres sont à l'abri d'une baisse réellement motivée.

C'est là du moins l'humble avis de l'auteur.

TABLE DES MATIÈRES

CHAPITRE I

DE L'ARC VOLTAÏQUE

Des divers moyens d'obtenir la lumière électrique. — Arc voltaïque. — Ses propriétés. — Expériences de Despretz. — Aspect de deux charbons pendant leur éclat. — Expérience de Matteucci. — Conférence de M. Le Roux. — Analogie entre la lumière électrique et la lumière solaire. — Expériences de M. Tyndall sur la chaleur développée par l'arc voltaïque. — Emploi de la lumière électrique dans les théâtres. — Eclairage des travaux de nuit. — Rapport de M. Brüll sur l'emploi des régulateurs Serrin en Espagne. .   1

CHAPITRE II

RÉGULATEURS ÉLECTRIQUES

Expériences de Foucault et de Deleuil. — Régulateurs Thomas Wright. — Division des régulateurs en huit classes. — Appareils à électrodes circulaires; systèmes Le Molt, Harrison et Reynier. — Appareils à charbons obliques; système Edwards Staite, Reynier et Rapieff. — Appareils à électrodes de mercure; système Way et Harrison. — Appareils réglés par l'écoulement d'un fluide; système Lacassagne et Thiers. — Appareils à électrodes plates; système Wallace Farmer. — Appareils équilibrés à solénoïdes; systèmes Archereau, Gaiffe, Jaspar, Dubos, Marcus, Brush. — Appareils à ressort moteur; systèmes Léon Foucault, Duboscq, Girouard et Régnard. — Appareils à porte-charbon positif moteur; systèmes Serrin, Lontin, Chertemps, Carré, Hafner-Alteneck, Thomson et Houston, Hiram-Maxim, Hippolyte Fontaine et Dornfeld   15

CHAPITRE III

BOUGIES ÉLECTRIQUES

Bougie Staite. — Bougie Werdermann. — Bougie Jablochkoff : points caractéristiques du brevet, descriptions de la bougie et du chandelier, applications. — Bougies Nysten, de Méritens, Lambotte, Wilde.— Communication de M. Jamin à l'Académie des sciences   75

CHAPITRE IV

CHARBONS ÉLECTRIQUES

PAGES

Baguettes en charbon de bois. — Charbon de cornue : ses inconvénients. — Charbon W. Edwards Staite. — Charbon Le Molt. — Charbon Watson et Slater. — Charbon Lacassagne et Thiers. — Charbon Curmer. — Charbon Jacquelain. — Charbon Peyret. — Charbon Archereau. — Expériences de M. Carré : ses procédés de fabrication. — Expériences de M. Gauduin : ses procédés de fabrication. — Essais comparatifs de diverses sortes de charbons 85

CHAPITRE V

PREMIÈRES MACHINES MAGNÉTO-ÉLECTRIQUES

Définition. — Transformation du travail en électricité. — Influence d'un courant sur une aiguille aimantée. — Expérience d'Œrstedt. — Action mutuelle de deux courants. — Découverte d'Ampère. — Action d'un courant sur un fer doux. — Découverte d'Arago. — Action d'un aimant sur une spire métallique. — Découverte et expériences de Faraday. — Électricité d'induction. — Machine de Pixii : commutateur. — Machine de Clarke. — Machine de Nollet ou de l'*Alliance*. — Machine de Holmes. — Machine de Wilde. — Progrès réalisés par Wheatstone et Siemens. — Magnétisme rémanent. — Machine de Ladd 105

CHAPITRE VI

MACHINE MAGNÉTO-ÉLECTRIQUE GRAMME

Succès obtenu par la machine Gramme. — Principe sur lequel elle repose. — Analyse des effets obtenus avec un électro-aimant circulaire. — Action du fer doux sur les spires de cuivre. — Action des aimants permanents. — Manière de recueillir les courants. — Bobines partielles. — Ensemble d'une machine de démonstration. — Machine verticale pour galvanoplastie. — Machine horizontale pour galvanoplastie. — Machine de laboratoire à aimant Jamin. — Machine à pédale. — Application à la médecine. — Applications diverses. — Transport des forces motrices à distance. — Revendications et contrefaçons. — Machine Worms de Romilly. — Machine Pacinotti. — Services rendus à l'industrie par M. Gramme. 127

CHAPITRE VII

MACHINES GRAMME POUR LUMIÈRE ÉLECTRIQUE

Machine verticale à six barres d'électro-aimants et trois bobines. — Machine verticale à deux bobines. — Machine horizontale à quatre barres d'électro-aimants et une bobine double. — Comparaison entre une machine de l'*Alliance* et une machine Gramme au triple point de vue du poids, de l'emplacement et du prix. — Machine d'atelier type normal. — Mesures photométriques. — Différence entre les mesures prises sous divers angles. — Intensités lumineuses d'une machine d'atelier. — Machines Gramme à courants alternatifs 151

CHAPITRE VIII

MACHINES MAGNÉTO-ÉLECTRIQUES DIVERSES

PAGES

Machine Niaudet. — Machines Lontin. — Machine Alteneck. — Machine
Brush. — Machine Wallace. — Machine de Méritens.   167

CHAPITRE IX

APPLICATIONS INDUSTRIELLES

Des conditions à réaliser pour un bon emploi de la lumière à l'électricité.
— Espaces que peut éclairer une seule machine. — Prix de revient et
commodité. — Installation dans l'atelier de l'inventeur. — Établissement
Ducommun, à Mulhouse. — Ateliers Sautter, Lemonnier et Cie, à Paris.
— Usines Menier, à Noisiel, Grenelle et Roye. — Installations dans les
filatures. — Installations dans les tissages et les teintureries. — Gare des
marchandises de la Chapelle-Paris. — Chantiers de M. Jeanne Deslandes
au Havre. — Hippodrome de Paris. — Port du canal de la Marne au
Rhin, à Sermaize. — Eclairage d'une piste de patinage. — Applications
diverses.   189

CHAPITRE X

APPLICATIONS AUX PHARES, AUX NAVIRES ET AUX PLACES FORTES

Eclairage des phares. — Phare de la Hève. — Rapport de M. Quinette de
Rochemont. — Divers phares éclairés électriquement. — Installation des
phares électriques. — Installation faite à bord de l'*Amérique*, de la
Compagnie transatlantique. — Rapport du capitaine Pouzolz. — Premières
tentatives par la Société l'*Alliance*. — Installation à bord des navires de
guerre. — Projecteur Sautter. — Applications aux opérations militaires.
— Expériences faites au mont Valérien. — Projecteur Mangin. — Machine
locomobile actionnée par une machine Brotherhood. — Expériences faites
à Toulon et à Cherbourg. — Défense des ports russes   225

CHAPITRE XI

FORCE MOTRICE ABSORBÉE PAR LES MACHINES MAGNÉTO-ÉLECTRIQUES

Unités de lumière. — Influence de la direction des rayons sur la lumière
obtenue. — Influence de la vitesse de la machine. — Influence de l'écart
des rayons. — Influence de la longueur des câbles. — Influence de la durée
du fonctionnement. — Expériences de M. Tresca. — Expériences de
M. Hagenbach. — Rendement de diverses machines   251

CHAPITRE XII

PRIX DE L'ÉCLAIRAGE A L'ÉLECTRICITÉ

PAGES

Prix de l'éclairage au moyen d'un régulateur. — Pile Bunsen. — Évaluation
de M. Becquerel.— Prix résultant de l'emploi de la machine de l'*Alliance*.
— Prix résultant de l'emploi de la machine Gramme. — Tableau comparatif du prix de diverses lumières. —Calculs de MM. Heilmann, Manchou
et Powell. — Prix de l'éclairage avec bougies Jablochkoff. — Quantité de
lumière produite par les bougies. — Frais d'installation. — Dépenses
d'entretien. — Comparaison avec le gaz.   265

CHAPITRE XIII

ÉCLAIRAGE PAR INCANDESCENCE

Appareils à spirales métalliques, systèmes de Moleyns, Pétrie, de Changy et
Edison. — Appareils à charbons encastrés par leurs deux extrémités,
système King, Lodyguine, Konn, Bouliguine et H. Fontaine. — Appareils
à contact imparfait, systèmes Varley, Reynier, Werdermann et Ducretet. .   283

TABLE DES GRAVURES

GRAVURES   PAGES

1. Arc voltaïque		5
2. Éclairage à l'électricité d'un chantier de construction		12
3. Régulateur Le Molt		18
4. — Harrison		20
5. — Staite		22
6. — Rapieff		24
7. — Lacassagne et Thiers		30
8. — Wallace-Farmer		33
9. — Archereau		35
10. — Gaiffe		37
11. — Jaspar		41
12. — Brush		46
13. Réglage du régulateur Brush		47
14. Régulateur Foucault et Duboscq		49
15. — Serrin		55
16. Mouvement du régulateur Lontin		60
17. Régulateur Carré		62
18. — Hefner Alteneck (vue théorique)		64
19. — — (coupe verticale)		65
20. — Thomson et Houston		67
21. — Hiram-Maxim		71
22. — H. Fontaine		73
23 et 24. Bougie et porte-bougies, système Jablochkoff		77
25. Bougie électrique		81
26. Expériences de Faraday		107
27. Expériences de Faraday		109
28. Machine de Pixii		111
29. Commutateur		111
30. Machine de Clarke		113
31. — de Siemens		115
32. — de la Société l'*Alliance*		117
33. — de Holmes		120
34. — de Wilde		121
35. — de Ladd		123
36. Barreau aimanté et spire métallique		130
37. Barreau aimanté et spire métallique		130
38. Anneau de Gramme		131
39. Anneau de Gramme et aimant		131
40. Construction de l'anneau Gramme		134
41. Machine Gramme de démonstration		135
42. — verticale pour galvanoplastie		137
43. — horizontale à galvanoplastie		139

GRAVURES   PAGES
44. Machine Gramme à aimant ordinaire   141
45.   —   à pédale   143
46.   —   verticale de 500 becs   153
47.   —   de 2,000 becs (coupe longitudinale   156
48.   —   de 2,000 becs (coupe transversale)   157
49.   —   d'atelier (type normal).   159
50.   —   à courants alternatifs   162
51.   —   à courants alternatifs   163
52. Machine de Niaudet.   168
53.   —   Lontin à courants continus.   170
54.   —   —   à courants alternatifs   171
55.   —   Hefner Alteneck (modèle 1873)   174
56.   —   —   modèle 1873)   175
57.   —   (figure théorique)   176
58.   —   —   177
59.   —   —   (modèle 1875)   178
60.   —   —   (modèle 1878)   179
61.   —   Brush.   183
62. Commutateur Brush.   183
63. Machine Farmer-Wallace.   185
64.   —   de Méritens   185
65. Anneau de Méritens.   187
66. Machine Gramme avec son moteur.   195
67. Vue des ateliers de MM. Sautter, Lemonnier et Cie.   197
68. Projecteur Sautter et Lemonnier.   237
69. Application de la lumière électrique au yacht de M. Menier   241
70. Locomobile à lumière, construite par MM. Sautter, Lemonnier et Cie . .   247
71. Lampe de Molcyns   285
72.   —   Edison.   289
73.   —   King.   291
74.   —   Konn   295
75.   —   Bouliguine.   295
76.   —   Varley.   297
77.   —   Reynier   298
78.   —   —   298
79.   —   —   299
80.   —   Werdermann.   301
81.   —   Ducretet.   302

ÉCLAIRAGE

A

L'ÉLECTRICITÉ

CHAPITRE I

DE L'ARC VOLTAÏQUE

Des divers moyens d'obtenir la lumière électrique. — Arc voltaïque. — Ses propriétés. — Expériences de Despretz. — Aspect de deux charbons pendant leur éclat. — Expérience de Matteucci. — Conférence de M. Le Roux. — Analogie entre la lumière électrique et la lumière solaire. — Expériences de M. Tyndall sur la chaleur développée par l'arc voltaïque. — Emploi de la lumière électrique dans les théâtres. — Éclairage des travaux de nuit. — Rapport de M. Brüll sur l'emploi des régulateurs Serrin en Espagne.

Il y a deux manières d'obtenir pratiquement de la lumière électrique : la première, qui est presque exclusivement la seule connue, consiste dans l'emploi de deux électrodes en charbon, entre les extrémités desquelles jaillit une série d'étincelles formant un foyer éblouissant appelé *arc voltaïque*; la seconde est basée sur l'incandescence d'une mince baguette en charbon aggloméré ou en toute autre substance conductrice, offrant une grande résistance au passage du courant électrique.

On peut encore produire de la lumière en se servant des tubes électriques de Gessler, mais le faible pouvoir éclairant de ces tubes les rend impropres à tout usage domestique ou industriel.

1

La lumière résultant de l'arc voltaïque a l'avantage d'avoir été étudiée par un grand nombre de physiciens, et d'être aujourd'hui d'un usage pratique, mais elle présente l'inconvénient capital de ne pouvoir s'obtenir que par grands foyers et d'être indivisible au-dessous d'une certaine intensité.

La lumière par incandescence permet l'obtention de petits foyers et le fractionnement plus ou moins grand de l'éclairage, mais elle ne s'obtient qu'à l'aide de procédés compliqués et ne donne qu'un très-faible rendement, eu égard à la puissance des piles ou à la force motrice dépensée pour actionner la machine magnéto-électrique.

Comme nous avons principalement pour but de faire connaître les applications industrielles de la lumière électrique, nous nous occuperons spécialement des effets observés dans la production de l'arc voltaïque, en consacrant un chapitre seulement à la description des expériences faites et des appareils imaginés pour obtenir de la lumière par incandescence.

Quelques explications préalables sont nécessaires pour bien faire comprendre les appareils de régularisation qui seront décrits plus loin.

En approchant l'un de l'autre les deux conducteurs d'une source d'électricité suffisamment intense, jusqu'à ce qu'ils se touchent et en les éloignant ensuite graduellement, on voit apparaître un arc lumineux extrêmement brillant qui persiste tant que la distance entre les conducteurs n'est pas trop grande. Cet arc a reçu le nom d'*arc voltaïque*, en mémoire de la pile avec laquelle il a été produit pour la première fois.

L'éclat de l'arc voltaïque dépend de l'intensité du courant, de la nature des électrodes et du milieu dans lequel il se produit. Avec du potassium ou du sodium, par exemple, la lumière est plus brillante qu'avec du platine ou de l'or ; dans l'air on a plus de lumière que dans les vapeurs mercurielles.

La couleur de l'arc varie avec la substance des électrodes : elle est jaune avec du sodium, blanche avec du zinc, verte avec de l'argent, etc.

L'aspect du foyer dépend surtout de la forme des électrodes : entre une pointe de coke positive et une plaque de platine négative, il présente la forme d'un cône ; entre deux pointes de charbon, il a la forme d'un œuf ; etc.

La longueur maxima du foyer dépend surtout de l'intensité du courant. Davy, qui, le premier, en 1813, observa l'arc voltaïque, trouva qu'avec 2,000 couples zinc et cuivre, de 2 décimètres carrés chacun, on obtenait un écart entre les charbons de $0^m,11$ dans l'air et de $0^m,18$ dans le vide.

Despretz a fait, vers 1850, une série d'expériences sur l'arc voltaïque et il a trouvé : 1° que la longueur de l'arc croît plus vite que le nombre des éléments employés à le produire ; 2° que cet accroissement est plus prononcé pour de petits arcs que pour des grands. Ainsi l'arc produit avec 100 éléments Bunsen est presque quadruple de celui produit par 50 éléments ; celui résultant de 200 éléments n'est pas triple de celui de 100 ; celui de 600 éléments est environ 7 fois et demie plus grand que celui de 100. La pile de 600 éléments couplés en une seule série a donné jusqu'à $0^m,20$ d'arc lorsque le positif était en haut : 3° que, lorsqu'on couple les éléments en quantité, la longueur de l'arc croît moins vite que le nombre des éléments. L'arc de 100 éléments étant de $0^m,25$ n'est que de $0^m,069$ avec 600 éléments couplés en 6 séries de 100, tandis qu'avec la même batterie de 600 éléments couplés en tension, il atteint $0^m,183$. En couplant successivement en quantité des séries de piles de 25 éléments de tension, on obtient : pour une seule série, un arc à peu près nul ; pour deux séries, un arc encore trop petit pour être mesuré ; pour 3 séries, $0^m,001$, et pour 24 séries, $0^m,0115$. Les mêmes piles couplées en tension donnent un arc de $0^m,162$, c'est-à-dire un écart de charbon

14 fois plus grand qu'avec les 24 séries couplées en quantité ; 4° que, lorsque le pôle positif est en bas, l'arc voltaïque est moins long que lorsque c'est le pôle négatif qui occupe cette place. Avec 6 séries de 100 éléments couplées en quantité, on obtient $0^m,074$ d'écart, lorsque l'électrode positive est en haut et $0^m,056$ si elle est en bas ; 5° que, lorsque les électrodes sont placées horizontalement, les arcs sont moins longs qu'avec des électrodes verticales et qu'alors la pile de quantité devient plus avantageuse que celle de tension. Ainsi 6 séries de 100 éléments couplées en quantité donnent un arc horizontal de $0^m,040$ et 600 éléments bout à bout ne donnent qu'un arc horizontal de $0^m,027$.

Les expériences de Despretz sont les seules qui ont été assez complètes pour donner lieu à des conclusions précises, et elles expliquent très-bien les difficultés qu'ont rencontrées les constructeurs de machines magnéto-électriques en cherchant à obtenir de la lumière voltaïque avec des appareils de grande quantité et de faible tension.

L'arc voltaïque résulte de l'incandescence d'un jet de particules détachées des électrodes et projetées dans toutes les directions. Cette projection a principalement lieu d'un pôle à l'autre et plus particulièrement du pôle positif au pôle négatif. L'électrode positive a une température beaucoup plus élevée que l'autre, et, tandis que le charbon négatif est à peine rouge sombre à quelque distance de l'arc, le charbon positif est rouge blanc sur une assez grande longueur. L'usure de l'électrode positive, pour un temps déterminé, est double de celle de l'électrode négative. C'est cette différence, dans l'usure et la température, observée dès le début par les physiciens, qui fit d'abord expliquer le phénomène de l'arc lumineux comme un simple transport de particules du pôle positif au pôle négatif. Aujourd'hui il est bien démontré que, si le transport de l'électrode positive à l'électrode négative prédomine dans l'arc, il n'en existe pas moins un transport très-actif de l'électrode négative à l'électrode positive.

L'arc (fig. 1) ressemble à une flamme tremblante, dont la forme est ovoïde avec des pointes de charbon. De temps en temps, on voit une particule brillante s'élancer d'une électrode à l'autre en produisant une traînée lumineuse.

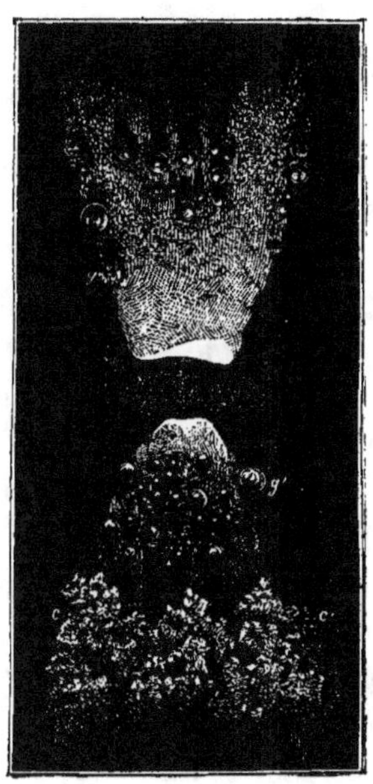

Fig. 1. Arc voltaïque.

Sur chacun des charbons apparaissent çà et là des globules liquides et incandescents g, g, provenant de substances minérales qui se déplacent, glissent jusqu'à la pointe et s'élancent pour gagner l'autre électrode.

Ces globules liquides n'apparaissent pas lorsque les charbons sont chimiquement purs.

Quand l'arc voltaïque se produit dans l'air, les deux tiges de charbon diminuent rapidement de volume, parce qu'elles brûlent toutes deux ; mais, dans le vide, cette combustion n'a pas lieu et l'on voit la pointe positive se creuser et diminuer de poids tandis que la pointe négative s'allonge et augmente de volume. L'usure est presque nulle et ne résulte que des particules projetées par les deux charbons en dehors de leur action réciproque.

En réalité, l'arc voltaïque est une portion du circuit électrique jouissant de toutes les propriétés des autres parties du même circuit. Les molécules entraînées constituent entre les deux pointes une chaîne mobile plus ou moins conductrice et plus ou moins chauffée, suivant l'intensité du courant d'une part, la nature et l'éloignement des électrodes d'autre part. Les choses se passent exactement comme si les électrodes étaient réunies par un fil métallique ou une baguette de charbon de faible section ; ce qui revient à dire que la lumière produite par l'arc voltaïque et celle obtenue par incandescence proviennent de la même cause, qui est l'échauffement d'un corps résistant intercalé dans le circuit.

Matteucci, célèbre physicien italien, a démontré cette parité entre l'arc voltaïque et les autres parties du circuit électrique, en éloignant lentement deux cônes de fer mis préalablement en contact : un filet de métal liquide apparaissait d'abord, devenait lumineux, puis se brisait pour faire place à l'arc voltaïque.

Parmi les savants qui se sont le plus occupés des propriétés de l'arc voltaïque, nous citerons MM. Wheatstone, de La Rive, Becquerel, Grove, Favre, Quet, Neef, Sillimann, Van Breda, Despretz, Matteucci, Foucault, Fizeau, Tyndall, Le Roux, Cazin, etc., dont nous avons lu la plupart des mémoires. Ces travaux sont plus scientifiques que pratiques : nous nous bornons à les signaler aux personnes qui voudraient faire une étude approfondie de la question avant de se livrer à de nouvelles recherches.

Dans une conférence à la Société d'encouragement, M. Le Roux a très-bien caractérisé le phénomène de transformation qui s'opère dans la production de l'arc et il a insisté sur ce point que le foyer voltaïque n'est formé que d'une véritable vapeur de carbone.

La lumière électrique ne doit, en effet, ses propriétés spéciales qu'à la condensation d'une grande quantité de chaleur dans un espace très-restreint. Cette chaleur est empruntée à la combustion du zinc dans la pile ou au foyer de la machine à vapeur qui met en mouvement l'appareil magnéto-électrique ; théoriquement, elle pourrait en différer extrêmement peu ; pratiquement, elle n'en est qu'une très-faible partie. C'est que, dans la pratique, il faut tenir compte d'une foule de circonstances dont la théorie n'a pas à se préoccuper. D'ailleurs, la question n'est pas de savoir si nous employons bien tout ce que pourrait produire de chaleur la houille que nous brûlons sous le générateur de vapeur, mais si par quelque autre moyen nous pourrions arriver à condenser une aussi grande quantité de chaleur dans un espace aussi restreint, et à ce point de vue l'arc voltaïque laisse bien loin derrière lui tous les autres modes de production.

Condenser la chaleur dans un espace restreint de manière à élever beaucoup la température des corps, tel est le problème de la production de la lumière. Dans la combustion d'un corps, c'est-à-dire dans sa combinaison avec l'oxygène, pour une même quantité du corps brûlée, il se produit toujours la même quantité de chaleur, que l'oxygène soit pris pur ou dans l'air, mais la température s'élève beaucoup moins lorsqu'on emploie l'oxygène de l'air au lieu d'oxygène pur.

L'électricité est le meilleur moyen connu pour condenser la plus grande quantité de chaleur possible en un espace restreint ; et c'est, en outre, celui qui donne le plus de facilités pour le transport de cette chaleur en un point donné[1].

La lumière électrique a une grande analogie, quant aux effets produits, avec la lumière du soleil. Elle provoque la combinaison du chlore avec l'hydrogène, elle colore le chlorure d'argent, elle possède la propriété de rendre phosphorescents, c'est-à-dire lumineux dans l'obscurité, les corps qui le deviennent sous l'influence des rayons solaires. Ces précieuses propriétés ont été utilisées dans la photographie et dans diverses industries où l'on a besoin de distinguer les couleurs sous leur véritable aspect pendant le travail de nuit.

En comparant entre elles diverses sources lumineuses, Foucault et Fizeau ont trouvé que la lumière de l'arc voltaïque atteignait la moitié de celle que nous envoie le soleil par un temps très-pur ; tandis que la lumière Drummond est à peine égale à un cent-cinquantième et que l'éclat de la lune ne dépasse pas la trois-cent-millième partie de celui du soleil. Quant au soleil lui-même, il répand sur une surface donnée autant de clarté que 5774 bougies placées à 0^m,33 de distance. Les étoiles ne versent sur notre globe qu'une lumière insignifiante ; Sirius, une des plus brillantes, n'a pas un éclat supérieur à la sept-centième partie de celui de la lune : cinq milliards d'étoiles semblables éclaireraient moins que le soleil[2]. Bien que la lumière électrique chauffe infini-

1. Les *Machines magnéto-électriques françaises*, par F.-P. Le Roux, Gauthier-Villars, 1868, p. 43.

2. Il s'agit ici, bien entendu, du pouvoir émissif par mètre carré du corps éclairant, et non de la lumière totale développée. Arago a trouvé que la lumière solaire était 4 ou 5 fois plus intense que celle de l'arc voltaïque. La différence entre les résultats de Fizeau et Foucault et ceux d'Arago est facile à expliquer par cette simple considération, que si l'on a pu calculer le diamètre du soleil et sa distance à la terre avec une approximation suffisante, il n'en a pas été de même de la surface éclairante de l'arc voltaïque. Le foyer lumineux ne présente pas la forme sphérique et chaque partie de la surface émet des rayons d'intensité extrêmement variable. La lumière électrique était produite par des piles voltaïques assez puissantes, mais elle n'avait qu'un éclat incomparablement

ment moins une salle que le gaz, à une intensité lumineuse égale, l'arc voltaïque est le siége d'une température extrêmement élevée. Les corps réputés comme les plus réfractaires s'y consument avec une rapidité extraordinaire.

Le professeur Tyndall a fait de très-belles expériences publiques sur la chaleur développée par l'arc voltaïque, et pour intéresser davantage son auditoire il rendait invisibles les rayons émis par les pointes de charbon. Pour cela, M. Tyndall concentrait par réflexion, à la surface d'un petit miroir argenté, les rayons du foyer lumineux, et il interposait dans le cône de lumière convergente ainsi obtenu un vase en verre contenant une dissolution opaque d'iode. La lumière du cône se détruisait entièrement, mais les rayons subsistaient toujours et convergeaient à un foyer invisible qui produisait les effets les plus curieux.

Ainsi quand on plaçait dans ce foyer un morceau de papier noir, il était percé par les rayons comme s'il eût été traversé par une tige chauffée à blanc. Le papier s'enflammait instantanément.

Un amas de bois et de copeaux prenait feu dès qu'on les plaçait au foyer. Un cigare s'allumait de suite.

Un morceau de charbon de bois suspendu dans un récipient plein d'oxygène prenait feu au foyer et brûlait avec l'éclat splendide que présente cette substance dans une atmosphère d'oxygène. Les rayons invisibles, après avoir traversé le récipient, conservaient encore assez de force pour échauffer au rouge blanc.

Un mélange d'oxygène et d'hydrogène faisait explosion au foyer obscur rien que par l'échauffement de son enveloppe.

Une bande de zinc noircie placée au foyer était percée et enflammée par les rayons invisibles. En faisant passer

moins grand que celui réalisé avec des machines. Si l'on répétait ces expériences avec les puissantes machines Gramme, on trouverait probablement que l'arc voltaïque a le même pouvoir émissif que le soleil.

graduellement la bande à travers le foyer, on pouvait la maintenir brillante pendant un temps considérable avec sa lumière pourpre caractéristique. Cette expérience était d'une beauté particulière.

Un fil de magnésium, présenté convenablement au foyer, brûlait avec un éclat presque intolérable.

Une plaque mince de charbon, placée dans le vide, était portée à l'incandescence par les rayons invisibles.

M. Tyndall a obtenu des effets plus étonnants encore dont la nomenclature complète nous entraînerait trop loin. Nous citerons seulement le plus caractéristique. Avec une pile de force suffisante et une concentration convenable, il a chauffé à blanc une plaque de platine, et celle-ci, vue à travers un prisme, présentait un spectre brillant complet[1].

Tant qu'on n'a pas eu à sa disposition des générateurs mécaniques d'électricité, l'usage de l'arc voltaïque a été limité aux expériences de laboratoires, aux embellissements de fêtes publiques, aux effets scéniques dans les théâtres et à quelques travaux de nuit très-urgents ; aujourd'hui, grâce à la découverte de M. Gramme, il commence à entrer dans le service courant d'un grand nombre d'industries et le succès des premières installations fait espérer qu'il se développera très-rapidement.

C'est en 1846, dans le *Prophète*, que l'arc voltaïque fit son début à l'Opéra de Paris. Il s'agissait de produire un effet de soleil levant. L'illusion était si complète, qu'elle fut saluée par d'unanimes applaudissements, et, depuis cette époque, il est rare qu'un ballet ou un opéra ait été monté sans qu'on y ait introduit un effet quelconque de lumière électrique.

L'arc voltaïque n'a pas seulement été appliqué au théâtre

1. Les expériences si remarquables de M. Tyndall sur les rayons invisibles de la lumière électrique ont été faites à *Royal Institution*, le 27 janvier 1865. Elles sont relatées avec beaucoup de détails et d'explications théoriques dans le journal *les Mondes* du 2 février 1865, p. 249 et suivantes.

pour projeter une vive lumière sur certains points de la scène,
pour éclairer des sujets, des décorations, des groupes, etc. Ses
rayons intenses ont servi à reproduire des phénomènes physiques et des apparitions fantastiques.

M. Duboscq, chargé du service de l'électricité à l'Opéra,
depuis 1855, a réalisé une foule de combinaisons ingénieuses. C'est à lui que l'on doit les magnifiques effets de
l'arc-en-ciel, des éclairs, des reflets de vitraux éclairés par
le soleil, des fontaines lumineuses jaillissantes, etc., etc.

Le plus beau de ces effets, l'*arc-en-ciel*, est obtenu par
plusieurs lentilles et un prisme de cristal : les premières
lentilles donnent un faisceau parallèle qui passe ensuite par
un écran découpé en forme d'arc ; ce faisceau est reçu par
une lentille biconvexe à très-court foyer, dont le double rôle
est d'augmenter la courbure de l'image et de lui donner une
extension plus considérable. C'est au sortir de cette dernière
lentille que les rayons lumineux traversent le prisme qui les
décompose et engendrent l'*arc-en-ciel*.

De l'éclairage des fêtes publiques nous ne dirons rien,
cela n'a aucune importance au point de vue industriel, et les
expériences imaginées pour cet usage sont trop connues pour
qu'il y ait lieu d'insister sur leur peu de valeur. L'éclairage
des travaux de nuit (fig. 2) est beaucoup plus intéressant.
Dans cet ordre d'idées, nous ne connaissons rien de plus
concluant en faveur de la lumière par l'arc voltaïque, que
le rapport suivant, fait par M. Brüll ingénieur conseil.

« La Compagie des chemins de fer du Nord de l'Espagne,
au commencement du mois d'avril 1862, a fait faire de
sérieuses expériences avec les régulateurs de la lumière électrique du système Serrin. Les résultats ayant été satisfaisants, elle a fait l'acquisition de vingt régulateurs que l'on
a expédiés dans les montagnes du Guadarrama, avec les
piles et les matières nécessaires pour leur alimentation...
Les premières installations étaient mises en activité au mois

de mars 1862 ; au mois de juillet, il y en avait huit, et la
lumière a été employée régulièrement jusqu'au 15 octobre.
A cette époque, la durée de l'éclairage s'élevait en total à
3,717 heures... Après trois mois d'interruption causée par le
froid rigoureux et les intempéries, on a repris au mois de
février 1863 les travaux de nuit et l'emploi de la lumière
électrique, qui fonctionna continuellement dans dix chan-

Fig. 2. Éclairage à l'électricité d'un chantier de construction.

tiers jusqu'au 12 juin, époque de l'achèvement des travaux.
La durée de l'éclairage, dans cette période, est de 5,700
heures. La durée totale, pendant les deux époques, est de
9,417 heures. La lumière a toujours été belle et régulière ;
elle éclairait les chantiers avec profusion, sans blesser pourtant les travailleurs par son intensité. On a employé deux
genres de réflecteurs, hyperboliques et paraboliques... ; les
réflecteurs hyperboliques doivent être préférés. La dépense

par heure des matières consommées a été de 2 fr. 90 par
lampe. L'économie réalisée par l'application de l'éclairage
électrique sur les torches est d'environ 60 pour 100. Si l'on
considère en outre la gêne causée par la fumée des torches
concentrée dans les profondes tranchées remplies de travailleurs, les pertes de temps pour entretenir leur combustion, leur faible clarté, on verra la grande et incontestable
supériorité de la lumière électrique. La crainte de produire
dans des temps égaux moins de travail pendant la nuit que
pendant le jour n'est pas fondée. En été, l'ouvrier n'étant
pas accablé par la chaleur du jour, travaille avec plus
d'énergie et produit davantage ; pendant les nuits froides,
il travaille pour se réchauffer ; dans aucun cas, le service
de nuit n'est inférieur au service de jour.

« L'éclairage électrique a rendu d'importants services
aux travaux souterrains des grandes mines du Guadarrama.
La profondeur du puits étant de 22 mètres, chaque galerie
avait 16 mètres de longueur... ; l'air était tellement vicié
par l'explosion des pétards et la combustion des lampes des
mineurs, que les maçons pouvaient à peine y séjourner
pendant quelques instants ; les lampes ne brûlaient plus
dans l'intérieur de la mine ; allumées à l'orifice du puits,
elles s'éteignaient avant d'arriver au fond. Le travail était
pressant ; je n'avais sous la main aucun moyen de ventilation ; je fis descendre un régulateur Serrin dans l'intérieur
de la mine... Au bout d'une heure environ, voyant que les
maçons ne se plaignaient nullement d'être incommodés et
ne demandaient pas à être relevés, je descendis dans la mine
et je constatai que l'on y respirait avec autant de facilité
qu'en plein air, que les lampes y restaient allumées. Le
travail des maçons, éclairés par la lumière électrique,
s'est prolongé pendant 112 heures consécutives sans aucun
inconvénient. »

Nous pourrions encore citer, parmi les travaux en plein

air exécutés à la lumière électrique, ceux du fort Chavagnac à Cherbourg, du chemin de fer du Midi, des réservoirs de Ménilmontant, du bâtiment du *Moniteur universel*, et plus récemment ceux des nouveaux bassins du Havre, de l'Exposition de 1878 au Trocadéro, de l'avenue de l'Opéra, des Grands Magasins du Louvre, etc., etc.

Dans les chapitres VII et VIII, nous donnerons des détails précis sur un grand nombre d'applications pour l'industrie privée, les phares, la marine et la guerre.

CHAPITRE II

RÉGULATEURS ÉLECTRIQUES

Expériences de Foucault et de Deleuil. — Régulateurs Thomas Wright. — Division des régulateurs en huit classes. — Appareils à électrodes circulaires : systèmes Le Molt, Harrison et Reynier. — Appareils à charbons obliques ; système Edwards Staite, Reynier et Rapieff. — Appareils à électrodes de mercure : système Way et Harrison. — Appareils réglés par l'écoulement d'un fluide ; système Lacassagne et Thiers. — Appareils à électrodes plates : système Wallace Farmer. — Appareils équilibrés à solénoïdes : systèmes Archereau, Gaiffe, Jaspar, Dubos, Marcus, Brush. — Appareils à ressort moteur ; systèmes Léon Foucault, Duboscq, Girouard et Régnard. — Appareils à porte-charbon positif moteur : systèmes Serrin, Lontin, Chertemps, Carré, Hafner-Alteneck, Thomson et Houston, Hiram Maxim, Hippolyte Fontaine et Dornfeld.

Le succès croissant de l'éclairage électrique dans les établissements industriels a donné une nouvelle impulsion aux recherches des électriciens et beaucoup d'entre eux se sont spécialement attachés à la régularisation de la lumière, c'est-à-dire au problème qui consiste à maintenir constant l'écartement des deux charbons entre lesquels jaillit l'arc voltaïque.

Comme la plupart des inventeurs connaissaient mal la question et ignoraient les travaux antérieurs, presque toutes les recherches n'ont jusqu'à ce jour abouti qu'à des combinaisons anciennes, depuis longtemps abandonnées, ou à des conceptions originales, mais impraticables. C'est pour éviter le retour de semblables travaux qui occasionnent toujours des pertes considérables de temps et d'argent, que nous décrirons un assez grand nombre de régulateurs de types différents.

Jusqu'en 1844, les expériences sur l'arc voltaïque n'eurent aucun résultat utilisable : l'absence de crayons et de piles convenables limitait la durée du phénomène au temps strictement nécessaire pour le faire apprécier dans un cours de physique, mais personne ne songeait à s'en servir pratiquement. A cette époque, Léon Foucault, tout en mettant à profit la pile puissante que venait de combiner Bunsen, eut l'heureuse idée de substituer des baguettes de carbone, prises dans les cornues à gaz, aux baguettes de charbon de bois qu'on employait généralement comme électrodes. Cet habile physicien put dès lors établir une petite lampe très-simple et remplacer le soleil par l'arc voltaïque pour l'obtention d'épreuves photographiques.

Cette première lampe, dont le fonctionnement exigeait la main de l'opérateur, servit à M. Deleuil pour exécuter des expériences d'éclairage électrique, pendant la même année (1844) sur la place de la Concorde, à Paris. (M. Deleuil avait déjà fait des expériences publiques en 1841 avec des charbons ordinaires placés dans un récipient privé d'air.)

En 1845, Thomas Wright, de Londres, eut l'idée de faire jaillir l'arc voltaïque entre des disques de carbone ayant leur circonférence taillée en V et recevant le mouvement d'un mécanisme quelconque. Ce fut là le premier régulateur automatique et l'origine de l'appareil Le Molt, dont nous parlerons plus loin.

En 1848, Foucault en France, Staite et Pétrie en Angleterre, imaginèrent de se servir du courant lui-même pour régler l'écartement des charbons en se basant sur ces deux phénomènes : 1° qu'un courant électrique peut faire naître une aimantation dans un fer doux·entouré d'un fil de cuivre, laquelle faiblit et disparait dès que le courant diminue ou devient nul; 2° que l'arc voltaïque étant une portion du conducteur réagit sur le courant en lui conservant une grande partie de son intensité pour un écart déterminé et en l'annulant complétement lorsque l'écart des charbons devient trop grand.

Pour faciliter l'étude des régulateurs automatiques nous les diviserons en 8 classes, savoir :

1° Régulateurs à électrodes circulaires ;

2° Régulateurs à charbons obliques ;

3° Régulateurs à électrodes de mercure ;

4° Régulateurs à écoulement de fluide ;

5° Régulateurs à électrodes plates :

6° Régulateurs équilibrés à solénoïde ;

7° Régulateurs à ressort moteur ;

8° Régulateurs à porte charbon positif moteur.

1° RÉGULATEURS A ÉLECTRODES CIRCULAIRES. — Comme nous l'avons dit plus haut c'est à Thomas Wright que l'on attribue l'invention des premiers régulateurs à électrodes circulaires : il a été suivi dans cette voie par plusieurs physiciens, notamment par MM. Le Molt, Harrison et Reynier.

Régulateur Le Molt. — C'est en 1849 que M. Le Molt fit breveter l'appareil que nous représentons figure 3, et qui est ainsi décrit dans le brevet français.

« Comme électrodes produisant la lumière, je brevète l'emploi de toute matière carburée, surtout celle des charbons de cornues, et les deux mouvements combinés de rotation et de rapprochement à des intervalles donnés de deux disques d'épaisseur et de diamètre variables.

« Les rondelles sont maintenues en regard l'une de l'autre dans une situation parallèle, verticale ou horizontale, ou mieux dans une situation à angle droit et convenablement distancées l'une de l'autre pour produire la lumière électrique. Elles tournent d'une manière régulière sur deux axes métalliques mis en relation avec les pôles de l'appareil générateur et elles présentent successivement, par un jeu de rotation

et de rapprochement combinés, tous les points extrêmes
de leur circonférence à la production et à l'émission de
la lumière électrique ; de manière qu'à chaque tour ou révolution des disques, ces derniers se rapprochent l'un de
l'autre à la distance requise dont les avait éloignés la combustion d'une partie du carbone et se replacent ainsi dans
la même situation d'invariable écartement ; et comme les

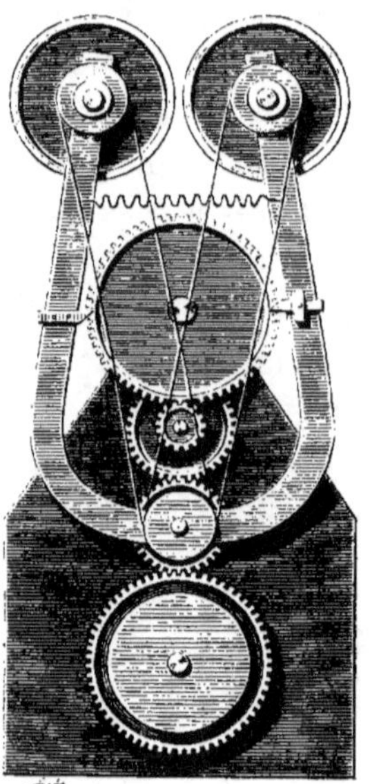

Fig. 3. Régulateur Le Molt.

deux mouvements de rotation et de rapprochement combinés
des rondelles électrodes peuvent être obtenus à l'aide de
toute espèce de système mécanique, je me bornerai à indiquer dans mon dessin un de ces dispositifs, afin de faire
comprendre comment la rotation et le rapprochement combinés peuvent s'opérer.

« Je me réserve de purifier la matière carburée formant
les électrodes émetteurs de la lumière par des immersions
plus ou moins prolongées dans toute espèce d'acides et

notamment d'abord dans les acides nitrique et muriatique mélangés et ensuite dans l'acide fluorique. »

Cette disposition est très intéressante, en ce sens qu'elle permet de fonctionner de vingt à trente heures sans toucher à la lampe, mais elle donne une lumière moins intense, à égalité de courant, que celle qu'on obtient avec deux tiges verticales de charbon.

Régulateur Harrison. — M. Harrison a combiné plusieurs systèmes de lampes électriques. L'une d'elles doit être comprise dans la classe des appareils à électrodes circulaires, bien qu'elle ne possède qu'une seule électrode de cette forme. Nous représentons cette lampe (figure 4) telle qu'elle a été brevetée en Angleterre, le 28 février 1857. L'électrode supérieure est un simple charbon rond en communication avec le pôle négatif de la pile ou de la machine magnéto-électrique. L'électrode positive est un cylindre en charbon d'une assez grande longueur, monté sur un tube métallique taraudé et reposant, à son tour, sur une vis horizontale destinée à faire avancer le charbon au fur et à mesure de son usure. Le cylindre en charbon s'use donc en tournant et en avançant, exactement comme une vis, ce qui permet de lui donner des dimensions restreintes tout en lui assurant une très-longue durée.

Le charbon négatif, qu'on peut employer d'assez grande longueur, puisque son contact est toujours sensiblement à égale distance du point lumineux, est fixé dans une douille cylindrique qui lui sert de moteur. La douille est maintenue solidaire de l'armature de l'électro-aimant au moyen d'une corde dont l'extrémité inférieure est attachée à une tige carrée à faces taillées comme le sont les limes. Une petite pince, ou fourchette oscillante, vient serrer contre les tailles de cette tige et la force à descendre dès que le courant que traverse l'électro-aimant, est assez puissant pour attirer son armature presqu'en contact. C'est ce qui produit le recul et

par suite l'arc voltaïque. Les mouvements, rotatif et longitu-
dinal du cylindre positif, sont donnés au moyen d'un mouvement d'horlogerie qui se trouve embrayé par l'électro-aimant
dès que le courant est interrompu.

La disposition qui consiste à rendre les porte-crayons
supérieurs complétement indépendants de l'électro-aimant,
tant qu'il n'est pas nécessaire de les arrêter ou de les

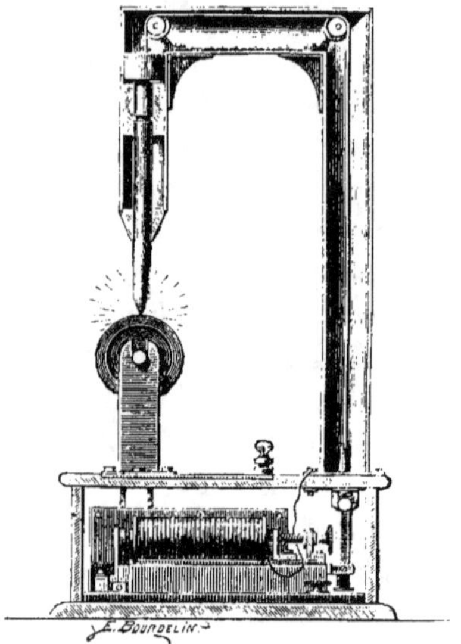

Fig. 4. Régulateur Harrison.

remonter, est très-remarquable, et nous croyons que, pour
les éclairages par réflexion du plafond, la lampe Harrison
bien étudiée donnerait une bonne solution, surtout lorsqu'il s'agirait de fonctionner toutes les nuits.

Le brevet dont nous parlons renferme également une
deuxième combinaison, dans laquelle le cylindre en charbon
est remplacé par un disque de grand diamètre et de faible
épaisseur, sans autre modification essentielle dans la construction.

Régulateur Reynier. — En 1877, M. Reynier a repris le problème des lampes à doubles disques, et a réalisé un appareil un peu compliqué mais très-ingénieux dont nous dirons quelques mots [1] :

Dans cet appareil, les disques de charbon sont portés par deux systèmes de leviers articulés, isolés l'un de l'autre et terminés par deux mécanismes d'horlogerie indépendants sur lesquels sont fixés les disques. L'un de ces mécanismes est fixé dans une position déterminée qui est telle que les disques de charbon se présentent, l'un par rapport à l'autre, sous un angle aigu quand ils arrivent au contact. L'autre mécanisme d'horlogerie est articulé et relié par un système de leviers à une tige moitié fer et moitié cuivre, enfoncée dans un solénoïde qui constitue ainsi l'organe régulateur. Sous l'influence du courant, cette tige pénètre plus ou moins dans le solénoïde, et, après avoir éloigné les disques pour faire naître l'arc voltaïque, elle maintient cet écart dans des conditions convenables.

Pendant que le solénoïde régularise la lumière, les mouvements d'horlogerie font tourner lentement les disques qui présentent successivement tous les points de leurs circonférences au foyer lumineux.

Ce régulateur a été essayé, pendant plusieurs mois, à la gare du Nord de Paris, où il a donné d'assez bons résultats.

2° RÉGULATEURS A CHARBONS OBLIQUES. — *Régulateur Staite*. — En 1846, M. Williams Edwards Staite, de Londres, se fit breveter pour plusieurs dispositions originales dont l'une est représentée figure 5. Les deux électrodes de charbon sont renfermées dans des petites gaines et se rencontrent obliquement sur une substance résistant à la chaleur et non conductrice de l'électricité. Des ressorts ramènent les pointes à leur place au fur et à mesure qu'elles

---

1. La description complète, par M. du Moncel et les dessins de cet appareil se trouvent dans le bulletin de février 1879 (Société d'encouragement).

s'usent. Au moyen d'une coulisse et d'une vis placées à la partie inférieure du bâti, on peut à volonté augmenter ou raccourcir l'écart des charbons et par conséquent faire varier la longueur de l'arc voltaïque.

Régulateur Reynier. — En 1875, M. Reynier fit un régulateur à crayons obliques, dont le rapprochement était basé sur la diminution de poids éprouvée par l'électrode positive

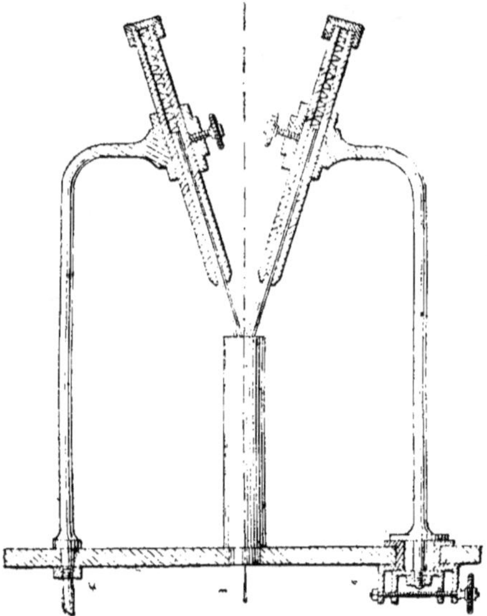

Fig. 5. Régulateur Staite.

au fur et à mesure de sa combustion. L'appareil était aussi simple que sensible; malheureusement il ne produisait pas d'écart, et il offrait certaines difficultés pratiques de construction qui ont fait renoncer à son usage avant même que l'étude ait pu corriger ceux de ses défauts auxquels il était facile de remédier.

Régulateur Rapieff. — La lampe Rapieff, que nous représentons figure 6 en perspective, est d'invention toute récente: elle ne date, en effet, que de 1878.

Cette lampe se compose de deux crayons supérieurs $a\,a'$ formant entre eux un angle aigu dont le sommet est placé au pôle positif du foyer lumineux ; de deux crayons inférieurs $b\,b'$ disposés comme les premiers et ayant leurs pointes contiguës en opposition de celles $a\,a'$; de deux porte-crayons $d\,d'$, d'un contre-poids W, de deux supports S S', d'une corde h et de plusieurs organes accessoires dont nous ferons mention tout à l'heure.

Les crayons sont emmanchés l'un après l'autre dans les pièces $d\,d'$; ils sont préalablement taillés en biseau sur deux centimètres de longueur environ, pour former une pointe assez fine à leur jonction. Leur position oblique leur est assurée par des galets en cuivre qui servent en même temps de contacts entre les crayons et les organes métalliques de la lampe ; de telle sorte que, quelle que soit la longueur des crayons, il n'y en a qu'une faible partie comprise dans le circuit de l'arc voltaïque. Il est inutile d'ajouter qu'un des supports et un des groupes de crayons sont complétement isolés du reste du mécanisme (dans notre croquis, c'est la tige S' et le porte-charbon du pôle positif qui sont isolés).

Le diamètre des crayons est d'environ 8 millimètres ; leur longueur atteint $0^m,50$. Ils sont généralement de la fabrication de M. Carré, à Paris. Quatre cordes sont attachées d'une part aux extrémités libres des quatre crayons, et d'autre part au contre-poids W, par l'intermédiaire de plusieurs douilles et de plusieurs poulies de renvoi. Le contre-poids W a pour objet de ramener sans cesse les deux groupes de crayons en contact. Un électro-aimant placé dans le socle de la lampe agit sur une tringle placée à l'intérieur du support S, pour écarter de quelques millimètres les porte-crayons $d\,d'$, dès que le courant traverse l'appareil. Une vis placée entre la corde h et la poulie f permet de régler à volonté la hauteur du point lumineux.

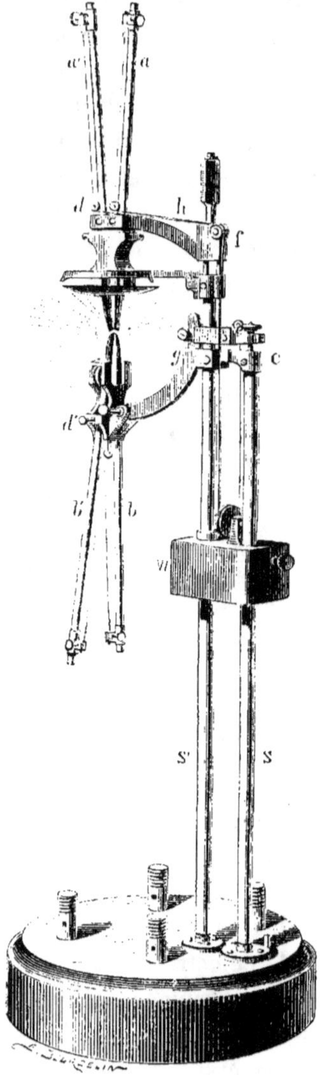

Fig. 6. Régulateur Rapieff.

Lorsque la lampe fonctionne, les charbons s'usent, mais sollicités par le contre-poids W, ils conservent invariablement leur position dans l'espace. C'est là le point caractéristique de l'invention; nous devons donc insister un peu sur sa nature et ses conséquences.

En examinant, par exemple, le groupe des charbons contigus inférieurs, poussés l'un contre l'autre par un contre-poids commun ou par des ressorts placés sous chaque charbon, on se rend bien compte que si, par une combustion quelconque, directe comme dans l'arc voltaïque, ou indirecte comme avec un chalumeau à gaz, les charbons viennent à s'user, ils tendront à se séparer, puisque leur contact se consumera et que, devenus libres, ils obéiront à l'action motrice des ressorts ou du contre-poids et s'élèveront; mais l'un des crayons arrêtera l'autre et réciproquement, et grâce aux galets qui les maintiennent dans une position oblique invariable, leur pointe ne changera jamais de place. Ce qui a lieu pour les crayons du bas a également lieu pour ceux du haut, et ces deux actions sont indépendantes l'une de l'autre, c'est-à-dire que les crayons du bas peuvent se consumer beaucoup plus vite que ceux du haut sans que les positions réelles des pointes changent dans l'espace et sans, par conséquent, que la longueur de l'arc voltaïque varie.

La lampe Rapieff peut donc fonctionner indifféremment avec des courants continus ou avec des courants alternatifs, ce qui lui constitue un avantage réel sur la plupart des appareils similaires. Elle se rallume d'elle-même en cas d'extinction; elle permet de diviser la lumière électrique en autant de foyers qu'en peut donner la tension du courant électrique dont on dispose. Sa lumière est fixe, son installation facile, son prix de revient relativement faible. Nous n'avons à critiquer que l'emploi de galets de faible diamètre pour les contacts électriques et de ficelles pour le rapprochement des charbons. L'appareil est très-élégant, très-bien construit, mais il est réellement moins *pratique* que la bougie Jablochkoff qu'il vise à remplacer. Nous ajoutons même qu'il existe des régulateurs à mouvement d'horlogerie sensiblement plus simples que lui.

Qu'on nous permette une réflexion à ce sujet.

En général, on ne se rend pas bien compte de ce qui est simple, de ce qui est compliqué dans le domaine de l'industrie. On considère un mouvement d'horlogerie comme le *nec plus ultra* de la complication et une série de poulies et de ficelles comme le comble de la simplicité. C'est là une profonde erreur. Un appareil n'est réellement simple qu'autant qu'il n'est susceptible d'aucun dérangement ni d'aucun entretien, et il est toujours trop compliqué s'il possède des organes qui s'usent vite ou qui peuvent s'altérer par le frottement ou même par les variations de la température. Il est peu d'objets aussi simples et aussi pratiques qu'une montre malgré la quantité de pièces qui la composent, et il est très-difficile de se procurer une bonne serrure malgré son mécanisme élémentaire.

Nous avons eu l'occasion de voir fonctionner seize lampes Rapieff dans les bureaux du *Times* à Londres, et nous avons constaté qu'elles marchaient sept heures consécutives avec les mêmes charbons; que la lumière de chaque lampe était sensiblement égale à celle d'une bougie Jablochkoff, qu'on pouvait, à volonté, éteindre un certain nombre de lumières sans influer sur les autres, et remplacer un à un les quatre crayons sans extinction de lumière.

M. Rapieff est très-ardent dans ses recherches; il travaille beaucoup, possède une foule d'appareils de son invention, et son imagination lui fait rarement défaut lorsqu'une difficulté scientifique surgit; nous lui souhaitons seulement le concours d'un praticien habile qui supprime les organes délicats, et, si possible, les ficelles qui déparent un peu son ingénieuse conception et la condamnent, selon nous, à un nombre fort limité d'applications.

Depuis quelques mois, M. Rapieff a imaginé un régulateur composé de trois charbons au lieu de quatre, mais, malgré des détails de construction très-perfectionnés, si on les compare à la première combinaison, cet appareil ne nous paraît pas encore pratique

3° RÉGULATEURS A ÉLECTRODES DE MERCURE. — *Régulateur Way*. — Le régulateur inventé en 1856 par le professeur anglais Way reposait sur un principe essentiellement différent des précédents. Dans cet appareil, les charbons étaient remplacés par un mince filet de mercure sortant d'un petit entonnoir et reçu dans une cuvette en fer renfermant aussi du mercure.

Les deux pôles du générateur électrique étaient mis en communication l'un avec l'entonnoir, l'autre avec la cuvette. et il se produisait entre les globules successifs de la veine discontinue une série d'arcs voltaïques, comme il s'en produit entre les pointes de charbons, et l'on obtenait ainsi un foyer éclatant assez régulier. La veine liquide lumineuse était placée au sein d'un manchon de verre d'assez petit diamètre pour s'échauffer de manière à ne pas condenser la vapeur de mercure sur ses parois; et comme la combustion se faisait hors du contact de l'oxygène, le mercure n'était pas oxydé.

M. Way a modifié cette première disposition et a obtenu une meilleure lumière en employant : 1° deux électrodes à écoulement au lieu d'une, telles que deux courants de mercure reliés chacun avec un des pôles de la pile et sortant de deux jets en terre de pipe ; ces courants se rencontraient en un point et s'écoulaient en gouttes ; 2° en formant et brisant très-rapidemennt le courant électrique continuellement au moyen d'un petit moteur mu par la pile et actionnant une pompe à mercure.

Malgré toutes les précautions prises, l'appareil laissait échapper des vapeurs mercurielles très-dangereuses qui finirent par tuer l'inventeur. La lumière produite par ce moyen n'était d'ailleurs pas trop intense ; elle n'atteignait guère que le tiers de celle engendrée avec le même courant électrique entre deux pointes de charbon.

Régulateur Harrison. — Dans le même ordre d'idées, M. Harrison a combiné, en 1858, divers appareils. L'un, composé d'un charbon inférieur sur lequel s'écoulait un mince filet de mercure ; avec cette combinaison spéciale que le charbon était successivement élevé en flottant sur le trop plein du mercure formant l'électrode supérieure. Dans une autre disposition, le filet de mercure s'écoulait sur un bain de même liquide à niveau constant. Le jet de mercure était réglé par une soupape qu'actionnait un électro-aimant placé dans le circuit. Les réservoirs portant les électrodes ainsi que les ajutages des brûleurs étaient construits en graphite pulvérisé et en silice par égales proportions. Le foyer lumineux était protégé par un verre cylindrique. M. Harrison empêchait la condensation des vapeurs mercurielles sur le verre en faisant descendre automatiquement, contre les parois, une petite quantité d'eau distillée.

Le brevet que nous analysons renferme plusieurs autres détails intéressants dont la description nous entraînerait trop loin ; nous n'avons voulu que signaler un appareil ingénieux et non en conseiller l'usage.

4° Appareils réglés a écoulement d'un fluide. — *Système Lacassagne et Thiers.* — La construction de cet appareil, que nous représentons fig. 7 est un peu primitive, sa forme un peu monumentale, mais son principe est excellent et son fonctionnement régulier. C'est, à proprement parler, un appareil élémentaire qui peut servir de point de départ à de nouvelles études, mais qu'il est impossible d'employer pratiquement avec les machines magnéto-électriques.

Ceci dit, afin qu'on ne se méprenne pas sur sa valeur industrielle, nous allons en faire comprendre le mécanisme.

Le porte-charbon supérieur G est fixé à l'extrémité d'une potence horizontale, laquelle coulisse à l'extrémité d'une tige H, pour régler la position de l'arc au point de départ.

La tige H est taillée en crémaillère sur une grande partie de sa longueur dans le but d'amener au foyer, au fur et à mesure de l'usure des crayons, un réflecteur parabolique. Ce dernier étant muni d'un petit mouvement à manivelle et d'un pignon engrenant avec la crémaillère.

Le porte-charbon inférieur F, est placé à l'extrémité d'une tige en fer munie d'un piston fonctionnant dans le cylindre également en fer B.

Un réservoir A, qu'on peut fixer à une hauteur quelconque sur le prolongement de la tige H, est rempli de mercure.

Une palette reposant sur le fer doux d'un électro-aimant C, est sollicitée d'une part, par cet électro et d'autre part, par un second électro-aimant D. Cette palette agit, par l'intermédiaire d'un levier, sur le tuyau en caoutchouc qui relie le réservoir A au cylindre B et en aplatissant plus ou moins ce tuyau, détermine un écoulement plus ou moins rapide de mercure d'une capacité dans l'autre.

La vis K actionne un double jeu d'engrenages, lequel élève ou abaisse l'électro-aimant D pour augmenter ou diminuer son influence sur la palette régulatrice.

Lorsque les crayons sont en place et que le courant électrique traverse la lampe, il suffit d'ouvrir le robinet M pour assurer à l'arc voltaïque une longueur constante.

L'électro-aimant C est en communication avec le courant principal qui passe par l'arc. Au contraire, l'électro-aimant D est placé sur une dérivation qui ne traverse pas l'appareil ; et, pour ne donner qu'une très-faible intensité à cette dérivation, on intercale dans son circuit une très-grande résistance E en fil de fer très-fin enroulé sur deux cylindres creux en verre.

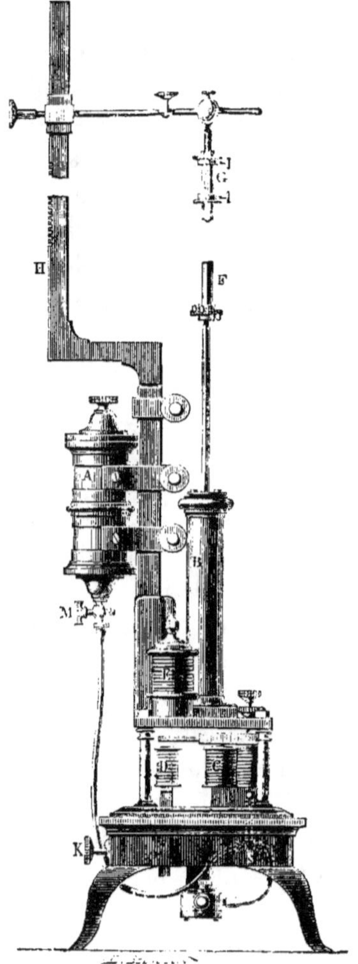

Fig. 7. Régulateur Lacassagne et Thiers.

L'électro-aimant C est établi uniquement au lieu et place des ressorts antagonistes qu'on rencontre dans presque tous les autres régulateurs électriques.

Au début de l'allumage du foyer lumineux, l'électro-aimant C étant très-puissant, le caoutchouc est complétement comprimé et le mercure ne s'écoule pas. Mais dès que l'arc atteint une certaine longueur, le courant principal devient plus faible et la palette est attirée du côté de l'électro de dérivation, ce qui détermine immédiatement un orifice d'écoulement au mercure : le piston se lève alors, le crayon inférieur monte et l'électro-aimant C reprend toute sa puissance primitive.

Après cinq heures de marche, les charbons étant complétement usés, on garnit les porte-charbons, on vide le cylindre B dans une petite tasse de fer, par le robinet J, et on remplit de nouveau le réservoir A, dont le couvercle se place et se déplace facilement.

Il faut prendre certaines précautions pour transvaser le mercure du cylindre au réservoir, cependant l'opération peut s'effectuer plusieurs mois sans qu'il soit nécessaire d'ajouter une nouvelle quantité de mercure.

Les inconvénients du régulateur Lacassagne et Thiers sont nombreux, mais ils pourraient être atténués par une étude approfondie : l'appareil mesure 1^m50 de hauteur, son prix est relativement très-élevé, le point lumineux se déplace sans cesse, enfin le recul doit se faire à la main, après chaque extinction. Ses avantages peuvent se résumer en deux points : simplicité de mécanisme et grande sensibilité dans le fonctionnement.

Cette sensibilité est telle, que l'armature chargée de livrer passage au mercure, au lieu de se mouvoir par saccades, prend presque instantanément une position fixe qu'elle conserve jusqu'à l'usure complète des charbons, de manière à laisser passer un filet de mercure constant, et à rapprocher continuellement les électrodes.

De 1855 à 1859, MM. Lacassagne et Thiers firent de nombreux éclairages à Paris et à Lyon ; mais bien que le régulateur fonctionnât régulièrement, ils n'eurent qu'un succès de curiosité. Ce résultat, plutôt négatif que favorable, tient à plusieurs causes : d'abord l'emploi des piles comme générateur du courant électrique est fertile en inconvénients, puis la nécessité de remettre à chaque instant le foyer du réflecteur en coïncidence avec l'arc voltaïque. Malgré cela, ces expériences firent grand bruit, et nous avons sous les yeux tout un volume consacré à leur éloge. Nous en détachons les lignes suivantes, qui parurent dans la *Gazette de France* le 5 juillet 1855, il y a plus de 23 ans :

« Hier, les promeneurs qui se trouvaient, à neuf heures du soir, dans les environs du Château-Beaujon, ont été tout à coup inondés d'une lumière aussi puissante que celle du soleil. En effet, on eût dit que le soleil venait de se lever, et telle était l'illusion, que des oiseaux, surpris dans leur sommeil, ont voltigé devant ce jour artificiel. Le foyer lumineux partait de la terrasse du Château-Beaujon, où MM. Lacassagne et Thiers, chimistes lyonnais, démontraient devant une société d'élite, réunie chez M. Théodore Gudin, les avantages de la lumière électrique sortie des langes de la théorie, et abordant franchement le domaine du fait accompli. L'expérience a été complète.

« La puissance du foyer lumineux embrassant une vaste surface était si fulgurante, que les dames conviées à l'expérience ont ouvert leurs ombrelles, non pour faire une galanterie aux innovateurs, mais pour se garantir contre les ardeurs de ce mystérieux et nouveau soleil. »

Ces dernières lignes contiennnent, en réalité, une des critiques les plus justes qu'on ait jamais adressées à la lumière électrique : les rayons projetés par un réflecteur éblouissent tellement, en effet, que si l'on n'avait pas réussi à faire de l'éclairage électrique sans réflecteur jamais l'usage ne s'en fût répandu dans les manufactures.

La puissance du foyer, qu'on comparait alors à un mystérieux soleil, n'était d'ailleurs que de 60 à 80 becs carcel. Qu'aurait donc dit la *Gazette de France* si la lampe Lacassagne et Thiers eût brillé d'un éclat égal à 4,500 becs, comme brille aujourd'hui la lampe Serrin alimentée par une seule machine Gramme?

Beaucoup de chercheurs ont repris l'étude d'un appareil réglé par l'écoulement d'un fluide : M. Sautter a cherché la

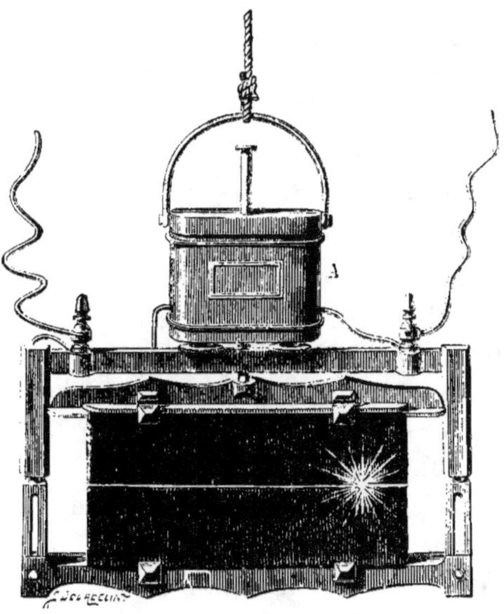

Fig. 8. Régulateur Wallace Farmer.

solution avec de l'air, M. Chrétien avec de l'huile, etc., etc. Jusqu'à présent nous ne connaissons aucun régulateur pratique basé sur ce principe.

5° APPAREILS A ÉLECTRODES PLATES. — *Système Wallace Farmer*. — Le régulateur Wallace Farmer (fig. 8) se compose de deux plaques de charbon. L'une, celle du bas, est fixe, l'autre, celle du dessus, portée par l'armature d'un petit électro-aimant renfermé dans la boîte A. Ces deux plaques sont reliées chacune avec l'un des pôles de la source électrique et elles se touchent quand il ne passe aucun courant dans le circuit. Dès que le courant vient à passer, l'électro-aimant soulève le charbon supérieur et l'arc jaillit. Le foyer s'avance successivement d'un bord à l'autre, puis les plaques retombent un peu et la lumière reprend le chemin inverse. Ainsi de suite jusqu'à usure complète des plaques de charbon. S'il était possible de faire des plaques rigoureusement parallèles le courant ferait naître un arc sur toute leur longueur mais cela est matériellement impossible ; il y a toujours un point de plus faible résistance où commence l'arc. Les charbons durent jusqu'à 100 heures. Ce régulateur est comme on le voit, d'une extrême simplicité et il permet de diviser les courants continus, mais il est d'un faible rendement lumineux et difficile à installer dans une lanterne ou sous un globe.

6° RÉGULATEURS ÉQUILIBRÉS A SOLÉNOÏDES. — *Système Archereau.* — M. Archereau peut avec raison être considéré comme l'un des promoteurs de la lumière électrique, car, il y a plus de 30 ans qu'il s'est occupé de la question et il a imaginé un régulateur qui a servi de base à de nombreuses combinaisons. Ce régulateur (fig. 9) est le plus simple de tous. Il se compose d'une bobine creuse en cuivre recouverte d'un fil isolé, d'un montant vertical, de deux porte-charbons et d'un contre-poids. Le charbon supérieur est porté par une tige qui peut glisser et tourner à l'extrémité d'une traverse horizontale de cuivre, isolée et en communication avec le conducteur négatif du courant électrique. Le charbon inférieur repose sur un cylindre moitié en cuivre, moitié en fer, qui peut monter ou descendre dans la bobine creuse. Le conducteur positif est attaché à l'une des extrémités du fil de la bobine et l'autre extrémité de ce fil est fixée au cylindre intérieur de ladite bobine. Le charbon inférieur se trouve en communication directe avec le pôle positif, parce que le cylindre qui le porte touche toujours en plusieurs points à l'âme de la bobine. Un contre-poids équilibre le porte-charbon inférieur, de manière que le mouvement de celui-ci puisse s'effectuer de bas en haut ou de haut en bas, avec un effort insignifiant. (Il suffit pour détruire l'équilibre de vaincre le frottement du cylindre contre la paroi intérieure de la bobine.)

La partie supérieure du cylindre est en fer, la partie inférieure en cuivre. Quand le courant passe dans le fil extérieur,

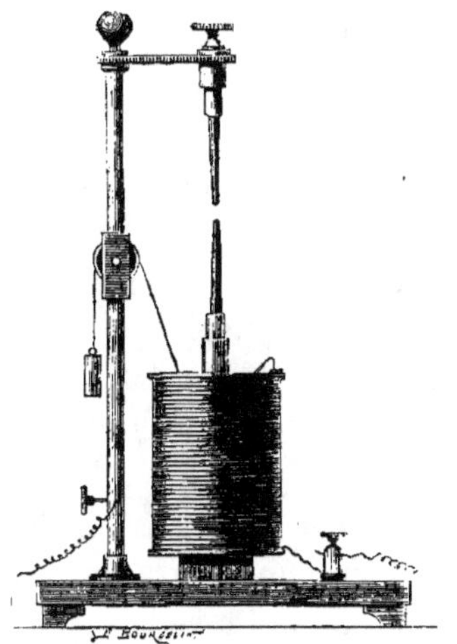

Fig. 9. Régulateur Archereau.

il se produit une action magnétique qui fait descendre le cylindre dans la bobine, et dès que le courant est interrompu, l'action du contre-poids relève le cylindre.

Pour mettre l'appareil en activité, il suffit d'amener le charbon supérieur au contact de l'autre, puis d'éloigner légèrement le premier ; l'arc voltaïque jaillit, le cylindre reste fixe dans la bobine et le contre-poids est immobile.

Cette situation persiste tant que l'écart des charbons n'est pas trop grand ; mais il arrive un moment où l'arc voltaïque dépasse une longueur déterminée et où le courant est trop faible pour faire résister le cylindre à l'action du contre-poids. A ce moment, le cylindre inférieur remonte. puis le courant reprend sa puissance et arrête le cylindre jusqu'à ce qu'une nouvelle usure provoque un nouveau mouvement du charbon inférieur. C'est une simple question d'équilibre à réaliser par une bonne proportion dans les organes et par la détermination exacte de la position relative de chacun d'eux.

Régulateur Gaiffe. — Le régulateur combiné par M. Gaiffe est représenté figure 10[1]. La légende suivante fera comprendre le rôle et le fonctionnement de chaque organe.

ABCD est une cage cylindrique renfermant tout le mécanisme. Elle se compose d'une platine circulaire AB, reliée à une embase ou pied tronc-conique CD par quatre tiges ou colonnettes verticales. Une enveloppe F, qui s'enlève par le haut, préserve le tout et se fixe à la platine AB, au moyen de deux vis G placées aux extrémités d'un même diamètre.

H, porte-charbon supérieur formé de deux coquilles entre lesquelles on pince le crayon de graphite. H', porte-charbon inférieur, disposé comme le précédent.

I, tige cylindrique en cuivre, commandant le porte-charbon H, et se mouvant dans l'intérieur d'une colonne creuse J, fixée verticalement sur la platine AB. Cette tige est terminée à la partie inférieure par une crémaillère, munie d'un retour d'équerre destiné à limiter la course ascendante.

K, tige en fer doux, armée d'une crémaillère et commandant le porte-charbon H'. Cette tige est de forme prismatique quadrangulaire, et descend verticalement dans l'intérieur de la bobine *l*.

---

1. Nous empruntons cette figure et la description du régulateur Gaiffe à l'excellent ouvrage de M. Louis Figuier, *les Merveilles de la science*, Furne, Jouvet et Cie, éditeurs, t. IV, p. 225. Les figures 2 et 17 sont également empruntées au même ouvrage.

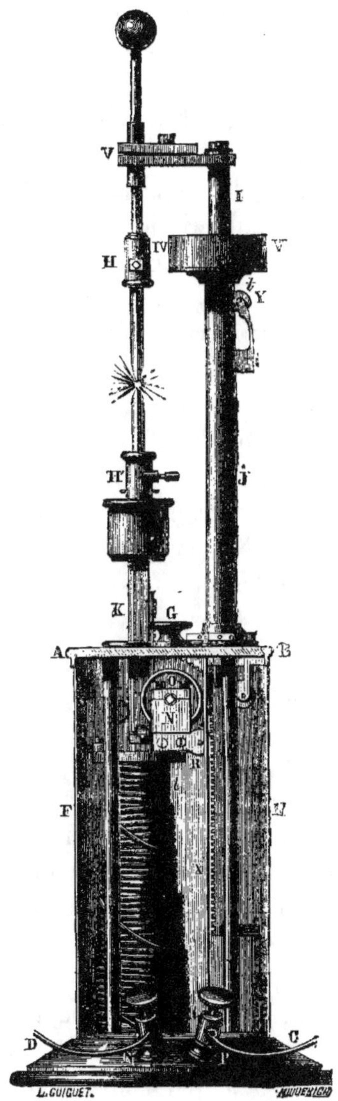

Fig. 10. Régulateur Gaiffe.

I, bobine à axe vertical, portant un fil de cuivre roulé en spirale. Lorsque le circuit électrique est fermé, elle agit sur la tige K, qui descend alors en vertu de l'attraction à laquelle elle est soumise.

O, deux roues dentées, tournant librement sur l'axe N et isolées l'une de l'autre par une rondelle d'ivoire. Les diamètres des roues sont dans le rapport de 2 à 1. La plus grande engrenant avec la crémaillère de la tige I, dont elle commande le mouvement, et la plus petite engrenant avec la crémaillère de la tige K, il s'ensuit que lorsque la tige K s'élève ou s'abaisse d'une certaine quantité, la tige I s'abaisse ou s'élève d'une quantité double. Cette disposition est nécessitée par l'usure inégale des deux charbons qui se fait, avec la pile, dans la proportion de 2 à 1.

Un barillet, solidaire des roues O, contient un ressort de pendule, dont l'une des extrémités est fixée au barillet lui-même et l'autre à l'axe N ; le ressort, agissant sur le barillet et par conséquent sur les roues dentées, tend constamment à faire rapprocher les tiges I, K, et par suite, les charbons.

N, axe d'acier, sur lequel les roues O et le barillet sont librement montés. Cet axe est serré entre les coussinets, qui permettent cependant de le faire tourner sur lui-même pour régler la tension du ressort du barillet ; pour cela, on n'a qu'à agir au moyen d'une clef sur son extrémité libre, qui est faite comme un carré de remontoir.

Une embase circulaire recouvre la bobine I. Sur cette bobine, qui est percée au centre pour laisser passer la tige K, sont montées les pièces principales du mécanisme. Les pignons R sont montés sur un axe parallèle à l'axe N, et ils peuvent se déplacer parallèlement à eux-mêmes pour venir commander les roues O, et par conséquent agir sur les tiges I, K, pour abaisser ou élever à volonté et simultanément les deux charbons dans les expériences d'optique où il est important de centrer le point lumineux sans interrompre la fonction de l'appareil.

Une clef à trou carré se place sur l'axe N, ou sur l'axe des pignons R, lorsqu'on veut agir sur le ressort du barillet, ou lorsqu'on veut mettre les pignons en prise avec les roues O.

Un ressort à boudin placé sur l'axe des pignons R sert à repousser ces pignons hors de prise, lorsqu'on n'agit plus sur eux.

Des galets servent à guider les tiges I, K, et rendent leur mouvement très-doux.

V est une pince à genouillère, permettant d'agir directement sur le porte-charbon H, de manière à mettre les deux pointes de charbon bien exactement en face l'une de l'autre.

N est la borne pour le fil négatif du courant électrique.

P est la borne pour le fil positif du courant électrique.

X est une tige verticale qui conduit le courant de la borne P à la colonne J.

Y est un galet pénétrant par une ouverture dans la colonne J, et maintenu constamment en contact avec la tige I au moyen d'un ressort, de manière à assurer la communication entre cette colonne et cette tige.

Les bornes N, P, la tige X et la colonne J sont isolées au moyen de rondelles en caoutchouc.

Voici comment marche le courant dans ces différentes pièces :

Entrant par la borne P, il suit le chemin XJIVHIIK. passe dans la bobine I et sort par la borne N. Quand il ne circule pas, les deux charbons sont maintenus l'un contre l'autre par l'action du ressort du barillet ; mais aussitôt que le circuit électrique est fermé, la bobine attire la tige K, dont le mouvement, combiné avec celui de l'autre tige J, détermine l'écart du charbon et la production de l'arc voltaïque.

Pour que ces phénomènes se produisent, il faut que la force attractive de la bobine l'emporte un peu sur l'action du ressort antagoniste du barillet, ce que l'on obtient en tendant plus ou moins celui-ci.

Lorsque le ressort est trop tendu, les deux charbons restent serrés l'un contre l'autre ou sont trop rapprochés pour produire une lumière d'une intensité suffisante ; si, au contraire, il n'est pas assez tendu, l'action de la bobine devient trop prédominante, et par suite, l'écart des charbons étant trop grand, l'arc voltaïque se rompt.

Régulateur Jaspar. — Le régulateur Jaspar est également du type Archereau, mais il est bien perfectionné et il possède une sensibilité et une sûreté de fonctionnement tout à fait exceptionnelles. Ces qualités ont été très-appréciées par le jury international de l'Exposition de 1878 et ont valu à son inventeur une médaille d'or.

La figure 11 représente l'appareil au moment où les crayons sont presque entièrement usés. Les lettres désignent les organes principaux.

La tige A est en communication avec le pôle positif d'une pile ou d'une machine magnéto-électrique ; elle est complétement isolée du corps de l'appareil. Cette tige est armée, à sa partie supérieure, d'un porte-charbon et, à sa partie inférieure, d'un guide glissant le long d'une coulisse verticale, empêchant le porte-charbon de décrire un arc de cercle autour d'elle. Elle possède, comme le régulateur Serrin, deux boutons moletés qui permettent de donner au charbon supérieur une position rigoureusement en rapport avec le charbon inférieur et dé remplacer les charbons lorsqu'ils sont totalement usés. Une petite corde est attachée au guide et à la jante d'une poulie de transmission et sert à relier les mouvements des deux porte-charbons.

La tige B, en communication avec l'ensemble de l'appareil et avec le pôle négatif du générateur d'électricité, soutient le porte-charbon inférieur et pénètre en bas dans un solénoïde C. Cette tige est en fer. Elle est attachée par une

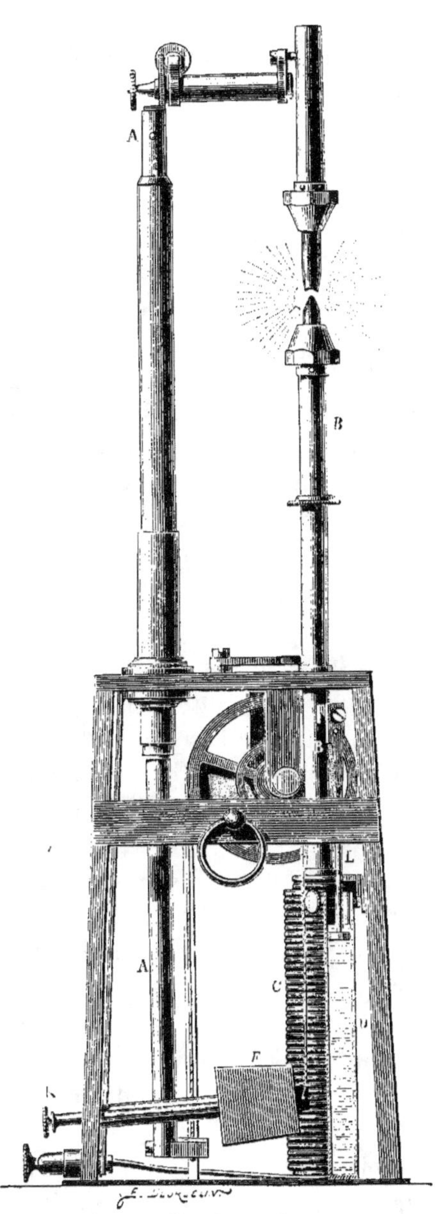

Fig. 11. Régulateur Jaspar.

petite corde, laquelle est fixée sur la jante d'une poulie faisant corps avec la première et ayant un diamètre moitié moindre ; de sorte qu'au fur et à mesure de la descente de la tige A, la tige B remonte d'une quantité égale à la moitié de la descente.

Près du solénoïde C, en communication avec le courant, se trouve un cylindre D rempli de mercure, dans lequel se meut un piston ayant un peu de jeu latéralement. Ce piston est relié, par une tringle L, à la tige B.

Un contre-poids F coulisse sur un levier horizontal attaché par une corde à une troisième poulie faisant corps avec les deux premières. Un bouton K, placé extérieurement, permet de rapprocher ou d'éloigner le poids F suivant qu'on veut diminuer ou augmenter son action.

Un autre contre-poids E est fixé entre les bras de la première poulie et a pour but de régulariser l'action du solénoïde sur la tige en fer qui le pénètre.

Le régulateur Jaspar possède en outre une série de pièces accessoires pour embrayer le mouvement des tiges, attacher les fils conducteurs, supporter l'ensemble du mécanisme, etc., et une boîte vernie enveloppant le tout pour préserver les organes contre la poussière des ateliers et les chocs extérieurs.

Le fonctionnement est très facile à comprendre.

Au début de l'opération on élève la tige A aussi haut que possible et on garnit les deux porte-charbons de crayons de cornue ou de crayons artificiels, en ayant soin de placer à la partie supérieure un crayon deux fois plus long que celui du bas. On ajuste bien les pointes des crayons l'une sur l'autre, puis on fait passer un courant électrique à travers l'appareil.

L'action du solénoïde se fait immédiatement sentir sur la tige inférieure, celle-ci s'abaisse de quelques millimètres et l'arc voltaïque jaillit entre les pointes de charbon sans amener aucune des oscillations fâcheuses qu'on remarque dans la plupart des autres régulateurs. Les tiges se trouvent ainsi embrayées tant que le solénoïde retient son armature intérieure.

Lorsque l'arc voltaïque dépasse une longueur déterminée, le courant devient plus faible, le solénoïde perd une partie de sa puissance et les charbons, sollicités par le poids de la tige A, se rapprochent un peu. Ce rapprochement augmente naturellement la puissance du courant et par suite celle du solénoïde qui reprend ses fonctions.

Le contre-poids F agit en sens opposé de la tige motrice A, puisqu'il tend à la relever sans cesse ; on le fait avancer sur son levier pour lui donner un effet inversement proportionnel à la puissance de la source électrique. Cela permet d'employer un même régulateur avec des courants d'intensités diverses.

La tige L, qui plonge dans le mercure, produit deux effets également utiles. D'abord elle empêche tout mouvement brusque des tiges, car, le mercure ne pouvant passer qu'entre le piston et la surface intérieure du cylindre, c'est-à-dire par un très-petit espace annulaire, s'écoule lentement et s'oppose à une descente ou à une montée trop rapide ; puis elle procure un excellent contact à la tige négative.

Le contact de la tige positive A est obtenu par le frottement contre le fourreau de cette tige ou par un petit frotteur disposé *ad hoc*.

Des expériences directes, d'accord d'ailleurs avec la théorie des solénoïdes, ont démontré que l'action magnétique exercée par le solénoïde sur la tige B (à égale intensité de courant) est d'autant plus grande, que la tige est moins enfoncée dans le solénoïde ; l'appareil donnerait donc un écart entre les charbons, plus grand à la fin de la course qu'au commencement, si M. Jaspar n'eût imaginé d'établir le petit contrepoids E, et de laisser la possibilité de placer ce contre-poids plus ou moins près du centre, suivant l'intensité du courant de régime. C'est là le point saillant de l'invention.

Au début, le contre-poids E étant à gauche diminue la force de la tige motrice, et augmente, par suite, l'effet du solénoïde. Petit à petit, le moment de ce contre-poids diminue, il devient nul au sommet et reprend une valeur, en sens inverse, pour atteindre son maximum lorsque les charbons sont usés.

Notre dessin représente cette dernière position. Il est facile de voir qu'en ce moment l'action de la tige A est augmentée de tout l'effet du contre-poids E, et que, si le solénoïde est devenu plus puissant, la force antagoniste est également plus grande.

L'appareil de M. Jaspar est ainsi caractérisé par trois points :

1° Cylindre à mercure empêchant les mouvements brusques des tiges, et donnant un bon contact au charbon négatif ;

2° Contre-poids à action variable permettant de placer un régulateur quelconque sur un courant électrique plus ou moins intense ;

3° Contre-poids mobile réglant à chaque instant l'action du solénoïde, et conservant à l'arc voltaïque la même longueur pendant toute la durée des crayons.

L'appareil qui figurait à l'Exposition avait un aspect un peu trop rustique, et des dimensions relativement considérables ; sur notre conseil, M. Jaspar a étudié de nouveau le groupement des organes, et il est parvenu à donner à son régulateur une forme plus satisfaisante et des dimensions plus réduites.

Le régulateur Jaspar est employé chez MM. Sautter Lemonnier et Cⁱᵉ à Paris, dans les ateliers de M. Cockerill et Seraing, dans la papeterie Denayer à Willebroeck, à la gare du Midi à Bruxelles, etc.

Régulateur Dubos. — M. Dubos a exposé en 1878 un régulateur à solénoïde, très-simple, mais ne renfermant aucun organe pour compenser l'influence variable du solénoïde. L'appareil était équilibré au moyen d'un vase en cuivre rempli de grenaille de plomb, et, il avait cela de particulier, que le solénoïde était très-long ce qui réduisait, dans une certaine mesure, les écarts de longueur d'arc, qui se produisaient invariablement entre le moment de l'allumage et celui correspondant à l'usure complète des charbons.

Ce régulateur est employé dans l'usine de MM. David, Trouillet et Adhémar et, malgré le défaut que nous venons de signaler, on est satisfait de son service.

Régulateur Marcus. — Dans le régulateur Marcus il n'existe pas de variations de puissance dans le solénoïde, parce que les spires qui entourent le dit solénoïde sont divisées en une série de bobines distinctes et que, grâce à un petit mécanisme très-simple, le courant ne traverse qu'un nombre déterminé de spires. Au fur et à mesure que le porte-crayon inférieur descend et que par suite l'armature du solénoïde pénètre plus avant dans l'intérieur, les spires en action changent, de telle sorte que la force attractive est toujours la même. Cette solution est très ingénieuse mais elle complique trop un appareil dont la qualité primordiale doit être la simplicité.

Régulateur Brush. — Depuis quelque temps les Américains s'occupent beaucoup de créer des appareils produisant la lumière électrique. La machine Gramme et le régulateur Serrin exposés à Philadelphie en 1876 ont eu un immense succès et ont excité à un haut degré la curiosité publique et surtout l'esprit inventif des physiciens. M. Brush, parmi ces derniers, paraît avoir été le plus heureux, sinon le plus original. Les journaux de New-York nous ont appris que plusieurs de ses conceptions étaient appliquées avec un très-grand succès.

Sans partager l'enthousiasme de ses compatriotes, nous avons étudié avec beaucoup d'intérêt les appareils de

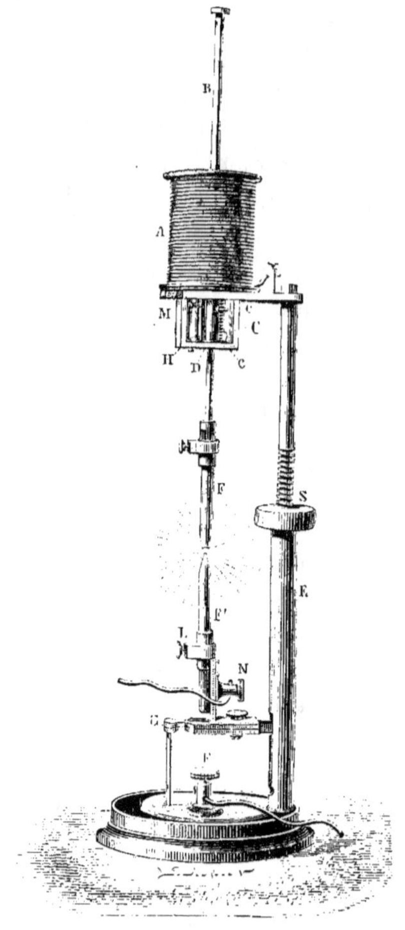

Fig. 12. Régulateur Brush.

M. Brush et nous allons d'abord décrire un de ses régulateurs; nous parlerons de sa machine dans un autre chapitre.

Dans ce régulateur (fig. 12), A représente un solénoïde porté sur un plateau isolé M ; B une tige intérieure qui traverse entièrement un manchon central et qui porte le charbon supérieur F ; C une cage contenant l'organe formant recul ; D un manchon dans lequel passe librement la tige B ; et qui pénètre dans le solénoïde ; E une colonne servant de bâti ; F une des bornes ; G une pièce d'appui pour le porte-crayon inférieur ; H la base de la cage C ; L le porte-crayon inférieur ; N la 2ᵉ borne ; et S une tige filetée que l'on

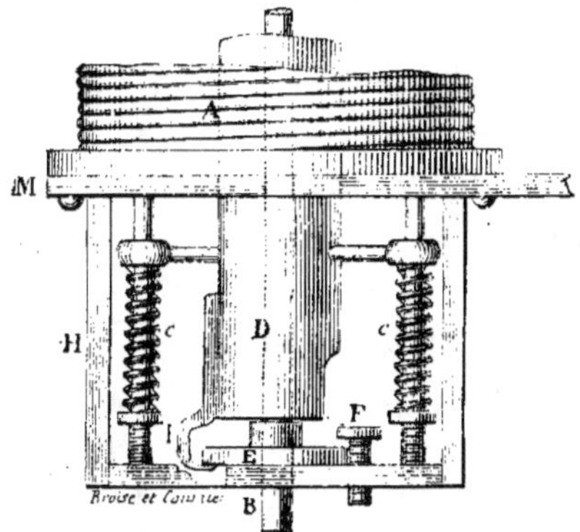

Fig. 13. Réglage du régulateur Brush.

visse plus ou moins dans la colonne E, suivant la dimension des charbons qu'on possède.

L'usage de ces divers organes se comprend à première vue ; l'appareil de régularisation seul a besoin d'être décrit en détail. Nous le représentons figure 13.

Le manchon D porte un petit crochet I, lequel passe sous une rondelle en laiton E. Ladite rondelle est placée avec un certain jeu, autour de la tige B, et, sa course ascendante est limitée par la vis F qu'on règle à volonté.

Dès que le courant passe dans le solénoïde A, le fourreau D est attiré, la griffe I entraîne la rondelle E. Celle-ci se lève obliquement et, par coincement, soulève à son tour la tige B, ce qui produit l'écart des charbons. Le courant devient immédiatement un peu moins intense, le manchon descend, la rondelle E se remet sur son siége et la tige B est retenue en place par l'influence du solénoïde ; lequel, agit sur elle par l'intermédiaire du manchon D. Deux ressorts antagonistes *c c* équilibrent la puissance du solénoïde sur le manchon.

Quand l'arc voltaïque devient trop grand, la tige B descend par son propre poids et si elle venait à mettre en contact les deux charbons, le recul se ferait instantanément comme nous venons de l'expliquer.

M. Brush a également étudié un régulateur à suspension du même type que le précédent. Deux petites tringles latérales servaient à maintenir en place une sorte d'anneau sur lequel était fixé le porte-charbon négatif.

7° RÉGULATEURS A RESSORTS MOTEURS. — *Système Foucault et Duboscq.* — Le régulateur Foucault, exécuté et perfectionné par M. Duboscq, jouit d'une grande réputation : c'est celui que nous préférons après l'appareil de M. Serrin. Nous le représentons, en coupe longitudinale, figure 14.

L'électro-aimant est placé dans la partie inférieure de l'appareil. Comme tous les électro-aimants, il se compose d'une bobine sur laquelle est enroulé un long fil de cuivre. En parcourant ce fil, le courant aimante un cylindre en fer formant l'âme de la bobine, et celui-ci attire une plaque de même métal vissée à l'extrémité d'un levier coudé. Un ressort à boudin, parallèle à l'électro-aimant, équilibre l'attraction magnétique, de sorte que le contact ne s'opère que lorsque le courant a une énergie déterminée. Le ressort antagoniste est, comme on le voit, fixé par l'une de ses extrémités à une petite équerre oscillante qui permet de le tendre plus ou moins, et par suite de rendre la lampe plus ou moins sensible.

Au-dessus de l'électro-aimant se trouve une boîte cubique renfermant un mouvement d'horlogerie actionnant, lorsqu'il

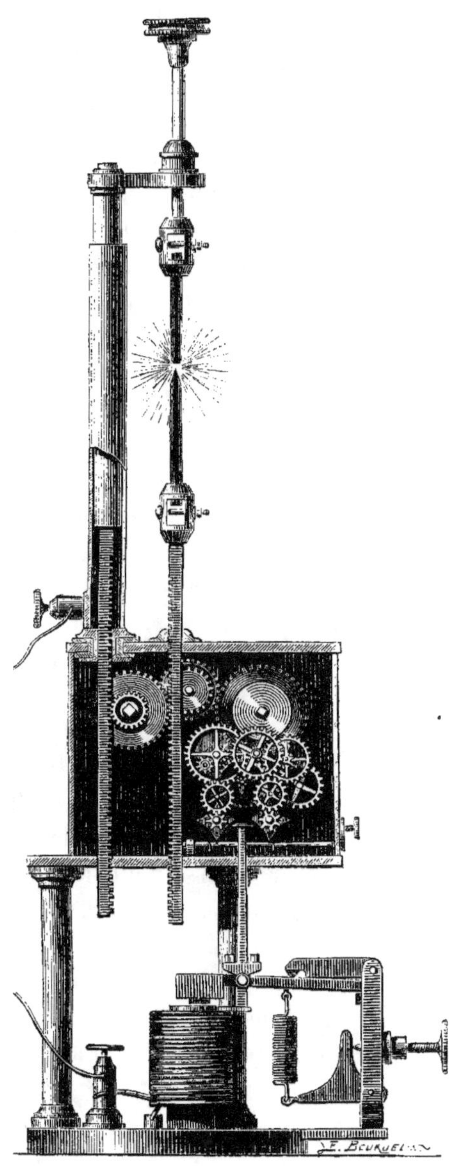

Fig. 14. Régulateur Foucault et Duboscq.

se meut, les tiges des deux porte-charbons, lesquelles sont taillées en crémaillère et engrènent avec des roues de diamètres différents, comme dans la lampe précédente. Une tige oscillante réunit l'armature à ce mécanisme d'horlogerie et vient embrayer les ailettes d'un moulinet, lequel arrête le mouvement de toutes les pièces lorsque l'arc voltaïque n'est ni trop grand ni trop petit, c'est-à-dire lorsque le courant passe régulièrement dans l'appareil. Dès que l'arc a pris une trop grande longueur, par suite de l'usure des crayons, sa résistance augmente, l'armature est attirée contre l'électro-aimant, la tige du débrayage oscille et laisse fonctionner le moulinet.

Dans l'appareil primitif de M. Duboscq, il fallait écarter à la main les charbons pour régler leur position et leur distance : Foucault a ajouté un deuxième mécanisme d'horlogerie qui sert de moteur pour éloigner les charbons l'un de l'autre lorsque cela est nécessaire.

Ce mécanisme auxiliaire agit, comme le premier, sur les roues qui engrènent avec les tiges dentées des porte-charbons : seulement son mouvement est inverse.

Il y a donc dans ce régulateur deux moteurs distincts, l'un éloignant les crayons lorsqu'ils sont trop rapprochés, l'autre rapprochant les crayons lorsqu'ils sont trop éloignés. La difficulté, qui était de réaliser l'indépendance de ces deux moteurs et de les faire agir inversement sur les mêmes roues dentées, a été levée de la manière la plus heureuse par l'emploi d'une roue à satellites. La tige qui réunit l'électro-aimant aux deux mécanismes oscille à droite ou à gauche et débraye chacun des moulinets en temps utile ; lorsqu'elle est verticale, les deux moulinets sont calés et aucun mouvement ne se produit.

Les ressorts doivent, bien entendu, être montés avant chaque opération.

On peut, avec la lampe Foucault-Duboscq, exhausser ou

abaisser le point lumineux pendant la marche, en faisant tourner à la main une des roues dentées du barillet principal. Cette opération est quelquefois nécessaire lorsqu'on fait des projections scientifiques ; dans l'éclairage industriel elle est sans utilité pratique.

En somme, cet appareil est très-ingénieusement combiné, et il possède l'avantage de pouvoir fonctionner dans toutes les positions, mais il est assez délicat, a besoin d'être réglé pour chaque application spéciale, et il est un peu susceptible de dérangements. Son usage est très-répandu dans les laboratoires et dans les théâtres.

Régulateur Girouard. — Au commencement de l'année 1876, M. Girouard présenta à l'Institut une lampe électrique d'un caractère tout particulier. Contrairement aux combinaisons précédentes, la lampe en question est divisée en deux parties distinctes : 1° la lampe proprement dite avec mouvement d'horlogerie pour le rapprochement et l'écartement des charbons ; 2° le régulateur en forme de relais, qui peut être placé très-loin de la lampe, et qui fonctionne au moyen d'une petite pile portative à sulfate de mercure.

Ce système comporte donc deux appareils, reliés par deux circuits différents, donnant passage à deux courants distincts. L'un des courants est très-intense ; il émane de la machine et donne naissance à la lumière électrique après avoir passé par un électro-aimant fixé sur le relais ; l'autre, assez faible, n'a à produire que des déclanchements de mouvements d'horlogerie pour l'avancement et le recul des charbons.

La lampe contient deux mouvements d'horlogerie commandés par un barillet unique. Le dernier mobile de chacun de ces mouvements est embrayé par une détente dépendant d'un système électro-magnétique particulier, qui correspond électriquement avec deux petits contacts du relais.

Ce système peut fonctionner dans toutes les positions ; il est apte par conséquent à être appliqué dans bien des cas, aux representations théàtrales, aux recherches marines, à la projection des expériences de physique, etc., etc. Dans l'industrie ordinaire, il n'offre pas d'avantages suffisants pour contre-balancer la complication occasionnée par l'emploi de la pile et du mécanisme secondaire du relais.

Régulateur Régnard. — M. Régnard a combiné tout récemment un régulateur à ressort moteur qui peut fonctionner 10 à 12 heures sans qu'on ait besoin de le garnir de charbons pendant la marche. A cet effet, il a fileté les charbons sur toute leur longueur et il les a placés dans des gaines cylindriques en regard l'une de l'autre en les disposant de manière à ce qu'ils ne puissent pas tourner. Le mouvement d'horlogerie actionne deux roues filetées à l'intérieur et recevant les crayons qui, ne pouvant tourner, avancent l'un vers l'autre, les contacts électriques des crayons avec l'appareil se trouvent assez près l'un de l'autre ; de sorte que lesdits crayons peuvent être aussi longs qu'on le désire sans augmenter la résistance du circuit. Un débrayage à électro-aimant règle le mouvement et complète le système. L'appareil de M. Régnard est très-ingénieux, son installation se prête bien à la décoration d'une vaste salle; mais le filetage des crayons en augmente le prix de revient, et, comme la consommation de crayons est la dépense principale dans l'éclairage électrique, il y a là un inconvénient des plus sérieux.

8° RÉGULATEUR A PORTE-CHARBON POSITIF MOTEUR. — *Système Serrin.* — L'appareil que nous allons décrire, étant celui qui jusqu'à ce jour a reçu le plus d'applications industrielles nous entrerons, au sujet du problème à résoudre, dans des explications un peu plus étendues que précédemment.

Pour faire naître la lumière électrique, entre les deux charbons de la lampe ou régulateur, il faut d'abord amener les pointes au contact, afin que le courant électrique s'établisse ; il faut les reporter ensuite à une petite distance l'une

de l'autre, pour que l'arc électrique puisse se développer ;
enfin, il faut qu'elles se rapprochent constamment à mesure
qu'elles s'usent par la combustion ou le transport électrique,
de telle sorte que le foyer de lumière occupe toujours le
même point de l'espace.

Le régulateur de M. Serrin satisfait à ces trois conditions.
Il laisse les charbons en contact quand le courant ne circule
pas ; il les écarte à distance voulue quand le courant est
établi ; il les rapproche ensuite incessamment sans les laisser
arriver au contact. Si, par une cause accidentelle, les charbons se brisent ou s'éloignent trop, ils sont automatiquement
ramenés, après un contact d'un instant, à la distance qui
doit les séparer pour que l'arc voltaïque se développe dans
tout son éclat.

L'appareil est représenté figure 15. Il se compose d'un
électro-aimant A, d'une tige B servant de moteur, d'une
tige C supportant le charbon négatif, d'une armature D,
d'un butoir E, d'une attache F, d'une vis à excentrique G,
d'un support de charbon positif H, d'une entretoise fixe I,
d'une entretoise à rallonge J, d'un levier de tension KL,
d'un double parallélogramme MNPQ, d'un mouvement
d'horlogerie O, d'une vis de réglage inférieure R, d'une vis
de réglage supérieure S, d'une vis de jonction T, d'une borne
d'ivoire V, servant à arrêter le mouvement de la lampe,
d'une enveloppe en cuivre et d'une série de détails accessoires.

Les charbons sont fixés au moyen de vis de pression dans
deux porte-charbons. Le charbon positif est maintenu au-
dessus du charbon négatif au moyen d'une tige cylindrique
massive munie, à la partie supérieure, de deux traverses
horizontales reliées au porte-charbon. La traverse ou entretoise supérieure permet, au moyen d'un bouton fileté, d'im-
primer au porte-charbon un déplacement dans un plan
parallèle au plan du dessin. La traverse inférieure, au

moyen d'un excentrique commandé par le bouton G, déplace le charbon dans un plan vertical perpendiculaire au plan de la figure. La combinaison de ces deux mouvements, rectangulaires entre eux, donne le moyen d'amener rigoureusement en présence les deux pointes de charbon. C'est entre elles que jaillit l'arc voltaïque constamment maintenu à la hauteur d'une petite gorge circulaire ménagée sur la tige massive du porte-charbon positif.

Quant au porte-charbon négatif, placé au-dessous de l'autre, il est introduit dans un tube creux, d'où l'on peut le retirer pour le débarrasser des fragments de charbon qui s'y rompraient accidentellement. Une vis de pression maintient le charbon dans sa gaine.

Voyons maintenant comment va se produire le rapprochement des pointes et ensuite le maintien de l'écart convenable.

1° RAPPROCHEMENT. — La tige massive du porte-charbon positif tend à descendre verticalement sous l'action de la pesanteur. Elle est, sur sa partie inférieure, taillée en crémaillère et, pendant la descente, engrène avec une roue dentée O qui communique le mouvement au système d'engrenages figuré. Sur l'arbre O de la première roue dentée est calée une poulie de diamètre moitié moindre que la roue. Cette poulie suit le mouvement et le transmet, au moyen d'une chaîne à la Vaucanson, à une petite poulie de renvoi : la chaîne vient se fixer à une pièce en saillie F rattachée au tube du porte-charbon négatif. Par suite des dimensions et de la disposition de la première poulie, le porte-charbon négatif se déplace de bas en haut d'une quantité sensiblement moitié de celle dont descend le porte-charbon positif. On compense donc ainsi la différence de l'usure qui, pour le charbon négatif, est à peu près moitié de celle du charbon positif.

La descente du charbon positif est régularisée au moyen

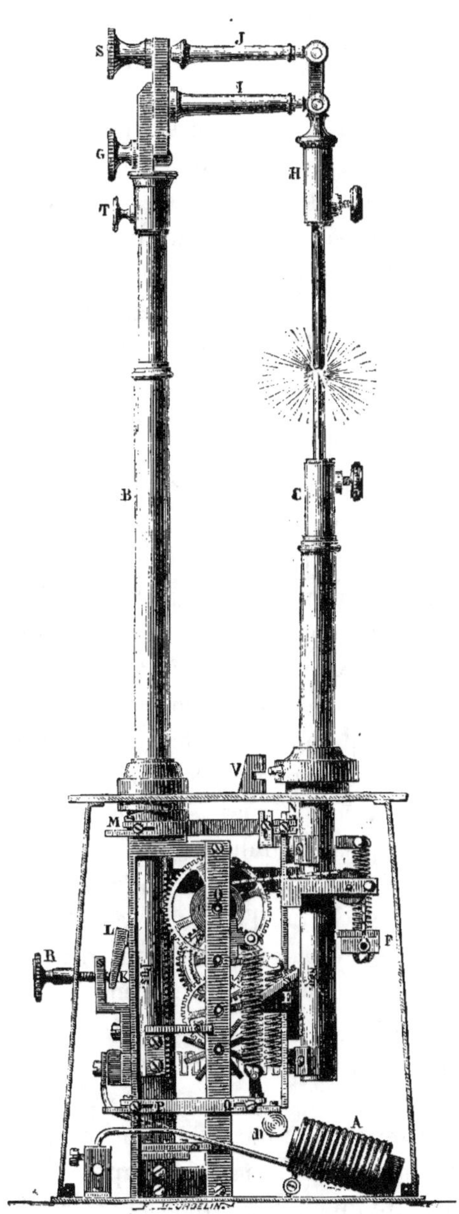

Fɪɢ. 15. Régulateur Serrin.

du système d'engrenages qui se termine par un pignon commandant à la fois un régulateur à ailettes et un petit volant étoilé dont nous verrons plus tard le rôle important.

Lorsqu'on veut renouveler les charbons. on soulève de bas en haut la tige massive du porte-charbon positif : cette opération entraîne la descente du tube du porte-charbon négatif sous l'influence de son propre poids, et elle ne détermine aucun mouvement des engrenages, parce qu'un encliquetage placé sur l'arbre de la seconde roue maintient le système au repos.

2° ÉTABLISSEMENT ET MAINTIEN DE L'ÉCART CONVENABLE ENTRE LES POINTES. — Ce résultat est obtenu au moyen du double parallélogramme articulé MNPQ, de l'armature de fer doux D, et de l'électro-aimant A.

Dans le parallélogramme, le côté vertical MQ, voisin du porte-charbon positif, est fixe ; deux côtés, MN, PQ, peuvent s'écarter de la direction horizontale ; le troisième côté NP est vertical et les extrémités inférieures de ces côtés verticaux mobiles sont reliées par une armature en fer doux D.

L'influence de la pesanteur sur le parallélogramme articulé est contre-balancée au moyen de deux ressorts en spirale. L'un s'attache, d'une part, au côté horizontal inférieur et, d'autre part, à une saillie d'une pièce fixe ; l'autre, relié en bas au côté vertical mobile du parallélogramme, est fixé, d'autre part. à l'extrémité d'un levier coudé LK, qu'une vis extérieure R permet de lever plus ou moins.

L'armature de fer doux D, placée en regard de l'électro-aimant A. sera attirée par ce dernier lors de la fermeture du circuit, et l'intensité de cette attraction variera avec l'énergie du courant.

Le fil positif de la machine, serré dans une borne, est mis en communication avec la masse de l'appareil, et le courant électrique, passant du charbon supérieur (positif) au charbon inférieur (négatif), par l'arc voltaïque, va du porte-charbon inférieur en traversant le conducteur isolé S, à l'électro-aimant, et sort de l'appareil par une borne isolée, à laquelle est fixé le fil négatif.

On voit sur le dessin que le tube du porte-charbon négatif est relié au côté vertical mobile du parallélogramme. Celui-ci est soumis à deux efforts qui se contre-balancent : son poids qui tend à le faire osciller autour de l'arète fixe et les ressorts qui tendent à le relever. L'action de l'électro-aimant consiste à triompher à un moment donné de la puissance des ressorts et en attirant l'armature de fer doux à faire descendre le parallélogramme. Lorsque le courant de l'électro-aimant s'affaiblit, les ressorts l'emportent à leur tour et relèvent le parallélogramme.

Il est facile de se rendre compte que dans le premier cas le charbon négatif descend et qu'il remonte dans le second. En effet, le côté vertical mobile du parallélogramme porte une équerre E, dont la pointe peut, en s'abaissant, pénétrer entre les bras du moulinet, enrayer le mouvement des engrenages et par suite de la crémaillère. L'abaissement du parallélogramme engage l'équerre, tandis que le relèvement la dégage ; et, par suite, la crémaillère est arrêtée dans le premier cas, tandis qu'elle est libre de descendre dans le second en provoquant l'ascension du charbon négatif.

Le bouton R agit par le levier LK sur un ressort qui sert à régler l'appareil de la manière suivante. Lorsque la lumière jaillit entre les deux pointes de charbon, il existe un écart (un seul suivant l'intensité du courant) pour lequel le pouvoir éclairant est maximum. A cet écart correspond une position du parallélogramme oscillant relié aux actions des ressorts et de l'électro-aimant. En faisant varier au moyen de levier la tension du ressort et la distance de l'armature à l'électro-aimant, on peut arriver promptement à fixer la position convenable du parallélogramme et à maintenir la distance des pointes dans les conditions les plus favorables.

Il nous reste maintenant à voir comment on opère dans la pratique.

Nous supposons que les charbons aient été placés sans que le courant passe encore dans l'appareil. Le mouvement de descente de la tige massive détermine le mouvement ascensionnel du charbon négatif jusqu'à ce qu'il y ait contact. A partir de ce moment, les deux tiges descendent ensemble, mais comme la tige du porte-charbon négatif est reliée au côté vertical mobile du parallélogramme, elle fait abaisser le parallélogramme, l'équerre embraye le petit moulinet et tout le mécanisme est immobilisé.

Dès que le courant est envoyé dans l'appareil, l'électro-aimant devenu actif attire l'armature, entraîne le parallélogramme oscillant et par suite le charbon inférieur, dont la pointe s'écarte à une petite distance de celle du charbon supérieur : l'arc voltaïque apparaît et relie les deux pointes. A mesure que le courant devient moins énergique, par suite de l'usure et de l'écartement des pointes, l'électro-aimant devient moins puissant, l'action des ressorts l'emporte, l'armature s'éloigne de l'électro-aimant, le parallélogramme oscillant remonte. Par suite de ce mouvement incessant du parallélogramme, qui tantôt descend entraîné par l'armature, tantôt remonte sous l'action des ressorts, le moulinet se trouve alternativement engagé et dégagé ; la crémaillère, par suite, passe par des alternatives de descente et d'arrêt, et le mécanisme de rapprochement fonctionne en maintenant constamment les charbons dans les limites voulues.

Le régulateur Serrin a son moteur assez puissant pour lui assurer une marche certaine, en détruisant les petites résistances anormales qui se présentent, sans que, malgré cette puissance, il puisse écraser les pointes de charbon l'une contre l'autre ou leur permettre de glisser parallèlement. Dès que la tige inférieure descend un peu, elle embraye immédiatement le moulinet et soustrait ainsi les charbons en contact à l'action du poids de la tige supérieure. Il suffit de tendre convenablement le ressort équilibrant le porte-charbon inférieur pour donner au mouvement toute la douceur qu'on désire obtenir.

L'appareil de M. Serrin a quelques imperfections, et, bien qu'elles soient légères, il est utile de les signaler.

Tous les mouvements produits par l'électro-aimant sur son armature sont directement transmis au porte-charbon inférieur, lequel oscille sans cesse lorsque les charbons contiennent des impuretés. Ces oscillations augmentent ou diminuent alternativement la longueur de l'arc voltaïque, et par suite sa résistance. Le courant change alors d'intensité à chaque instant et réagit sur la machine motrice et sur l'électro-aimant, lesquels multiplient les oscillations premières et donnent souvent à la lumière une instabilité très-désagréable. Ajoutons que l'appareil ne peut pas fonctionner horizontalement, ni prendre une trop forte inclinaison, que ses organes sont un peu délicats pour l'usage des ateliers de construction, et nous aurons énuméré tous ses petits inconvénients. Malgré cela, avec des charbons chimiquement purs et une source d'électricité bien constante, on peut rendre presque nulles les amplitudes de l'armature de l'électro-aimant et obtenir une lumière assez fixe.

Régulateur Lontin. — Le régulateur de M. Lontin, fig. 16, est un appareil à parallélogramme oscillant, système Serrin, qui fonctionne au moyen d'une simple dérivation du courant, laquelle dérivation ne passe pas par l'arc voltaïque.

Il semble, de prime abord, que ce changement a peu d'importance, mais en l'analysant attentivement, on se rend bientôt compte de son avantage considérable.

La palette B n'est attirée près de l'électro-aimant A que lorsque le courant, qui passe par l'arc devient faible, car alors celui de la dérivation augmente d'intensité. La lampe

est toujours embrayée, et elle ne se débraye que quand l'arc
atteint une trop grande longueur, tandis que dans l'appareil
Serrin ordinaire, la lampe est toujours débrayée, et elle ne
s'embraye que lorsque le courant, qui passe par l'arc, est
assez puissant pour attirer la palette à lui. La sensibilité est
beaucoup plus grande dans le premier cas que dans le second.
L'expérience a prouvé qu'avec la disposition préconisée par

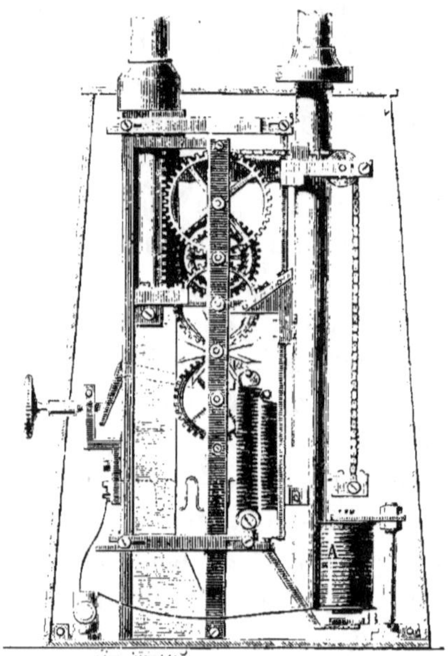

Fig. 16. Mouvement du régulateur Lontin.

M. Lontin, on pouvait mettre plusieurs régulateurs dans un
même circuit. A l'Exposition, on a placé jusqu'à douze régulateurs sur le circuit unique d'une machine à courants alternatifs. Nous avons vu des régulateurs Lontin et Régnard
combinés ensemble et la solution nous a paru pratique et
élégante.

Régulateur Chertemps. — L'appareil Chertemps se compose d'un porte-crayon supérieur dont la tige sert de moteur,

d'un mouvement d'horlogerie ayant pour objet de laisser descendre le moteur lentement et de l'embrayer facilement, d'un porte-crayon inférieur terminé par une tige en fer qui se meut dans un solénoïde et qui porte une petite palette d'embrayage.

Le charbon inférieur est fixe, de sorte que la position de l'arc voltaïque varie à chaque instant, ce qui d'ailleurs n'a aucun inconvénient en pratique.

Le solénoïde produit le recul à l'allumage et le débrayage du volant à palette lorsque l'arc devient trop grand.

Ce régulateur se recommande surtout par son bon marché. Il fonctionne assez bien et il peut remplacer le système Serrin dans beaucoup d'applications.

Régulateur Carré. — Nous représentons, fig. 17, un régulateur électrique breveté par M. Carré, dont voici le principe en quelques mots.

L'appareil a pour moteur, comme celui de M. Serrin, la tige du charbon positif ; mais il diffère de ce dernier par le mécanisme qui modère le rapprochement des charbons et par le mode d'action du courant électrique qui règle la longueur de l'arc voltaïque.

Dans le régulateur de M. Serrin, le courant électrique actionne un électro-aimant, tandis que dans celui de M. Carré, il actionne un solénoïde d'une forme toute particulière. L'armature de ce solénoïde est en S ; elle oscille en son milieu autour d'un point fixe et chacune de ses extrémités pénètre dans une bobine courbe.

L'enroulement du fil sur le solénoïde est fait de telle sorte que les actions des bobines s'ajoutent et entraînent l'armature dans le même sens.

Lorsque le courant ne passe pas, l'armature rétrograde par l'effet des deux ressorts antagonistes, un rochet dégage le moulinet du mécanisme et les charbons arrivent au contact. Dès que le courant traverse le solénoïde, l'armature se met en mouvement, ses deux extrémités pénètrent dans les bobines, et, par l'intermédiaire d'une tige et d'un rochet très-ingénieux, les tiges du régulateur s'écartent, laissant entre les

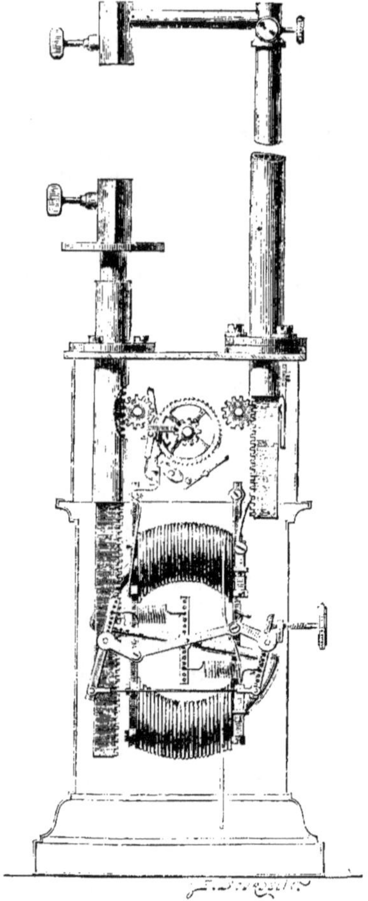

Fig. 17. Régulateur Carré.

pointes une distance convenable. (Cet écart est produit franchement, sans oscillation, ce qui constitue un réel avantage sur les appareils qui ont des tiges suspendues et équilibrées.)

Dès que l'arc voltaïque est devenu trop grand par suite de

l'usure des charbons, le courant diminue d'intensité et l'armature du solénoïde, sollicitée par les ressorts antagonistes, revient à sa position première et dégage le moulinet. Les tiges se rapprochent un peu, l'armature décrit un petit arc, embraye de nouveau le mécanisme, et ainsi de suite.

L'attraction de l'armature augmente assez régulièrement en proportion directe de son engagement dans les bobines, tant que la course ne dépasse pas certaines limites.

Pour être tout à fait pratique et employé couramment dans les ateliers, dans les manufactures et sur les chantiers, il manque à cet appareil quelques perfectionnements de détail. C'est aujourd'hui un bon instrument de laboratoire, qui, avec un peu d'étude, peut devenir un bon outil industriel. Nous savons d'ailleurs que M. Carré vient de combiner un nouvel appareil plus simple et meilleur, mais encore trop nouvellement créé pour que nous puissions en parler ici.

Régulateur Hafner Alteneck. — On emploie beaucoup en Prusse le régulateur de M. Hafner Alteneck construit par la maison Siemens et Halske de Berlin. Cet appareil, dont nous donnons une vue théorique figure 18, a comme le précédent une tige motrice agissant sur une série d'engrenages. Cette tige tend à rapprocher les crayons au fur et à mesure qu'ils s'usent, tandis que le courant électrique actionnant un petit moteur électro-magnétique les écarte.

Le support supérieur, qui peut se mouvoir librement de haut en bas, est relié au porte-charbon inférieur par l'intermédiaire d'une crémaillère et d'une roue dentée.

Lorsque le rapprochement des deux pôles de charbon augmente trop l'intensité du courant, l'électro-aimant en fer à cheval E attire l'armature A maintenue par le ressort f, à tension variable ; ce dernier fait appuyer la tige T mobile autour de l'axe L, contre l'arrêt d,

Lorsque l'électro-aimant, surmontant l'effort du ressort a attiré l'armature, il s'établit un contact en c ; aussitôt le courant cesse de traverser les fils du moteur, l'armature reprend sa position initiale et les courants redeviennent directs.

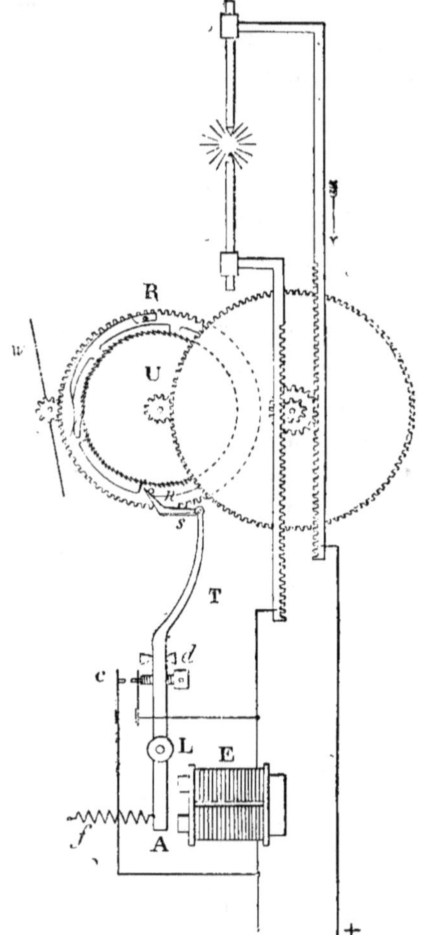

Fig. 18. Régulateur Hauer Alteneck (vue théorique).

Les oscillations de la tige T communiquent, au moyen d'un petit cliquet *s*, un mouvement de rotation à la roue U à

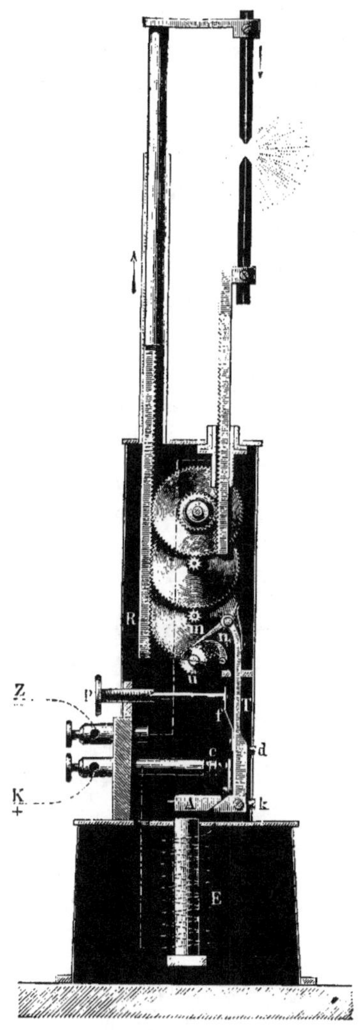

Fig. 19. Régulateur Hafner-Alteneck (coupe verticale).

fine dentelure, qui, par l'intermédiaire d'engrenages et de crémaillères, écarte les charbons.

Un point fixe *n*, contre lequel vient buter le rochet, lorsque l'armature reprend sa position normale, oblige celui-ci à quitter les dents de la roue à rochet et à rendre libres les mouvements des crémaillères.

La vitesse de rapprochement des crayons est réglée par un volant à ailettes W, mis en mouvement par l'engrenage R, commandé par un cliquet qui n'est entraîné par la roue U qu'au moment où le cliquet *s* s'en sépare.

Lorsque ce régulateur doit servir avec un appareil à courants alternatifs, le moteur E fonctionne de la même manière, avec cette différence que les oscillations de l'armature se produisent, sans le concours du contact *c*, par le seul changement des pôles. Pour obtenir une hauteur constante de l'arc lumineux, la vitesse de rapprochement des charbons doit être rendue proportionnelle à leur usure, qui varie dans le rapport de 1 à 2, suivant que le courant est alternatif ou continu. Un bouton placé à l'extérieur de la lampe permet de faire engrener les crémaillères avec un même pignon ou bien avec deux roues dentées dont les diamètres sont dans le rapport de 1 à 2.

En pratique les organes sont groupés autrement que dans la vue théorique, ainsi qu'on pourra le voir dans la figure 19 [1].

Dans cette figure, E représente l'électro-aimant ; A, l'armature ; K, un fil du courant ; L, l'autre fil ; R, la crémaillère ; T, le porte-cliquets ; *m*, *n*, *u*, *f*, *d*, *k*, *c*, *x*, *p*, les organes accessoires.

L'appareil est bien condensé et soigneusement exécuté ; mais il est plutôt établi pour l'usage des laboratoires que pour les locaux industriels.

---

1. La figure 19 et plusieurs de celles qui suivent sont extraites du livre publié en Allemagne par le Dr Schellen, directeur de l'école technique de Cologne (Realschule, I. O.).

Régulateur Thomson et Houston. — On sait que lorsqu'un courant électrique traversant un conducteur de résistance considérable est interrompu, une étincelle d'extra-courant très-éclatante se forme au point de rupture.

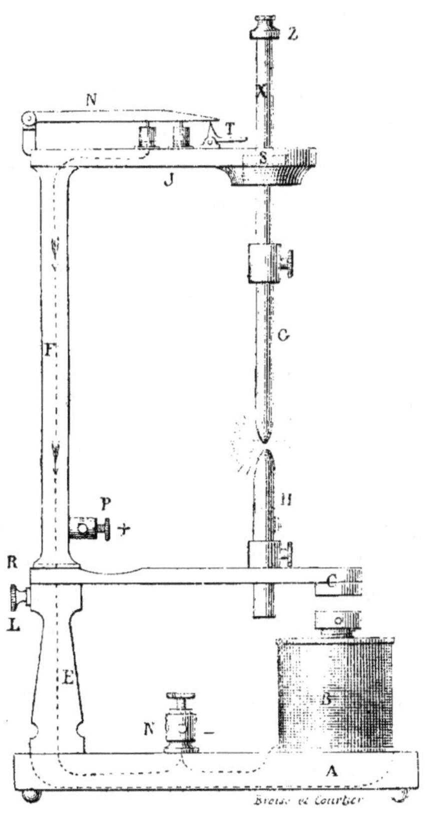

Fig. 20. Régulateur Thomson et Houston

L'étincelle dont nous parlons apparaît même avec des courants insuffisants pour produire un arc de longueur appréciable. Dans le régulateur Thomson et Houston, les deux électrodes vibrent en s'écartant et en se rapprochant l'un de l'autre de façon à se toucher à chaque vibration et à s'éloigner ensuite d'une quantité déterminée. Les vibrations se succèdent si rapidement (25 à 30 vibrations par seconde) que la lumière paraît aussi continue que celle des régulateurs ordinaires.

En pratique les inventeurs ont trouvé suffisant de ne faire vibrer que le charbon inférieur relié au pôle négatif de la source d'électricité. Leur appareil est représenté figure 20.

Sur un socle en bois A, sont montés : un électro-aimant B, un support E et une borne N. Au support E est superposée la colonne F se terminant par une potence J. Entre les pièces E et F se trouvent placées une plaque d'isolation R et une barre élastique horizontale.

La barre élastique porte à son extrémité l'armature C de l'électro-aimant. Une borne P est attachée en bas de la colonne F.

Le courant arrive par la borne P, passe par la colonne F, la potence J, le crayon supérieur G, le crayon inférieur H, la barre élastique le support E, l'électro-aimant A et sort par la borne N. Un fil part de la borne N et va rejoindre une petite coupe placée sur la potence J, en traversant sans les toucher le support E, la lame flexible et la colonne F.

Lorsque les charbons se touchent, la puissance de l'électro-aimant atteint son maximum, l'armature C est attirée et le circuit se trouvant brisé donne naissance à une étincelle d'extra-courant. L'électro-aimant perd sa force, la lame élastique se relève et les charbons se touchant de nouveau, il se produit instantanément une nouvelle rupture et ainsi de suite. Une vis L permet de régler l'amplitude des vibrations de la barre élastique.

Le charbon positif descend ; mais bien qu'il ne soit pas retenu par un contre-poids, sa descente n'est pas assez rapide pour empêcher les ruptures de courants. La tige en fer qui porte le charbon supérieur, glisse à frottement doux dans la potence J. Dans le but d'obtenir un excellent contact les inventeurs ont eu l'ingénieuse idée de faire dans la tête de la potence un évidement circulaire S et de le remplir en partie de mercure, après l'introduction de la tige X ; le mercure, à la seule condition d'être pur, ne mouillant pas le métal, ne tend pas à s'échapper.

Pour éviter la rupture du courant quand les électrodes sont entièrement brûlées, un bouton Z termine la tige X et vient buter au moment voulu contre le levier T, qui permet alors à deux boutons en cuivre fixés au levier articulé N de plonger dans des petits godets pleins de mercure. L'un de ces godets est réuni au pôle positif et l'autre au pôle négatif de la source électrique. Par ce moyen la lampe est retirée du circuit.

Le petit régulateur que nous venons de décrire est remarquable à plus d'un titre : nous ne l'avons pas essayé, mais nous sommes cependant convaincu qu'il convient très-bien pour les petites lumières, dans les expériences de physique, les signaux lumineux, la pêche sous-marine, etc., etc. Dans la pratique industrielle, son usage nous paraît absolument impraticable.

Régulateur Hiram Maxim. — Cet appareil que nous représentons, fig. 21, est surtout caractérisé par ce fait, que les crayons se rapprochent très-vite si le courant ne les traverse pas et très-lentement quand le foyer est allumé. L'électro-aimant M a deux armatures ; l'une C a pour fonction de produire l'écart, l'autre E sert à embrayer et à débrayer le volant à ailettes. A est la tige positive, B la tige négative. Le mouvement du charbon positif est transmis, comme dans le régulateur Serrin, par l'intermédiaire d'une petite chaînette. Une vis D sert à régler l'écart de l'armature E. L'équilibre de l'armature C est obtenu par un premier ressort à boudin et un deuxième ressort à air.

Lorsque l'armature C est hors d'action, le volant à ailettes des rouages tourne rapidement sans entraves, mais dès que l'électro-aimant attire ladite armature C, un levier dépendant de l'armature empêche le volant de tourner librement. Après chaque quart de tour, ce volant est forcé de s'arrêter un instant avant de reprendre sa course, cela empêche tout rapprochement brusque des électrodes et donne à la lumière une fixité remarquable.

Régulateur Hippolyte Fontaine. — Porté par nos études journalières à nous occuper de la question des régulateurs, nous avons combiné un appareil spécialement destiné aux manufactures, aux ateliers de construction et aux chantiers à découvert. Nous représentons cet appareil, figure 22, et nous allons indiquer sommairement l'usage de ses principaux organes.

Trois électro-aimants A B C, une palette oscillante D, une série de rouages et un ressort G constituent tout le mécanisme de régularisation.

L'électro-aimant A est excité par une dérivation du courant principal, laquelle dérivation ne passe pas par l'arc voltaïque; l'électro-aimant B est excité par une dérivation passant par l'arc et l'électro-aimant C est dans le circuit complet.

L'armature de l'électro-aimant C est solidaire du porte-crayon inférieur et elle est éloignée des pôles par un ressort énergique G. Ce ressort est assez puissant pour remonter la tige positive lorsque les crayons viennent à se toucher pendant la marche et qu'on interrompt le circuit au même moment.

La palette D oscille en O, elle est terminée par une petite lame F qui embraye le volant à ailettes E, lorsque l'influence de l'électro-aimant B l'emporte sur l'influence de l'électro-aimant A.

Comme on le voit, le porte-charbon inférieur n'a qu'un très-faible mouvement ; il ne se déplace pas pendant la marche. Cela occasionne, il est vrai, un abaissement successif de l'arc voltaïque, mais, en pratique, il n'y a aucun incon-

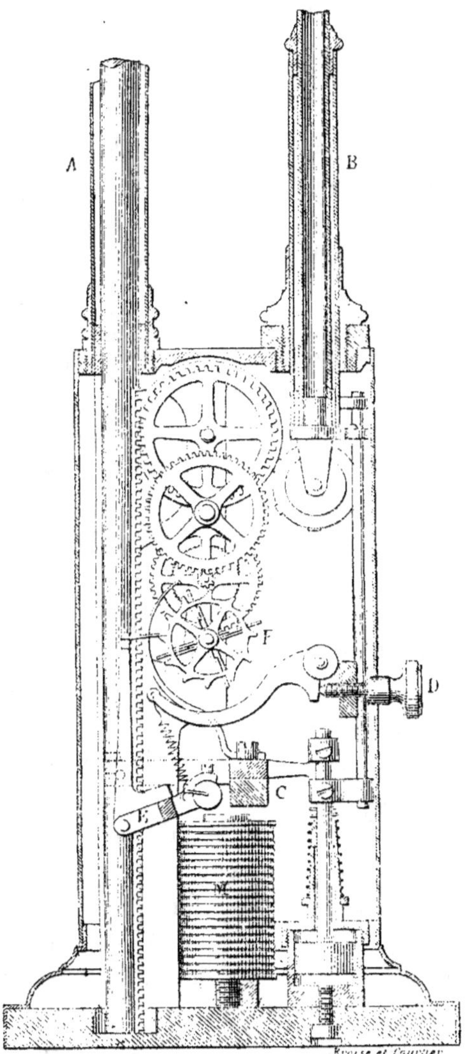

Fig. 21. Régulateur Hiram-Maxim.

vénient à ce changement dans la position du foyer lumineux ; d'autant plus que l'abaissement de l'arc n'est au maximum que de 0^m,08.

Supposons l'appareil garni de ses charbons et mis en communication avec les deux pôles d'une source électrique. Dès que le courant passe, l'armature de l'électro-aimant B est attirée et le mouvement embrayé, la tige négative attirée par l'électro-aimant C s'abaisse de quelques millimètres et la lumière jaillit entre les pointes de charbon.

Au moment où l'arc voltaïque dépasse la longueur qui lui est assignée, le courant qui passe par l'arc et l'électro-aimant B diminue d'intensité, tandis que la dérivation qui traverse l'électro-aimant A augmente de puissance. La lame F dégage alors la roue à palettes E et les charbons se rapprochent jusqu'à ce que la puissance de l'électro-aimant A soit de nouveau primée par celle de l'électro-aimant B.

L'avantage de ce système réside dans la possibilité de faire varier, dans une certaine mesure, la force du courant et par suite la vitesse des machines magnéto-électriques, sans influencer la régularité et la puissance du foyer lumineux. Cette particularité permet même de mettre plusieurs régulateurs dans un même circuit avec des courants continus et d'obtenir une assez grande indépendance dans les effets de chaque régulateur.

Cette indépendance serait complète et le problème de la division de la lumière par courants continus entièrement résolu, si les variations dans l'intensité des électro-aimants étaient proportionnelles aux variations produites par les longueurs différentes de l'arc voltaïque sur le courant principal. Malheureusement, les électro-aimants sont surtout influencés par la quantité électrique, tandis que l'arc réagit principalement sur la tension du courant. Malgré cela, en réglant bien les appareils, nous sommes arrivé à éclairer plusieurs pièces indépendantes avec une seule machine Gramme.

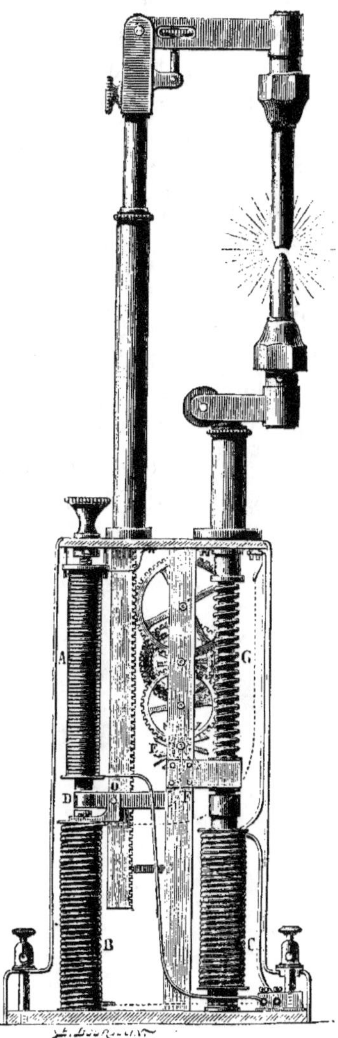

Fig. 22. Régulateur H. Fontaine.

Le réglage du régulateur se fait en approchant plus ou moins l'électro-aimant A de la palette D. Une vis placée sur le couvercle du mouvement sert à cet usage.

Régulateur Dornfeld. — M. Dornfeld, électricien aux aciéries de M. F. Krupp à Essen, a combiné un régulateur dans lequel la série des engrenages ralentissant la descente du porte-charbon positif, est remplacée par une seule paire de roues dentées et un volant à ailettes tournant dans un bain de mercure. Une roue de friction et un petit sabot de frein agencés avec un puissant solénoïde, servent à l'embrayage, au débrayage et au recul. L'appareil n'est pas très-compliqué, mais l'emploi du mercure est ici un véritable non-sens, puisque ce liquide ne sert absolument qu'à remplacer quelques pièces d'un extrême bon marché. Le frein à friction est emprunté à un régulateur que M. Gramme a fait breveter en France, il y a plus de 15 ans.

CHAPITRE II

BOUGIES ÉLECTRIQUES

Bougie Staite. — Bougie Werdermann. — Bougie Jablochkoff : points caractéris
tiques du brevet, descriptions de la bougie et du chandelier, applications. —
Bougies Nysten, de Meritens, Lambotte, Wilde.— Communication de M. Jamin
à l'Académie des sciences.

M. William-Edwards Staite est le premier physicien qui ait
eu l'idée de placer deux électrodes latéralement au lieu de
les mettre en opposition perpendiculaire. Ses brevets datent
de 1846 et ils sont tout à fait explicites[1].

Notre figure 5, page 22, représente un des nombreux appareils combinés par M. Staite pour produire de la lumière
électrique sans mouvement d'horlogerie ni électro—aimant
d'aucune sorte. C'est en résumé une véritable bougie électrique à crayons obliques.

M. Werdermann a repris, en 1874, l'idée de M. Staite et
il a établi deux crayons parallèlement, non pour produire de
la lumière, mais pour couper le roc.

Dans l'invention de M. Werdermann, il y a deux choses
principales à considérer : d'abord les électrodes qui ne sont
isolées l'une de l'autre que par une mince couche d'air, puis

---

1. Le brevet anglais porte le n° 11449 ; il est très-curieux. L'inventeur se
réserve une foule de dispositions et notamment celle qui consiste à se servir de
deux charbons concentriques.

un tube également en charbon qui vient déboucher auprès de l'arc voltaïque et qui a pour fonctions d'amener sur cet arc, un courant d'air ou de vapeur quelconque. Le jet d'air ou de vapeur ainsi combiné avec l'arc voltaïque produit l'effet d'un chalumeau très puissant qui fond en quelques secondes le granit le plus dur.

Dans le même brevet, l'inventeur représente une disposition où le tuyau de soufflage est simplement remplacé par un électro-aimant dont l'influence sur l'arc voltaïque est telle, que cet arc prend la forme d'une pointe comme le dard d'un chalumeau.

C'est là le germe d'un appareil que M. Jamin a étudié et qu'il vient de présenter à ses collègues de l'Institut.

En 1876, M. Jablochkoff, jeune officier de l'armée russe, a créé une nouvelle bougie électrique qui a rapidement obtenu un grand succès, grâce à son extrême simplicité.

L'invention est ainsi caractérisée dans le brevet qui nous occupe :

« Mon invention consiste dans la suppression absolue de « tout mécanisme ordinairement usité dans les lampes ordi- « naires. Au lieu de réaliser mécaniquement le rapproche- « ment automatique des charbons, au fur et à mesure de « leur combustion, je fixe ces charbons l'un contre l'autre « en les séparant par une substance isolante, susceptible de « se consumer en même temps que lesdits charbons : le « kaolin par exemple. Les deux charbons ainsi préparés « peuvent se planter dans un chandelier spécial et il suffit « de les faire traverser par le courant d'une source électrique « quelconque, pour qu'un arc voltaïque prenne naissance « d'une extrémité à l'autre ;

« Pour l'allumage je réunis les deux extrémités libres par « une petite bande de charbon qui rougit d'abord, se con- « sume et sert d'amorce à l'arc voltaïque. »

Nous représentons. fig. 23. une bougie Jablochkoff telle

qu'elle est employée aujourd'hui, et, fig. 24, un porte-bougies
avec un appareil complet disposé pour être placé sur une
colonne ou à l'extrémité d'une console.

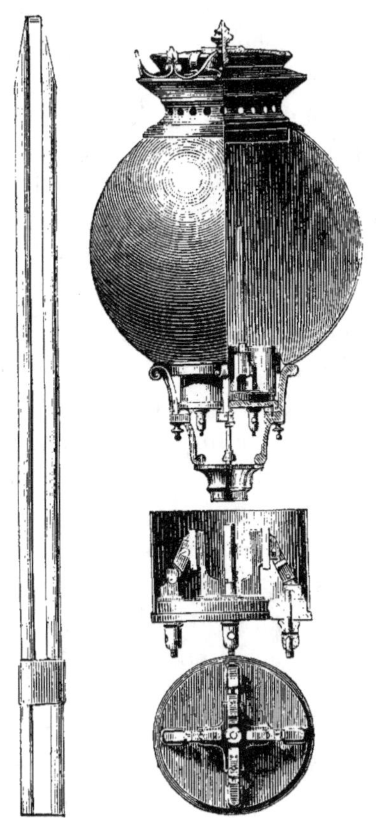

Fig. 23 et 24. Bougie et porte-bougies, système Jablochkoff.

L'extrémité inférieure de la bougie est formée de deux
petits tubes de laiton séparés par un mastic non conducteur
et reliés, près des charbons, par une petite ligature en
amiante. L'isolant est en plâtre et l'extrémité supérieure est
trempée dans une pâte de charbon qui adhère très-bien. La
bougie est représentée à moitié grandeur.

Les charbons sont de la fabrication de M. Carré. Ils ont environ $0^m,22$ à partir de la ligature en amiante et $0^m,004$ de diamètre.

Pour arriver à une usure égale des deux charbons, il faut, lorsqu'on se sert d'un courant continu, que le charbon correspondant au pôle positif ait une section double de celle du charbon correspondant au pôle négatif, puisqu'il a été reconnu que, dans les régulateurs, le charbon positif brûlait deux fois plus vite que le charbon négatif. Avec des courants alternatifs, au contraire, les deux charbons changeant de pôle à chaque instant s'usent uniformément. De là, la préférence à donner aux machines à courants alternatifs pour brûler les bougies Jablochkoff; car, d'une part, il est plus facile de faire des bougies et des supports avec des charbons égaux, et d'autre part, l'usure inégale des charbons avec les courants continus n'est pas toujours rigoureusement dans le rapport de 1 à 2. On avait bien songé à mettre un *commutateur automatique* aux machines Gramme ordinaires pour transformer leur courant continu en courants alternatifs, mais cet organe a été abandonné après quelques expériences un peu trop sommaires.

Les bougies sont placées entre les petites mâchoires d'un support en onyx ou en toute autre substance un peu transparente. Ces mâchoires sont à ressort pour donner toujours de bons contacts métalliques. Généralement chaque support porte quatre bougies et est muni de cinq bornes pour l'attache des fils : une, centrale, réunie à un des pôles de la machine et aux quatre parties intérieures des mâchoires et les autres communiquant successivement toutes les quatre avec l'autre pôle de la machine par l'intermédiaire d'un commutateur à main. Un cylindre en verre dépoli enveloppe les quatre bases des mâchoires.

On place quatre chandeliers ou porte-bougies dans un même circuit et on allume d'abord une bougie de chacun d'eux. Lorsque celles-ci sont consumées, on fait communiquer les suivantes avec le courant en agissant sur les commutateurs et ainsi de suite. Les chandeliers sont placés sur un support qui s'adapte à un candélabre ou à une lyre plus ou moins ornée, et on renferme les bougies dans un globe en émail ou en verre dépoli. Sur la place de l'Opéra et dans plusieurs autres installations, les globes sont remplacés par des lanternes analogues à celles employées par la Compagnie Parisienne du gaz.

Depuis quelques semaines, la Société générale d'électricité qui exploite le brevet de M. Jablochkoff essaye, sur la place de la Bastille, une nouvelle disposition de chandelier. Dans cette disposition, les commutateurs et la série de fils qui les réunit aux chandeliers sont supprimés ; il n'y a plus qu'un seul conducteur qui communique avec toutes les bornes positives et un seul conducteur qui communique avec toutes les bornes négatives. Le courant allume d'abord la bougie qui offre le moins de résistance, puis choisit ensuite la moins résistante de celles qui restent, et ainsi de suite.

Cette disposition économise une partie des frais de premier établissement et facilite beaucoup le service ; mais elle a l'inconvénient de dépenser une partie du courant en pure perte à cause des dérivations qui traversent les bougies non allumées, et de fatiguer exceptionnellement les machines qui produisent l'électricité.

La bougie Jablochkoff est un peu coûteuse pour la généralité des applications industrielles ; mais elle convient très-bien dans les hôtels, les cafés, les magasins, sur certaines voies publiques et dans tous les établissements où il est nécessaire de fractionner la lumière électrique.

Les premiers essais publics ont été faits au mois de mai 1877, dans le Hall-Marengo, grands magasins du Louvre, où brûlaient six foyers. A l'heure qu'il est, l'éclairage électrique de ce magnifique établissement embrasse, non-seulement le Hall-Marengo, mais la presque totalité du rez-de-chaussée, la cour de l'Hôtel du Louvre, le Hall du Palais-Royal et les galeries latérales. Quatre-vingts foyers sont employés à cet éclairage.

Plus de trois cents foyers électriques de ce système brûlent à Paris : sur la place de la Bastille, aux Halles, à l'Hôtel Continental, aux magasins du Coin de Rue, à la place et à l'avenue de l'Opéra, à la place du Théâtre-Français, à l'Hippodrome, à l'hôtel du Figaro, au théâtre du Châtelet, dans les ateliers de construction de machines de MM. Corpet et Bourdon, Crespin et Marteau, etc., etc...

Il existe également un certain nombre d'installations en province et à l'étranger qui produisent l'éclairage électrique au moyen de la bougie Jablochkoff.

Nous aurons l'occasion, dans une autre partie de cet ouvrage, de revenir sur cette belle invention, pour donner les détails des frais de premier établissement et des débours journaliers auxquels elle entraine.

Dans le courant du mois de juin 1878, un jeune praticien très-intelligent, M. Nysten, a fait fonctionner, en notre présence, trois sortes de bougies pour lesquelles il n'a pas demandé de brevet d'invention, et dont voici le principe :

1° Deux crayons parallèles, séparés par un troisième crayon, entouré d'un isolant ;

2° Deux crayons légèrement obliques, articulés en bas et reposant en haut contre les parois d'une lame isolante centrale qui se consumait avec les crayons.

3° Deux crayons parallèles séparés seulement par une couche d'air. Au repos, l'un des crayons s'obliquait et ne reprenait son parallélisme que sous l'influence d'un électro-aimant que traversait le courant.

Depuis, M. de Méritens a pris un brevet pour la première disposition, M. Lambotte pour la seconde et M. Wilde pour la troisième.

M. Jamin a également combiné une bougie électrique et il l'a présentée, en ces termes, à l'Académie des sciences, le 17 mars 1879 :

« L'arc électrique qui jaillit entre deux charbons conducteurs est un véritable courant. Quand il est soumis à l'influence voisine d'un courant, d'un solénoïde ou d'un aimant, il en éprouve une action réglée par les lois d'Ampère, identique à celle qu'éprouverait tout conducteur métallique qu'on mettrait à sa place ; mais comme la masse de matière qui le constitue est très-petite, les vitesses qu'il prend sont considérables. On peut l'attirer, le repousser, le déplacer, le fixer,

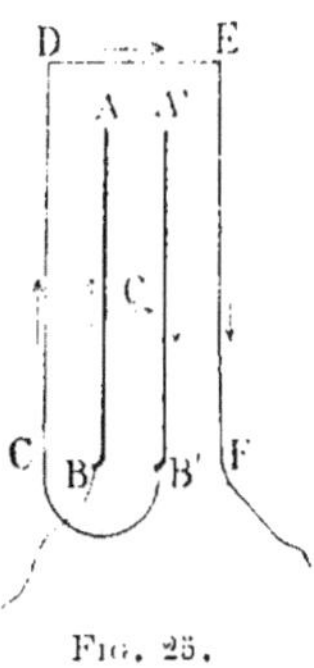

Fig. 25.

le faire tourner, lui faire subir, en un mot, tous les mouvements que l'on produit sur les courants mobiles dans les expériences électro-magnétiques.

« La première action de ce genre a été observée par M. Quest, qui projeta horizontalement, sous forme de dard, un arc vertical entre les deux pôles horizontaux d'un électro-aimant. On peut faire une multitude d'expériences analogues : je me contenterai, aujourd'hui, de citer les suivantes :

« Je place verticalement deux charbons A A', BB' (fig. 25) communiquant avec les pôles d'une pile ou d'une machine Gramme, et j'allume l'arc en C au moyen d'un petit charbon introduit entre les deux premiers et enlevé ensuite ; puis je place en arrière le pôle austral d'un aimant projeté en C, ou le pôle boréal en avant, ou tous les deux à la fois. On sait, d'après la loi de Biot et Savart, que l'élément de courant C doit se déplacer vers sa droite en regardant le pôle austral, et l'expérience montre que l'arc se transporte aussitôt jusqu'à la base BB' des charbons ; il remonte, au contraire, jusqu'au sommet AA' si l'on retourne l'aimant. Il se fixe alors à ce moment ; mais il change de forme ; il se courbe, s'étale en une lame avec un ronflement sonore assez intense. Si l'aimant est fort, l'arc est comme soufflé de bas en haut et finit par disparaître après avoir pris la forme d'une flamme allongée.

« La même chose arrive si l'on entoure les deux charbons d'un rectangle C, D, E, F, traversé par le même courant. Chacune des parties de ce rectangle concourt pour faire monter l'arc si le sens des courants est le même dans les charbons et dans le rectangle, et pour le faire descendre si ce sens est contraire. L'action se multiplie par le nombre de tours que l'on fait faire au fil extérieur. Quatre tours suffisent pour fixer l'arc en AA', et il y demeure quelle que soit la position que l'on donne à l'appareil, lors même que les pointes sont dirigées vers le bas.

« Il est clair que cette expérience permet de maintenir l'arc en AA', et de supprimer toute matière isolante entre les charbons. Quand on opère avec un courant continu de sens constant, le charbon positif est de plus en plus brillant, s'use plus vite et diminue de longueur ; il maintient, à son extrémité, l'arc qui descend avec elle. Le charbon négatif ne brûle qu'à l'intérieur ; il diminue d'épaisseur, mais garde toute sa longueur et peut servir une autre fois. Quand on emploie les machines à courants alternatifs dont le sens change à la fois, dans les charbons et dans le rectangle, l'action garde le même signe ; malgré les inconvénients, l'arc est toujours maintenu en A A', et les charbons, éprouvant une usure égale, leurs pointes restent toujours au même niveau comme dans la bougie de M. Jablochkoff.

« Reste à savoir comment on peut allumer l'arc à l'origine et à le rallumer s'il vient à s'éteindre. Pour cela, je rends les charbons mobiles autour de deux articulations A' et B', avec un ressort pour les réunir à leur sommet et deux butoirs pour empêcher un trop grand écart. Dans ces conditions, les charbons se repoussent comme traversés par des courants contraires. De plus, CD attire A B et repousse A'B', pendant que EF fait l'action inverse. Tous ces effets concourent pour séparer les charbons qui s'écartent spontanément. Ils s'allument aussitôt que le courant commence, se tiennent à distance tant qu'il continue, pour se rejoindre toutes les fois qu'il cesse. En résumé, c'est une bougie entièrement automatique qui n'exige qu'un support très-simple ; l'allumage, le réglage à la distance voulue, et le maintien de l'arc aux deux pointes résultent spontanément des forces électro-magnétiques qui se chargent de tout le travail. Il est d'ailleurs évident que ces forces sont proportionnelles au carré de l'intensité du courant et peuvent toujours être rendues suffisantes ; c'est une question de construction. M. Fernet avait déjà proposé de placer les charbons sur le prolongement l'un près de l'autre, et de profiter de leur répulsion pour les séparer. Cette répulsion était faible : dans la solution que je propose, l'action est plus énergique et devient efficace.

« Quand l'action du rectangle est suffisante, l'arc étalé et chassé au delà des pointes a l'apparence d'une flamme de gaz ; sa longueur augmente. Il en résulte une plus grande dépense de force électromotrice et la quantité de lumière ne croît pas en proportion, car on sait que, si l'arc atteint une très-haute température, il n'a pas un éclat comparable à celui des pointes de charbon. Mais, en remarquant que cet arc est projeté en dehors, j'ai eu l'idée de le recevoir sur de la chaux, de la magnésie ou de la zircone, comme la flamme du gaz oxyhydrique dans la lampe Drummond. L'arc est écrasé par cet obstacle, garde une longueur constante, et, loin de dépenser plus de force électromotrice, il en épargne une notable partie parce qu'il jaillit dans un espace très-échauffé et rendu plus conducteur. D'autre part, la lumière, au lieu de se perdre vers le ciel, où elle est inutile, est renvoyée vers le sol ; cela permettra d'élever beaucoup la lampe électrique hors de la direction ordinaire du regard. D'ailleurs, elle paraît même jaune verdâtre par contraste et par l'augmentation d'intensité des raies vertes de la chaux ; enfin, ce qui est le plus précieux de tous les résultats, elle est au moins trois fois plus intense que sans le chapeau de chaux. A la vérité, il ne faut pas appuyer ce chapeau sur les pointes, car celles-ci fondent la chaux et y pénètrent ; l'arc trouve son chemin intérieurement et n'éclaire plus. On remédie aisément à ce défaut.

« La fusion de la chaux prouve que cet arc, ainsi projeté par un effet magnétique, peut échauffer considérablement tous les corps ; c'est un véritable chalumeau ; c'est probablement le plus puissant de tous. Je le recommande aux chimistes et aux physiciens. J'aurai moi-même à entretenir l'Académie des effets puissants qu'on peut en obtenir. »

CHAPITRE IV

CHARBONS ÉLECTRIQUES

Baguettes en charbon de bois. — Charbon de cornue : ses inconvénients. — Charbon W. Edwards Staite. — Charbon Le Molt. — Charbon Watson et Slater. — Charbon Lacassagne et Thiers. — Charbon Curmer. — Charbon Jacquelain. — Charbon Peyret. — Charbon Archereau. — Expériences de M. Carré : ses procédés de fabrication. — Expériences de M. Gauduin : ses procédés de fabrication. — Essais comparatifs de diverses sortes de charbons.

Dans ses expériences sur l'arc voltaïque, Davy se servait de baguettes de charbon de bois éteint dans l'eau ou dans le mercure. Ces baguettes brûlaient avec un bel éclat et d'une manière très-régulière, mais elles s'usaient si rapidement, que leur usage était forcément réservé aux expériences de laboratoire. En remplaçant le charbon de bois par les dépôts recueillis sur les parois des cornues à gaz, Foucault ouvrit réellement à l'arc voltaïque l'ère des applications utiles. Le charbon de cornue est, en effet, beaucoup plus dense et résiste bien plus longtemps à l'action destructive du foyer électrique.

Mais, comme l'a fait observer avec raison M. Le Roux, le dernier mot n'est pas dit sur cette question, et le charbon de cornue offre encore de graves inconvénients : sa compacité n'est pas uniforme, tant s'en faut ; il éclate quelquefois, s'use souvent irrégulièrement et produit des variations d'éclat assez considérables. Ces variations tiennent surtout à la présence de matières étrangères, telles que des sels alcalins ou terreux, et aussi de quantités notables de silice. Ces matières sont beaucoup moins fixes que le charbon, elles entrent en vapeur et forment pour une grande partie la flamme qui entoure l'arc. Cette flamme est plus conductrice que l'arc voltaïque proprement dit ; en outre, comme elle a une plus grande section, elle s'échauffe moins que lui, et comme, de plus, c'est un corps gazeux, son pouvoir d'irradiation est moindre que celui des particules charbonneuses qui constituent l'arc.

Hâtons-nous de dire que, tel qu'il est, en choisissant convenablement les deux baguettes qui doivent garnir un régulateur, le charbon de cornue donne des résultats satisfaisants dans la plupart des applications.

Lorsqu'on renferme l'arc voltaïque dans un globe de verre dépoli, les scintillements, les intermittences et les oscillations dans l'intensité du foyer se font beaucoup moins sentir : les ombres sont moins vives, la lumière est plus douce, plus homogène, plus agréable. Mais le globe est la cause d'une perte de lumière assez considérable et toutes les fois que les petites irrégularités dues à l'imperfection du charbon sont supportables, on laisse brûler les charbons sans globe. On s'habitue d'ailleurs très-facilement à la lumière électrique et les ouvriers, loin de s'en plaindre, recherchent aujourd'hui les usines éclairées par ce procédé.

Plusieurs inventeurs ont cherché à substituer au charbon taillé directement dans les dépôts recueillis sur les parois des cornues, des agglomérés analogues, mais plus purs ; d'autres ont simplement purifié les charbons des cornues ; quelques-uns ont obtenu des produits très-remarquables au point de vue de l'éclat lumineux, mais irréalisables en pratique à cause de l'exagération du prix de revient.

Parmi tous les procédés proposés et appliqués pour l'amélioration des charbons électriques, nous citerons ceux de

MM. Ed. Staite, Le Molt, Watson et Slater, Lacassagne et Thiers, Curmer, Jacquelain, Peyret, Archereau, Carré et Gauduin.

Charbon Staite

En 1846, M. Staite fit breveter un procédé de fabrication de charbon pour lumière électrique qui avait pour base un mélange de coke pulvérisé et de sucre.

Le coke était d'abord réduit en poudre presque impalpable et additionné d'une petite quantité de sirop, puis le mélange était malaxé, moulé et fortement comprimé. Le charbon subissait ensuite une première cuisson et était plongé dans une dissolution très-concentrée de sucre et soumis de nouveau à la chaleur blanche. Comme nous le verrons plus loin, ce procédé a servi de base à presque toutes les fabrications actuelles de charbons électriques artificiels.

Charbon Le Molt

M. Le Molt a fait breveter, en 1849, une composition pour crayons électriques, formée de 2 parties de charbon de cornue, 2 parties de charbon de bois ou de coke et 1 partie de goudron liquide. Ces substances étaient préalablement pulvérisées, tamisées, mélangées et amenées par une forte trituration à l'état de pâte dure très-consistante, puis, à l'aide d'un puissant moyen mécanique, soumises à une forte compression.

Les pièces moulées étaient recouvertes d'un enduit de sirop de sucre et placées les unes contre les autres dans un vase en charbon de cornue. Elles étaient alors soumises à une haute température pendant 20 à 30 heures et purifiées par des immersions dans des acides.

Charbon Watson et Slater

MM. Watson et Slater de Londres ont préparé, en 1852, des crayons électriques par le procédé suivant :

Un petit morceau de charbon bien carbonisé, choisi parmi le petit bois, et communément appelé *brindilles*, soit de hêtre ou de buis, est débité de la dimension voulue.

Le morceau est plongé dans une solution de chaux vive pendant une demi-heure ; on le retire alors, on le sèche puis on le place dans un creuset contenant du charbon de bois en poudre, et, après avoir solidement et hermétiquement enté un couvercle sur le creuset, il est exposé au rouge blanc pendant une demi-heure environ.

On le prend ensuite et on le retire du creuset après qu'il a été refroidi, et on le place dans une solution saturée d'alun ; quand il a trempé pendant environ une demi-heure, on le sèche et on le soumet de nouveau au rouge-blanc comme précédemment.

On le retire de nouveau, et pendant qu'il est chaud on le plonge dans la mélasse ou dans une épaisse solution, et on l'expose encore une fois au feu.

Si ces opérations ont été bien conduites, il sera alors très-dur, tout à fait dépourvu de toutes traces de ligneux, formant un parfait conducteur qui brûle lentement, également et sans bruit.

Quant aux électrodes qu'on veut employer dans des régulateurs puissants, au lieu d'alun, les inventeurs préconisent un verre soluble préparé comme suit :

15 parties de quartz pulvérisé ou de sable très-fin, parfaitement dégagées de fer, sont fondues dans un creuset avec 10 parties de potasse et une partie de charbon de bois.

Lorsque la fusion est complète, le creuset est découvert, et la masse de couleur grise se retire et se traite avec de l'eau froide pour en extraire les particules étrangères de charbon et des sels combinés. Le résidu, qui alors a l'apparence d'une masse gélatineuse, est traité avec de l'eau chaude qui le dissout entièrement.

Les électrodes y sont plongées pendant 10 minutes pendant que la solution est chaude.

Les autres opérations sont les mêmes que dans le cas précédent.

Charbon Lacassagne et Thiers

MM. Lacassagne et Thiers, en 1857, s'occupèrent de la purification des baguettes de charbons de cornue.

Ces messieurs faisaient fondre, par voie ignée, une certaine quantité de potasse ou de soude caustique. Lorsque leur bain était à l'état rouge, ils y faisaient digérer, pendant un quart d'heure environ, les baguettes de carbone provenant des parois intérieures des cornues (ces baguettes étaient préalablement taillées).

Cette opération avait pour but de changer en silicate de potasse ou de soude soluble la silice contenue dans lesdits charbons, et si pernicieuse à la constance de la lumière. Les baguettes de charbon étaient ensuite lavées à l'eau bouillante, puis soumises (dans un tube de porcelaine ou de terre réfractaire chauffée au rouge), pendant plusieurs heures, à l'action d'un courant de chlore, dont la propriété était de faire passer les différentes terres que la potasse ou la soude n'avaient pas attaquées, à l'état de chlorures volatils, de silicium, de potassium, de fer, etc.

Ainsi épurés, ces charbons donnaient une lumière un peu plus régulière que précédemment, mais ils produisaient beaucoup de cendres et de flammèches.

Charbon Curmer

Le procédé Curmer consiste surtout dans la calcination de noir de fumée, de benzine et d'essence de térébenthine, le tout mélangé et moulé sous forme de cylindres ; la décomposition de ces matières laisse un charbon poreux qu'on imbibe avec des résines ou des matières sucrées et qu'on calcine de nouveau. C'est en répétant ces opérations que M. Curmer réussissait à produire des charbons peu denses et peu conducteurs, il est vrai, mais extrêmement réguliers et exempts de toutes impuretés.

Charbon Jacquelain

M. Jacquelain, ancien chimiste à l'École centrale, a cherché à imiter les circonstances qui, pendant la fabrication du gaz, donnent naissance au charbon de cornue. Ces circonstances sont l'arrivée au contact des parois incandescentes des cornues de matières hydrocarburées très-denses dont une partie se volatilise, et dont le reste se décompose en laissant pour résidu une couche de charbon. Dans les cornues des usines à gaz, ces matières hydrocarburées entraînent avec elles un grand nombre d'impuretés que contient la houille. En prenant des goudrons provenant d'une véritable distillation, débarrassés, par conséquent, de toutes les impuretés non volatiles, et réalisant dans des appareils spéciaux ces conditions de décomposition au contact de parois fortement échauffées, on devait reproduire les charbons des cornue, mais jouissant d'une pureté parfaite. C'est ce qu'a fait M. Jacquelain en opérant avec un tube de terre réfractaire de $0^m,15$ de diamètre dans un fourneau improvisé ; et il a obtenu des plaques qui, débitées en baguettes à la scie, ont donné une lumière parfaitement tranquille, plus blanche et d'environ 25 pour 100 plus intense, à courant électrique égal, que celle donnée par les charbons ordinaires.

Les expériences faites avec ces crayons, à l'Administration des phares de Paris, avaient été si concluantes, que nous eûmes, vers le commencement de 1876, l'idée de mettre le procédé en pratique. Mais M. Jacquelain, consulté, nous expliqua qu'il lui était impossible de calculer : 1° les dépenses à faire pour l'installation d'une fabrication continue : 2° le prix de revient approximatif du charbon obtenu. Comme d'autre part le procédé de M. Gauduin commençait à donner de bons résultats, nous ne donnâmes pas de suite à notre idée. Nous savions depuis longtemps ce qu'il en coûte pour convertir un procédé de laboratoire, même très-exact, en opération industrielle, et nous ne voulions pas nous lancer dans une affaire de cette nature sans quelques données numériques.

Les charbons de M. Jacquelain, une fois formés, ont d'ailleurs l'inconvénient d'exiger un travail considérable de main-d'œuvre pour être utilisés (car la matière est si dure, qu'on ne la scie que difficilement) et de produire des déchets relativement considérables.

Charbon Peyret

M. Peyret, docteur à Lourdes, a préparé des charbons en imbibant des morceaux de moelle de sureau ou tout autre corps poreux avec du sucre fondu et en décomposant ensuite le sucre par la chaleur. En répétant l'opération un nombre de fois suffisant, il obtenait des crayons très-denses qu'il soumettait ensuite à un courant de sulfure de carbone.

Nous n'avons eu en mains que de très-petits fragments de ces crayons, et il nous a été impossible de nous rendre

bien compte de leur valeur ; leur prix élevé est en tout cas
un obstacle sérieux au développement d'une fabrication
industrielle.

Charbon Archereau

M. Archereau, dont le nom revient souvent à la plume
lorsqu'on s'occupe de questions d'agglomérés de charbons ou
d'électricité, a présenté à l'Académie des sciences en 1877,
de nouvelles baguettes pour régulateurs électriques, composées de carbone aggloméré et comprimé, mêlé à de la
magnésie, qui ont, d'après l'auteur, l'avantage de rendre la
lumière plus stable et d'augmenter son pouvoir éclairant.

Nous avons essayé divers échantillons de ces crayons :
les uns étaient de bonne qualité, les autres inférieurs aux
charbons de cornue. Plusieurs crayons ont fourni une lumière de 150 becs avec une usure totale de $0^m,03$ à l'heure.

La fabrication des crayons Archereau a été reprise par
MM. Sautter et Lemonnier, qui l'ont beaucoup perfectionnée
depuis 1877.

Charbon Carré

M. Carré a fait un grand nombre d'expériences de lumière
électrique sur les charbons de cornue imprégnés de divers
sels et a combiné un nouveau produit pour le même usage.
Quelques détails sur ses travaux sont nécessaires pour en
faire comprendre l'importance et le mérite.

En imprégnant des charbons assez poreux, et par une
ébullition prolongée, dans des dissolutions concentrées,
M. Carré constata :

1° Que la potasse et la soude doublent au moins la longueur de l'arc voltaïque, le rendent muet, se combinent à
la silice et l'éliminent des charbons en la faisant fluer à 6 ou

7 millimètres des pointes, à l'état de globules vitreux, lim-
pides et souvent incolores ; qu'elles augmentent la lumière
dans le rapport de 1,25 à 1 ;

2° Que la chaux, la magnésie et la strontiane augmentent
la lumière dans la proportion de 1,40 à 1, en la colorant
diversement ;

3° Que le fer et l'antimoine portent l'augmentation à 1,60
ou 1,70 ;

4° Que l'acide borique augmente la durée des charbons
en les enveloppant d'un enduit vitreux qui les isole de l'oxygène, mais sans augmenter la lumière ;

5° Qu'enfin l'imprégnation des charbons purs et régulié-
rement poreux avec des dissolutions de divers corps est un
moyen commode et économique de produire leurs spectres,
mais qu'il est préférable de mélanger les corps simples aux
charbons composés.

Pour la fabrication des crayons artificiels, M. Carré préco-
nise une composition de coke en poudre, de noir de fumée
calciné et d'un sirop spécial formé de 30 parties de sucre de
canne et de 12 parties de gomme.

La formule suivante est indiquée au brevet du 15 janvier 1876 :

    Coke très-pur en poudre fine presque impalpable. . .   15 parties.
    Noir de fumée calciné   5   —
    Sirop spécial.   7 à 8   —

Le tout est fortement trituré et additionné de 1 à 3 parties
d'eau pour compenser les pertes par évaporation et selon le
degré de la dureté à donner à la pâte.

Le coke doit être fait avec les meilleurs charbons pulvé-
risés et purifiés par lavages. (Les poudres charbonneuses
peuvent être aussi purifiées par des lavages avec décanta-
tion, macération à chaud dans des bains acides.) Le coke
des crasses de cornues à gaz est généralement assez pur.

La pâte est alors comprimée et passée par une filière,

puis les charbons sont étagés dans des creusets et soumis pendant un temps déterminé à une haute température.

La cuisson comprend une série d'opérations.

Pour la première, les charbons sont placés horizontalement dans le creuset en fonte sur une couche de poussière de coke, chaque lit est séparé par une feuille de papier pour éviter toute adhérence. Entre la dernière couche et le couvercle, on met 1 centimètre de sable de coke et 1 centimètre de sable siliceux sur le joint du couvercle.

Après la première opération, qui doit durer de quatre à cinq heures au moins et atteindre le rouge-cerise, les charbons doivent rester deux ou trois heures dans un sirop très-concentré et bouillant de sucre de canne ou de caramel, avec deux ou trois intervalles de refroidissement notable, afin que la pression atmosphérique le fasse pénétrer dans tous les pores. On laisse ensuite les charbons égoutter en ouvrant un robinet placé au bas du vase, puis on les agite quelques instants dans l'eau bouillante pour dissoudre le sucre resté à la surface.

Après dessiccation, on soumet les charbons à une seconde cuisson à l'étage qui suit : on peut alors les mettre debout dans le creuset en remplissant leurs interstices avec du sable.

On les traite de même en les descendant d'un étage à chaque cuisson jusqu'à ce qu'ils aient acquis la densité et la solidité requises et en se servant d'un four ayant autant d'étages qu'on désire de cuissons.

Les charbons sont séchés lentement. On termine leur dessiccation dans une étuve dont la température atteint graduellement 80 degrés en douze ou quinze heures. Pour les empêcher de se déformer, en séchant, les baguettes sont placées dans des tôles ayant la forme de V.

Les charbons Carré sont plus tenaces et plus rigides que ceux de cornue. Ils sont surtout remarquablement droits et réguliers. Des baguettes de $0^m,002$ de diamètre peuvent être employées à $0^m,50$ de longueur, sans crainte de rupture. Leur forme cylindrique, jointe à leur homogénéité, fait que leurs cônes se maintiennent aussi parfaitement taillés que s'ils étaient usés au tour. Ils sont aussi plus conducteurs que les charbons de cornue. Les seuls inconvénients, que nous ayons remarqués dans l'emploi, consistent en une désagrégation assez rapide, la production de petites flammèches et un peu d'irrégularité dans l'éclat lumineux.

Charbon Gauduin

M. Gauduin, dont la mort prématurée, survenue en 1878, a laissé un grand vide parmi les électriciens, a également fait de nombreuses expériences sur les charbons contenant des substances étrangères.

Les corps suivants ont été introduits dans les crayons : 1° phosphate de chaux des os ; 2° chlorure de calcium ; 3° borate de chaux ; 4° silicate de chaux ; 5° silice précipitée pure ; 6° magnésie ; 7° borate de magnésie ; 8° phosphate de magnésie ; 9° alumine ; 10° silicate d'alumine.

Les proportions étaient calculées de manière à obtenir 5 pour 100 d'oxyde après la cuisson des crayons. Ceux-ci étaient soumis à l'action d'un courant électrique toujours de même sens, fourni par une machine Gramme assez puissante pour entretenir un arc voltaïque de 10 à 15 millimètres de longueur.

Le crayon négatif étant placé en bas, M. Gauduin a observé les résultats suivants :

1° La décomposition complète du phosphate de chaux ; sous la triple influence de l'action électrolytique, de l'action calorifique, et de l'action réductrice du carbone. Le calcium réduit se rend sur le charbon négatif et brûle au contact de l'air avec une flamme rougeâtre. La chaux et l'acide phosphorique se répandent dans l'air, en produisant une fumée assez abondante. La lumière, mesurée au photomètre, est double de celle qui est produite par des crayons de même section taillés dans les résidus des cornues à gaz.

2° Le chlorure de calcium, le borate et le silicate de chaux sont également décomposés, mais les acides borique et silicique paraissent échapper par la volatilisation à l'action de l'électricité. Ces corps donnent moins de lumière que le phosphate de chaux.

3° La silice introduite dans les crayons les moins conducteurs diminue la lumière, fond et se volatilise sans être décomposée.

4° La magnésie, le borate et le phosphate de magnésie sont décomposés ; le magnésium en vapeur se rend sur le charbon négatif et brûle au contact de l'air avec une flamme blanche. La magnésie, les acides borique et phosphorique se répandent dans l'air à l'état de fumée. L'augmentation de lumière est moins considérable qu'avec les sels de chaux.

5° L'alumine et le silicate d'alumine ne sont décomposés qu'avec un courant très-fort et un arc voltaïque très-considérable ; mais, dans ces circonstances, la décomposition de l'alumine est bien manifeste, et l'on voit l'aluminium en vapeur sortir du négatif comme un jet de gaz et brûler avec une flamme bleuâtre peu éclairante.

La flamme et la fumée qui accompagnent constamment ces lumières électro-chimiques lui ayant paru un grand obstacle à leur utilisation pour l'éclairage, M. Gauduin n'a pas poussé plus loin ces expériences. Il a préféré poursuivre ses études sur les agglomérés en carbone.

Les produits fabriqués par M. Gauduin[1] étant supérieurs à tous les autres, nous allons nous étendre un peu sur leur mode de fabrication.

1. M. Octave Gauduin est l'inventeur du procédé de galvanisation directe de la fonte et du fer, appliqué en grand au Val d'Osne, lequel donne des résultats bien supérieurs à tous les autres systèmes de cuivrage en usage aujourd'hui.

Le brevet est daté du 12 juillet 1876.

Ainsi que nous l'avons dit plus haut, les crayons destinés à la production de l'arc voltaïque doivent être en carbone chimiquement pur. Or, la poussière de charbon de cornue, quoique ne contenant qu'une faible proportion de matières étrangères, n'est pas suffisamment bonne pour cet usage, et son emploi présente des inconvénients. Les lavages aux acides ou aux alcalis qu'on peut faire subir aux matières charbonneuses, dans le but d'enlever les impuretés qu'elles contiennent, sont coûteux et insuffisants. Le noir de fumée est assez pur, mais son prix est élevé et son maniement difficile. M. Gauduin a dû chercher ailleurs une meilleure source de carbone, et il a trouvé sa solution en décomposant, par la chaleur en vase clos, les brais secs, gras ou liquides, les goudrons, résines, bitumes, essences et huiles naturelles ou artificielles, matières organiques susceptibles de laisser du carbone suffisamment pur, après leur décomposition par la chaleur.

Les appareils employés pour effectuer cette décomposition sont des cornues ou creusets fermés en plombagine. Ces creusets sont disposés dans un fourneau capable de les chauffer au rouge clair. La partie inférieure des creusets est munie de deux tubes servant, l'un au dégagement des gaz et matières volatiles, l'autre à l'introduction de la matière première.

On peut conduire les produits volatils de la décomposition sous la grille du foyer et les brûler pour chauffer les creusets, mais il est plus avantageux de les diriger dans une chambre de condensation, puis dans un serpentin en cuivre, et de recueillir, après condensation, les goudrons, huiles, essences et carbures d'hydrogène qui prennent naissance dans cette opération.

M. Gauduin utilise ces différents sous-produits dans la fabrication même de ses charbons ; il a grand soin d'éviter.

pour les serpentins et les vases de conservation, l'emploi du fer, de la fonte, du zinc et de toutes substances susceptibles d'être attaquées par ces goudrons, car toute leur valeur réside dans leur pureté.

Quelle que soit la matière première employée à la fabrication de ce charbon, la décomposition par la chaleur peut être menée lentement ou brusquement, selon la nature des produits secondaires qu'on se propose d'obtenir. Pour opérer lentement, il suffit d'emplir la cornue aux deux tiers et de chauffer graduellement jusqu'au rouge clair, en évitant, autant que possible, le boursouflement de la matière. Pour opérer brusquement, on chauffe d'abord la cornue vide au bon rouge, et on fait arriver la matière première au fond par petites portions, soit en filet, si elle est liquide, soit en petits fragments, si elle est solide.

La distillation lente donne plus de goudron et d'huiles lourdes et peu de gaz. La décomposition brusque donne plus d'essences légères et de gaz.

Lorsque la matière première a été convenablement choisie, il reste dans la cornue du charbon plus ou moins compacte. On le pulvérise aussi finement que possible et on l'agglomère soit seul, soit mêlé à une certaine quantité de noir de fumée, au moyen des carbures d'hydrogène obtenus comme produits secondaires.

Ainsi préparés, ces carbures sont complétement exempts de fer, et sont bien préférables à ceux qu'on trouve dans le commerce, non-seulement par l'agglomération du carbone, mais encore par l'imprégnation ou l'imbibition des objets fabriqués. (Cette dernière opération, tout en bouchant les pores, y introduit de l'oxyde de fer quand elle est faite avec les produits du commerce.)

Les objets faits en carbone aggloméré sont, pour une variété de carbone, d'autant plus combustibles qu'ils sont plus poreux, et d'autant plus poreux qu'ils ont été moulés à une moindre pression. L'inventeur se sert, pour sa fabrication, de moules en acier capables de résister aux plus hautes pressions d'une forte presse hydraulique.

Quoique la filière, ou appareil à mouler, usitée depuis longtemps dans la fabrication des crayons ordinaires de plombagine, puisse servir sans aucune modification à la fabrication des crayons pour lumière électrique, M. Gauduin a apporté à cet appareil certains perfectionnements importants. Ainsi, au lieu de faire sortir les crayons de haut en bas, suivant la verticale, il place l'orifice ou les orifices du moule sur le côté et de manière à ce que les crayons sortent en formant avec l'horizon un angle descendant de 20 à 70 degrés. Les crayons sont guidés sur toute leur longueur par des tubes ou par des rigoles.

Cette disposition permet de vider toute la matière contenue dans le moule sans interrompre le travail, et comme les crayons sont constamment soutenus, ils ne cassent plus sous leur propre poids, ce qui arrive souvent quand ils sortent de haut en bas.

Nous avons fait, à diverses époques, de nombreux essais avec toutes sortes de crayons, et ce sont ceux de la fabrication de M. Gauduin qui nous ont donné les meilleurs résultats. Il a fallu beaucoup de temps et des dépenses d'argent considérables pour faire entrer cette fabrication du domaine scientifique dans celui de la pratique, mais enfin le succès est venu couronner les efforts de l'inventeur quelques mois avant sa mort.

Dans nos premiers essais, la lumière produite avec les charbons de cornue était égale à 103 becs, et celle produite par les charbons artificiels variait entre 120 et 180 becs pour les crayons Archereau et Carré, et entre 200 à 210 pour les crayons Gauduin. La moyenne de 150 becs peut être appliquée, sans erreur appréciable, aux crayons Archereau et Carré, et celles de 205 aux crayons Gauduin.

TABLEAU DES EXPÉRIENCES FAITES LE 6 NOVEMBRE 1875
SUR DIVERS CRAYONS ÉLECTRIQUES

DÉSIGNATION des CRAYONS	DIMENSIONS	VITESSE DE LA MACHINE	USURE DU NÉGATIF	USURE DU POSITIF	USURE TOTALE	USURE MOYENNE DES DEUX EXPÉRIENCES	RÉGULARITÉ	OBSERVATIONS
			mm	mm	mm	mm		
Cornue . .	9 mm²	800	19	36	35		Irrégulière	Scintillement, éclipse de courte durée, un peu de désagréga- tion.
	9	920	23	48	71	63	Assez régu- lière.	
Archereau	10 mm de diamètre.	800	20	60	80		Assez régu- lière.	Un peu de désagré- gation, un peu de flammèches. Cendres d'oxyde de fer en assez grande quantité. Lumière blanche. Taille bonne.
	10 mm de d'amètre.	920	30	60	90	83	Assez régu- lière.	
Carré . . .	10 mm,4 de diamètre.	800	18	60	78		Irrégulière	Un peu de désagré- gation, un peu de flammèches ; plus de cendres que les précédents; rougis- sant sur une plus grande longueur.
	10 mm,4 de diamètre.	920	26	80	106	92	Assez régu- lière.	
Gauduin .	11 mm,3 de diamètre.	800	20	38	58		Très-régu- lière.	Pas de désagrégation, ni de flammèches ; moins de cendres que les crayons Carré et Archereau.
	11 mm,3 de diamètre.	920	38	50	88	73	Très-régu- lière.	

Ramenée à une section uniforme de $0^{m²},0001$, l'usure des charbons était respectivement :

Pour les charbons de cornue. . . . . 51 millimètres.
Pour les agglomérés Archereau. 66   —
   —   Gauduin. 73   —
   —   Carré. 77   —

Par rapport à la lumière produite, cette usure était :

Pour les charbons Gauduin. . . . . . . 35 millimètres pour 100 becs.
   —   Archereau. 44   —   —
   —   Carré. 51   —   —
   —   de cornue. 49

Ces expériences ont été faites avec une machine Gramme construite par M. Breguet et une lampe Carré du même constructeur. Les charbons avaient été pris au hasard dans un lot de plusieurs mètres pour chaque catégorie.

Sur la demande d'un des inventeurs, nous avons fait de nouvelles expériences avec le concours de MM. Gramme et Lemonnier, en opérant avec une machine Gramme plus puissante et une lampe Serrin.

Le tableau (page 102) contient les moyennes de trois séries d'expériences exécutées avec la plus grande précision. La lampe électrique était placée bien verticalement au même niveau que la lampe à huile et que le photomètre. Toutes les précautions étant prises pour qu'il n'y ait aucune erreur sensible dans les mesures d'intensité lumineuse.

L'usure des charbons, ramenés à une section uniforme de $0^{m2},0001$ était respectivement, dans ces nouvelles expériences :

```
Pour les charbons Carré. . . . . . . . . . .  44 millimètres.
      —          de cornue. . . . . . . . .  49      —
      —          Archereau. . . . . . . . .  53      —
      —          Gauduin (Charb. de bois). .  61      —
      —          Gauduin n° 1. . . . . . . .  78      —
```

Par rapport à la lumière produite, cette usure était :

```
Pour les charbons Gauduin (charb. de bois).  32 mill. pour 100 becs.
      —          Archereau. . . . . . . . .  39   —        —
      —          Carré. . . . . . . . . . .  40   —        —
      —          Gauduin, n° 1. . . . . . .  40   —        —
      —          de cornue. . . . . . . . .  50   —        —
```

La lumière donnée par les charbons Gauduin n° 1 était un peu moins régulière que celle observée le 6 novembre 1876. Celle donnée par les charbons Carré variait en moins d'une minute de 100 à 250 becs ; elle tournait positivement autour des pointes, comme cela a lieu avec des courants alternatifs. Les crayons Archereau nous ont paru un peu moins bons qu'aux premiers essais ; ils s'usaient lentement, mais ils pro-

RÉSULTATS DES EXPÉRIENCES FAITES LE 4 AVRIL 1877, SUR DIVERS CHARBONS

DÉSIGNATION des CHARBONS	FORME et DIMENSIONS	SECTION en MILLIMÈTRES CARRÉS	USURE TOTALE A L'HEURE en millimètres	LUMIÈRE MOYENNE en becs carcel	LONGUEUR DE L'ARC en millimètres	NOMBRE DE TOURS par minute DE LA MACHINE	RÉGULARITÉ	OBSERVATIONS
Charbon de cornue, bonne qualité.	Carré. 9 mm de côté.	81	60	120	2 1/2	820	Passable.	Éclats nombreux. Projection d'un petit morceau. Scintillement. Charbons se taillant très-irrégulièrement.
Charbon de M. Archereau. Nouvel échantillon.	Rond. 10 mm de diamètre.	78	68	173	3	820	Nulle.	Désagrégation, flammèches, lumière très-variable d'intensité par périodes. Taille en petites facettes.
Charbon de M. Carré. Nouvel échantillon.	Rond. 9 mm de diamètre.	64	69	175	3	820	Médiocre.	Petites flammèches. Lumière tournante. Très-variable d'intensité. Bonne taille des charbons.
Charbon de M. Gauduin. Type n° 1.	Rond. 11 mm,2 de diamètre.	98	80	203	3	820	Bonne.	Pas de flammèches, ni éclat. Lumière un peu rougeâtre, mais bien constante.
Charbon de M. Gauduin. (Aggloméré de charbon de bois.)	Rond. 11 mm,5 de diamètre.	78	78	240	3	820	Assez bonne.	Lumière très-blanche. Moins fixe qu'avec les charbons Gauduin n° 1. Pas de flammèches. Petites variations.

EXPÉRIENCES COMPARATIVES FAITES SUR LES CRAYONS ARTIFICIELS A L'EXPOSITION DE 1878

MACHINES GÉNÉRATRICES	NATURE des CRAYONS	DIAMÈTRE	USURE TOTALE à l'heure	INTENSITÉ LUMINEUSE en becs carcel	OBSERVATIONS
Grande machine de l'Alliance avec régulateurs.	Carré.	12^m/m 1/2	108^m/m	210	Régularité assez bonne, flammèches, désagrégation, cendres.
Idem.	Gauduin.	12^m/m 1/2	85^m/m	303	Lumière régulière, pas de flammèches ni de désagrégation, un peu de cendres.
Idem.	Archereau.	13^m/m	45^m/m	256	Lumière un peu irrégulière, quelques flammèches, faible usure provenant du charbon positif qui n'avait pas été taillé préalablement.
Petite machine Gramme avec régulateurs.	Carré.	12^m/m	100^m/m	166	Lumière plus régulière qu'avec la machine de l'Alliance, mais toujours flammèches et cendres.
Idem.	Gauduin.	12^m/m 1/2	100^m/m	173	Bonne lumière.
Grande machine de l'Alliance avec bougies.	Carré.	4^m/m	95^m/m	200 becs pour 4 bougies	Les crayons se désagrégent un peu. Bonne lumière.
Idem.	Gauduin.	4^m/m	93^m/m	230 becs pour 4 bougies	Les crayons ne se désagrégent pas. Lumière très-fixe et très-régulière.

duisaient des éclats lumineux variables. Seuls, les charbons de cornue avaient conservé leur durée, leur intensité lumineuse, et, malheureusement, leur irrégularité.

A l'Exposition de 1878, M. Fichet, ingénieur, chargé par le jury de la classe 27 d'examiner les appareils destinés à l'éclairage électrique, a fait quelques expériences sur les crayons artificiels brûlant dans des régulateurs ou sous la forme de bougies.

Ces expériences n'ont été, ni assez prolongées, ni exécutées dans un local assez convenable, pour qu'on puisse les considérer comme concluantes ; cependant nous en publions quelques-unes à titre de renseignement.

Bien que les crayons de M. Gauduin soient plus purs et mieux agglomérés que ceux de M. Carré, nous devons, pour être équitable, ajouter que la fabrication de ce dernier est la plus remarquable au double point de vue de la grande production et de la beauté des produits.

Jamais ni M. Gauduin, ni M. Archereau, ni aucun autre fabricant de crayons artificiels, n'ont pu obtenir des baguettes aussi droites et aussi lisses que celles livrées couramment par M. Carré, depuis 1 ^{mm} jusqu'à 20 ^{mm} de diamètre.

C'est réellement grâce à lui que les bougies Jablochkoff ont pu être vendues à un prix abordable et que les procédés d'éclairage par incandescence pourront être utilisés.

CHAPITRE V

PREMIÈRES MACHINES MAGNÉTO-ÉLECTRIQUES

Définition. — Transformation du travail en électricité. — Influence d'un courant sur une aiguille aimantée. — Expérience d'Œrstedt. — Action mutuelle de deux courants. — Découverte d'Ampère. — Action d'un courant sur un fer doux. — Découverte d'Arago. — Action d'un aimant sur une spire métallique. — Découverte et expériences de Faraday. — Électricité d'induction. — Machine de Pixii : commutateur. — Machine de Clarke. — Machine de Nollet ou de l'*Alliance*. — Machine de Holmes. — Machine de Wilde. — Progrès réalisés par Wheatstone et Siemens. — Magnétisme rémanent. — Machine de Ladd.

On appelle *machine magnéto-électrique* l'ensemble des organes destinés à créer et à recueillir les courants électriques d'induction.

Le fonctionnement d'une machine magnéto-électrique exige l'intervention d'un moteur quelconque, animé ou inanimé, et, pour un même genre d'appareils, la force motrice employée est d'autant plus grande que la quantité d'électricité produite est plus considérable. On peut même définir ces machines en disant qu'elles ont pour objet la transformation du travail en électricité.

Quand les aimants sont remplacés par des électro-aimants, on désigne souvent les machines sous le nom de *dynamo-électriques*, pour ne pas les confondre avec celles formées d'aimants permanents.

Nous conserverons le nom primitif, parce que le magnétisme est la source du courant aussi bien avec des aimants qu'avec des électro-aimants, et qu'il faut distinguer les machines d'induction des machines à plateau de verre, lesquelles transforment également le travail en électricité.

Si l'on voulait donner des désignations plus complètes, on nommerait *machines dynamo-électriques* toutes celles qui exigent un moteur, et *dynamo-magnéto-électriques* celles qui exigent en même temps un moteur et un aimant. Pour plus de simplicité, nous n'ajouterons pas le mot *dynamo* et nous ferons suivre chaque désignation de machine du nom de son inventeur.

Quelques détails scientifiques sont nécessaires pour faire comprendre le principe et le mode de fonctionnement des machines magnéto-électriques.

Au mois de juillet 1820, OErstedt, physicien danois, remarqua qu'une aiguille aimantée est déviée de sa direction quand on la place près d'un circuit électrique fermé. Le même phénomène ayant lieu quand le courant est remplacé par un aimant, il devint évident pour OErstedt, comme pour tous les physiciens contemporains, qu'une analogie complète existait entre l'électricité et le magnétisme.

De cette première observation date réellement l'une des plus belles conquêtes de l'esprit humain dans le domaine de la physique. On parlait souvent dans le monde scientifique, bien avant 1820, de la relation intime qui existait entre un courant électrique et un aimant : ce fait servait même de base à plusieurs théories sur l'électricité, mais personne ne l'avait rendu palpable, et c'est l'expérience d'OErstedt qui seule ouvrit à la science la route lumineuse que les savants ont depuis parcourue avec tant de succès.

Le 11 septembre 1820, M. de La Rive répéta l'expérience d'OErstedt à Paris, devant l'Académie des sciences ; huit jours après, le 20 septembre, Ampère constata l'action mutuelle de deux courants et celle des aimants sur les courants ; le 25 septembre, Arago découvrit qu'un courant électrique pouvait donner la vertu magnétique à une barre de fer ou d'acier. Jamais les découvertes sur un même sujet ne surgirent plus rapidement, ne furent plus vite expliquées théoriquement et ne donnèrent lieu à de plus admirables applications.

C'est un physicien anglais, Faraday, qui, en 1830, eut l'honneur de compléter les travaux d'OErstedt, d'Ampère et d'Arago, en démontrant qu'un aimant pouvait donner naissance à un courant électrique.

Fig. 26.

Faraday constata, en effet, par de nombreuses expériences, que si l'on introduit un barreau aimanté dans une bobine de fil métallique isolé, on y détermine un courant électrique. Il constata également que lorsqu'un circuit est parcouru par un courant électrique d'un certain sens et qu'on en approche un autre circuit métallique, non parcouru par un courant, pendant tout le temps que dure le mouvement de rapprochement, il naît un courant électrique dans le second circuit, lequel courant est de sens inverse au premier.

Les courants développés par l'influence d'un aimant ou

d'un circuit électrisé sont appelés *courants d'induction* ou *courants induits*. Le barreau aimanté ou le premier courant ayant donné naissance aux courants induits se nomme *inducteur* ou *courant inducteur*.

La figure 26 montre comment Faraday fit l'expérience des courants induits au moyen d'aimants. Il prit une bobine à un seul fil de 200 à 300 mètres de longueur, ouverte à l'intérieur et placée sur une planchette. En dessous de la planchette, les deux extrémités du fil aboutissaient à deux bornes, desquelles partaient deux fils de cuivre établissant la communication avec un galvanomètre. En introduisant brusquement un aimant dans cette bobine, l'illustre physicien observa les phénomènes suivants :

1° Au moment où le barreau pénètre dans la bobine, le galvanomètre indique l'existence d'un courant d'un certain sens ; 2° lorsqu'on s'arrête, l'aiguille revient à zéro ; 3° au moment où l'on retire le barreau, le galvanomètre indique un courant de sens inverse au premier.

La figure 27 représente l'expérience d'un courant inducteur sur une spirale inerte. Une première bobine creuse, garnie d'un seul fil fin et long, est mise en relation avec un galvanomètre, et une seconde bobine, garnie d'un fil court et gros, est reliée à une pile, et par conséquent traversée par un courant voltaïque. Si l'on plonge la bobine supérieure dans l'autre, on voit qu'il se produit instantanément dans la bobine inférieure un courant inverse de celui de la bobine inductrice. Ce courant cesse pendant tout le temps que la petite bobine est dans la grande, puis il naît un courant direct au moment même où l'on retire rapidement la bobine inductrice de la bobine induite.

Faraday fit aussi une très-belle expérience pour prouver qu'il existe des courants induits dans un cercle métallique tournant rapidement devant les pôles d'un aimant, et son appareil, d'une extrême simplicité, peut être considéré comme la première machine magnéto-électrique qui ait été exécutée.

En 1832, Pixii, constructeur d'instruments de physique, à Paris, combina une machine très-ingénieuse pour réaliser pratiquement les expériences de Faraday, et depuis cette époque, un grand nombre de solutions furent proposées pour le même but.

Parmi les travaux les plus importants faits dans cet ordre d'idées, nous citerons ceux de Saxton, de Clarke, de Nollet,

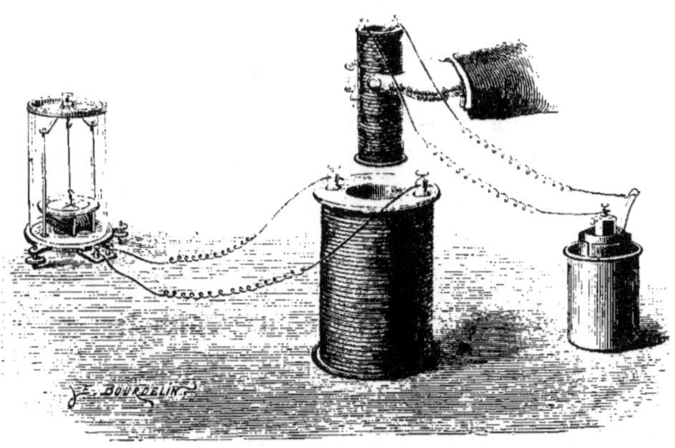

Fig. 27.

de Siemens, de Wheatstone, de Ruhmkorff, de Wilde, de Pacinotti, de Holmes, de Ladd, de Breguet, de Gramme, de Niaudet, etc., etc. On a pu voir une belle collection de machines magnéto-électriques exposées au South Kensington Museum de Londres en 1876, contenant presque toutes les dispositions imaginées depuis quarante ans.

Nous nous éloignerions trop du sujet principal de cette étude si nous donnions une description détaillée de toutes les machines qui ont été réalisées pratiquement, même en nous bornant à celles qui ont eu du succès ; ceux de nos lecteurs qui voudront avoir des renseignements complets sur cette intéressante question pourront consulter utilement la collection des brevets français et anglais, et les traités de MM. Jamin, Daguin, du Moncel, etc.

Nous allons simplement donner quelques détails sur les machines de démonstration les plus en usage et sur les machines à lumière électrique ayant reçu quelques applications.

La machine de Pixii (fig. 28) se compose d'un électro-aimant, d'un aimant, d'un bâti en bois, d'une transmission de mouvement et d'un petit appareil redresseur de courants.

L'électro-aimant est attaché à la partie supérieure d'une petite potence et l'aimant est disposé pour tourner rapidement devant l'électro-aimant, pôles contre pôles. Une manivelle et une paire d'engrenages suffisent pour actionner l'aimant. L'ensemble de l'appareil est tout à fait primitif, mais sa marche est suffisamment satisfaisante eu égard surtout à la date de sa construction.

Lorsqu'on donne le mouvement à l'aimant, on fait successivement passer ses pôles devant les pôles de l'électro-aimant. Il se produit à chaque demi-révolution dans le fil des bobines un courant qui se propage dans les fils conducteurs parallèles aux montants verticaux du bâti. Ce courant, qui est d'autant plus intense que les pôles de l'aimant rasent de plus près ceux de l'électro-aimant, est alternativement direct et inverse, et pour beaucoup d'applications il a besoin d'être redressé. C'est ce qu'on fait au moyen du *commutateur* placé sur l'axe de rotation au-dessus de la table.

Le *commutateur* étant un des organes les plus importants des machines d'induction à courants alternatifs, il est utile de donner une idée bien nette de sa fonction et du principe sur lequel il est basé.

Soient A et B (fig. 29) les deux moitiés d'un cylindre, isolées complétement l'une de l'autre par un corps mauvais conducteur FG, et reliées, chacune, avec un des pôles d'une pile voltaïque quelconque. Tant que le cylindre restera au repos, les pièces frottantes C et D et les conducteurs IIJ, y

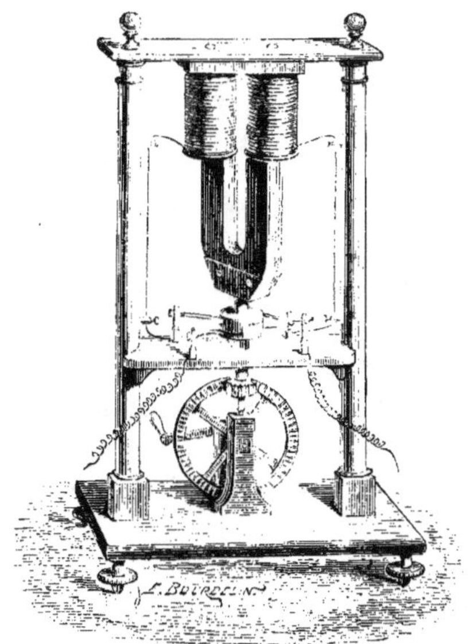

Fig. 28. Machine de Pixii.

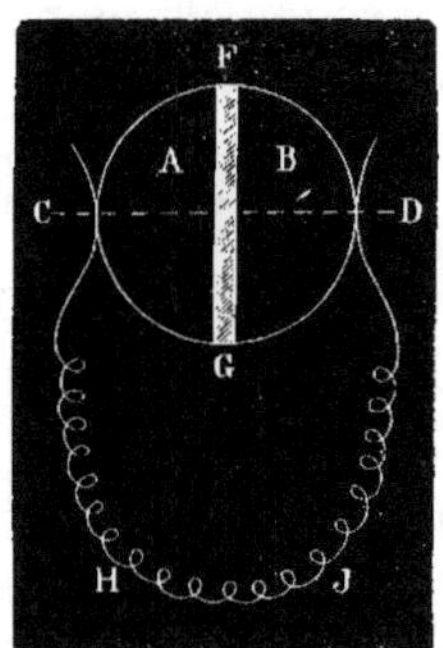

Fig. 29. Commutateur.

attachés, seront le siége d'un courant direct; mais, dès qu'on fera tourner le cylindre autour de son axe, et à chaque demi-révolution, le courant recueilli par les pièces frottantes changera de sens. Cela n'a besoin d'aucune démonstration.

Si maintenant on relie le cylindre AB à l'axe d'une machine d'induction, en combinant l'assemblage de telle sorte que l'axe puisse tourner avec ou sans le cylindre, et si l'on joint le demi-cylindre A à une bobine de l'électro-aimant et le demi-cylindre B à l'autre, il se passera exactement le contraire de ce qui passait avec une pile voltaïque. Il est clair, en effet, que lorsque le cylindre AB sera fixe et la machine en mouvement, à chaque demi-révolution les conducteurs H J seront le siége de courants alternativement directs et inverses, et que lorsque le cylindre AB participera au mouvement de la machine les courants recueillis seront toujours de même sens : les choses étant disposées pour que le courant développé dans l'électro-aimant change de sens, au moment même où les parties frottantes C et D changent de demi-cylindre.

Tel est, en substance, le rôle de tous les commutateurs ; leur forme et la combinaison de leurs détails peuvent varier à l'infini, mais le principe sur lequel ils reposent est toujours le même : présenter les pôles inverses d'un circuit aux pièces frottantes à chaque inversion du courant dans la machine. Les commutateurs les plus connus sont ceux d'Ampère, de Clarke, de Ruhmkorff, de Berlin, etc.

Dans toutes les machines destinées aux décompositions chimiques, il est absolument nécessaire de redresser les courants. Pour la production de la lumière électrique, cela n'est pas utile.

La partie du commutateur où les pièces frottantes quittent un des conducteurs pour passer sur l'autre, est ordinairement le siége d'étincelles multiples, très-intenses, qui détériorent rapidement cet organe et qui sont souvent une cause d'insuccès insurmontable pour les machines très-bien appropriées, commutateur à part, à un travail industriel.

La pratique ayant démontré qu'il était inutile de faire

l'électro-aimant aussi massif que le faisait Pixii, tandis qu'il y avait avantage à augmenter la puissance de l'aimant permanent, Saxton combina une machine à électro-aimant horizontal, tournant devant les pôles placés bout à bout d'un aimant également horizontal, et Clarke réalisa la même idée en mettant l'aimant vertical et en plaçant l'électro-aimant

Fig. 30. Machine de Clarke.

latéralement et non bout à bout. Bien que ce perfectionnement ne soit pas primordial, et que le mérite de Pixii et de Saxton soit plus grand et généralement plus apprécié des savants que celui de Clarke, c'est le nom de ce dernier qui a prévalu pour caractériser toutes les classes de machines d'induction à courants alternatifs.

L'appareil Clarke (fig. 30) se compose d'un faisceau aimanté, recourbé en fer à cheval et fixé sur une planchette verticale. En avant de ce faisceau se trouvent deux bobines que l'on fait tourner au moyen d'un grand engrenage actionnant un petit pignon calé sur l'arbre. Les bobines sont enroulées sur deux cylindres de fer doux, réunis entre eux par une pièce de même métal. A chaque demi-révolution, les pôles de l'électro-aimant passent très-près des pôles de l'aimant permanent et un commutateur placé à l'extrémité de l'arbre redresse les courants. Ceux-ci traversent les pièces frottantes pour se rendre aux conducteurs et de là à un voltamètre ou à tout autre appareil d'expérience.

L'innovation la plus importante qu'on ait apportée aux machines de démonstration, depuis Clarke, est sans contredit la construction de la bobine longitudinale imaginée par Siemens et Halske, de Berlin, en 1854. Le fer de cette bobine est d'abord façonné en cylindre, puis creusé suivant l'axe de deux grandes rainures larges et profondes, de sorte que la section transversale ressemble à un double T. Le fil de cuivre, garni d'un isolant, est enroulé dans les rainures parallèlement à l'axe du cylindre, et il est recouvert d'une feuille de laiton qui, avec la partie du fer, restée libre, constitue un cylindre complet. L'un des bouts du fil est soudé à l'axe métallique du cylindre, et l'autre bout est soudé à une virole de métal isolée sur l'extrémité de cet axe.

La figure 31 représente une machine Siemens garnie de sa bobine. Les armatures de l'aimant sont alésées de manière à embrasser très-étroitement la bobine en ne laissant strictement que le jeu nécessaire pour permettre sa rotation. Cette disposition offre l'avantage de faire naître le maximum possible d'électricité et d'empêcher les aimants de perdre leur puissance, car la bobine joue le rôle des garnitures en fer dont on munit ordinairement les aimants pour les empêcher de s'affaiblir.

La machine magnéto-électrique connue aujourd'hui sous le nom de *machine de l'Alliance* a été imaginée par Nollet, professeur de physique à l'école militaire de Bruxelles. Le

but que se proposait l'inventeur était de décomposer l'eau et
de faire servir à l'éclairage, les gaz provenant de cette décomposition. Des capitaux considérables furent engloutis pour
la recherche de cette solution chimérique et la machine de
l'*Alliance* n'aurait probablement donné aucun résultat industriel sans un perfectionnement capital dont la dota M. Masson,
professeur de physique à l'École Centrale et que nous avions

Fig. 31. Machine de Siemens.

attribué à tort, dans notre 1re édition, à M. Joseph Van
Malderen.

Cette machine (fig. 32) est formée d'un certain nombre
de rouleaux en bronze C, armés chacun, à leur circonférence,
de 16 bobines. Ces plateaux sont établis sur un arbre
horizontal actionné par un moteur quelconque au moyen
d'une courroie D, et ils tournent entre 8 rangées de faisceaux
aimantés BB, rayonnant autour de l'axe et supportés parallèlement au plan du disque par un bâti spécial. Comme
chaque aimant a deux pôles, une série présente 16 pôles
régulièrement espacés ; il y a donc autant de pôles que de

bobines, de telle sorte que, quand l'une d'elles est en face
d'un pôle, les 15 autres se trouvent également en face de
pôles. Les machines ont ordinairement 4 disques ou 6
disques, ce qui correspond par conséquent à 64 bobines et
40 aimants permanents pour l'une et à 96 bobines et 56
aimants permanents pour l'autre. L'un des pôles du courant
total aboutit à l'arbre qui se trouve en communication avec
le bâti par l'intermédiaire des coussinets ; l'autre pôle aboutit
à un manchon concentrique à l'arbre, isolé de lui par une
substance non conductrice.

Le courant change de sens chaque fois qu'une bobine
passe devant les pôles des aimants ; or il y a 16 pôles d'aimants, il y aura donc 16 changements par tour des disques,
et comme la machine fait 400 tours par minute (plus de
6 tours par seconde) on aura au moins 100 changements de
sens par seconde.

Le grand perfectionnement dont nous parlions tout à
l'heure est relatif à la suppression du commutateur pour la
production de la lumière électrique. C'est en effet cette simplification qui rendit tout à fait pratique la machine de Nollet
et qui lui permit d'être appliquée utilement dans d'assez
nombreuses circonstances.

Dans les deux leçons faites par M. Le Roux à la Société
d'encouragement, se trouvent les détails les plus complets
sur la théorie, la construction, le fonctionnement et le rendement de la machine de l'*Alliance* ; c'est le travail le mieux
compris et le plus compréhensible qui ait été publié sur ce
sujet, et c'est à lui que nous empruntons l'explication suivante de la production de lumière avec des courants non
redressés.

Puisque le sens du courant change, et cela une centaine de
fois par seconde, il faut nécessairement qu'à chaque changement l'intensité du courant passe par zéro ; ainsi cent fois
par seconde l'étincelle cesse de jaillir entre ces deux charbons,

cent fois par seconde l'arc voltaïque cesse d'exister. La lumière ne nous en paraît pas moins continue ; cela est dû à la persistance bien connue des impressions de la lumière sur la rétine et aussi à ce que l'arc voltaïque proprement dit n'entre que pour une fraction dans la production de la

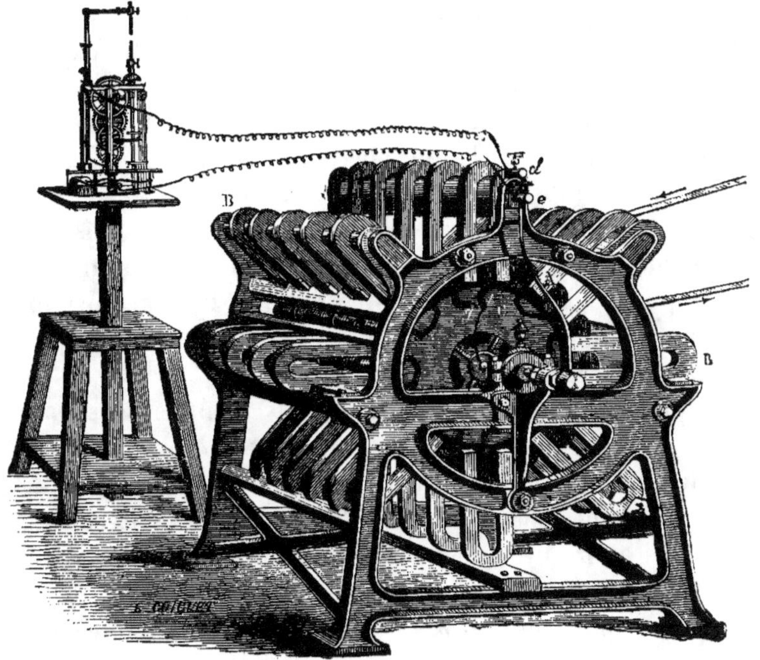

Fig. 32. Machine de la Société l'*Alliance*.

lumière électrique, le restant étant dû à l'incandescence des charbons, incandescence qui ne cesse pas immédiatement avec le passage du courant. Mais comme on sait que les courants employés ne jouissent pas d'une tension suffisante pour que, dans les circonstances ordinaires, l'étincelle jaillisse à distance, qu'il suffit d'un souffle pour interrompre l'arc voltaïque et qu'alors celui-ci reste éteint jusqu'à ce que les charbons aient été ramenés au contact et écartés de nouveau, on s'étonne tout d'abord que les cessations du courant, reproduites ainsi un si grand nombre de fois par seconde, n'amènent pas l'extinction de la lumière. Le fait est difficile à expliquer : la tension du courant n'est pas suffisante pour que l'étincelle jaillisse à distance entre les charbons froids ; mais quand ceux-ci sont, au préalable, portés à l'incandescence par le passage même du courant, l'atmosphère qui les entoure est devenue plus conductrice par l'élévation de la température, et sans doute aussi par la présence de particules charbonneuses ; la durée de l'interruption étant très-courte, les qualités de l'atmosphère qui entoure les charbons n'ont pas le temps d'être modifiées sensiblement, et le courant peut recommencer à passer. Les interruptions, en admettant que l'évolution du changement de courant soit accomplie pendant que le centre de la bobine parcourt un arc d'un millimètre, n'ont d'ailleurs qu'une durée d'un dix-millième de seconde.

Les pôles de la lampe étant alternativement de sens contraire, il en résulte que les deux charbons s'usent également. La lumière électrique tourne, pour ainsi dire, continuellement autour des charbons et éclaire successivement chaque point de l'horizon avec des variations d'intensité assez considérables.

Les machines de l'*Alliance* sont employées au phare de la Hève, au phare Gris-Nez près de Calais, aux phares de Cronstadt, d'Odessa, etc. : elles ont été expérimentées sur plusieurs navires et dans divers locaux industriels. Elles vont très-bien et exigent peu de force motrice. Cependant elles ne se propagent pas, et bien que le brevet français soit dans le domaine public, personne autre que la compagnie elle-même ne songe à en construire.

Cette situation toute spéciale d'un bon appareil qui ne peut se vulgariser tient à une foule de causes qu'il est inutile de relater ici. Disons seulement que le prix de ces machines est trop élevé et que l'emplacement qu'elles exigent est trop considérable pour que l'industrie en puisse tirer un parti réellement avantageux. On verra, en effet, dans le chapitre consacré au prix de revient de l'éclairage électrique, le rôle important que jouent les frais de premier établissement pour l'installation des machines magnéto-électriques et de leurs régulateurs. Chacun sait, d'autre part, combien l'emplacement est précieux dans la plupart des manufactures ou des ateliers de construction.

L'Exposition de 1878 renfermait quelques machines de l'*Alliance* un peu simplifiées, mais incapables encore de lutter contre les appareils à courants continus dont nous parlerons plus loin.

M. Holmes, qui s'est beaucoup occupé des machines magnéto-électriques destinées à la production de la lumière[1], a fait breveter plusieurs dispositions originales, dont la plus récente (5 juin 1869) est représentée figure 33. Au lieu de faire tourner des bobines devant des aimants ou des électro-aimants, M. Holmes fait tourner les aimants ou électro-aimants devant les bobines. Il emploie une partie du courant produit pour magnétiser les électro-aimants, et couple les bobines de telle sorte qu'il peut prendre plusieurs courants indépendants, et par la suite, produire plusieurs lumières indépendantes avec la même machine.

Ainsi, au lieu de faire tourner les bobines à induire devant les inducteurs, M. Holmes fait tourner les inducteurs et laisse fixes les pièces induites. C'est un retour à la machine Pixii qui peut avoir sa raison d'être pour certaines applications, mais qui n'a qu'une importance secondaire dans la généralité des cas. Nous ne signalons cette machine que pour donner une idée de la voie suivie par M. Holmes dans ses recherches sur l'éclairage électrique.

1. M. Holmes est le premier électricien qui ait appliqué une machine magnéto-électrique à la production de la lumière, ses travaux précédèrent ceux de la Compagnie l'*Alliance*.

L'analogie qui existe entre cette dernière machine et la machine de l'*Alliance* nous a amené à la décrire immédiatement après celle-ci, mais il est utile de faire observer ici que le fonctionnement de la machine Holmes est basé sur l'emploi d'électro-aimants excitateurs et sur les effets du

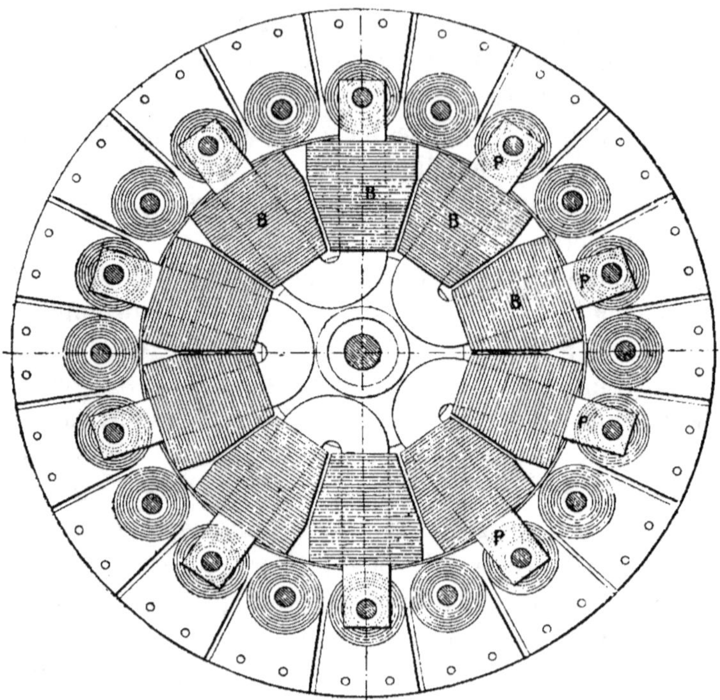

Fig. 33. Machine de Holmes.

magnétisme rémanent ou *résiduel* qui furent mis en usage avant lui par plusieurs physiciens.

L'exposition de 1867 renfermait deux machines magnéto-électriques à courants alternatifs, extrêmement remarquables. Elles venaient l'une et l'autre d'Angleterre, et leurs inventeurs, MM. Wilde et Ladd, le premier surtout, sont deux physiciens connus et appréciés du monde entier.

La machine Wilde (fig. 34) se compose de deux appareils Siemens superposés et de grandeurs inégales, avec cette modification que, dans le plus grand, l'aimant est remplacé

Fig. 34. Machine de Wilde.

par un fort électro-aimant. La petite machine supérieure a pour but de faire naître le magnétisme dans l'électro-aimant : c'est pour cette raison qu'on la désigne souvent sous le nom de *machine excitatrice*. Entre les deux branches de l'aimant tourne une bobine longitudinale qui développe des courants alternatifs, lesquels sont redressés par un commutateur et conduits aux électro-aimants par des fils métalliques aboutissant à deux bornes spéciales.

Au-dessous est placé le grand électro-aimant : ses deux branches sont formées par de grosses plaques de tôle, et le coude du fer à cheval est remplacé par une plaque de fer qui porte l'excitateur ; les pôles de cet électro-aimant sont dans des masses de fer, séparées par une plaque de cuivre, et formant une cavité cylindrique dans laquelle tourne la seconde bobine de Siemens. On nomme *générateur* cette partie de l'appareil.

Les deux bobines sont exactement semblables ; la plus grande a un diamètre triple de l'autre. A ses pôles sont adaptés les fils du conducteur extérieur.

Le fil de cuivre isolé qui enveloppe les branches du gros électro-aimant aboutit aux bornes spéciales de l'excitateur.

A l'aide de deux courroies de transmission et d'un moteur convenable, on fait tourner les deux bobines, la petite avec une vitesse de 2,400 tours à la minute, la grande avec une vitesse de 1,500 tours à la minute. Alors les courants induits dans l'excitateur entretiennent le gros électro-aimant fortement aimanté, et les courants induits dans le générateur sont utilisés en dehors. Leur intensité est considérablement supérieure à celle des courants de l'excitateur.

C'est là une très-remarquable disposition qui présente des avantages considérables sur les machines précédentes, surtout au point de vue des décompositions chimiques : aussi les applications en sont-elles très-nombreuses en Angleterre. Il en aurait été de même en France si MM. Christofle et Ce, qui essayèrent simultanément la machine Wilde et celle de Gramme en 1872, n'eussent reconnu que cette dernière était supérieure à la machine anglaise [1].

---

1. MM. Page et Moigne avaient montré, avant M. Wilde, que le courant magnétique pouvait produire de puissants électro-aimants.

M. Wilde a également construit une machine avec laquelle il obtenait une intensité lumineuse de 1,200 becs carcel avec 10 chevaux de force, ce qui était un progrès réel sur les anciennes dispositions adoptées par MM. Holmes et Nollet, mais qui laissait beaucoup à désirer sous le rapport de la durée des organes de commutation. Dans cette machine, il avait placé une série de noyaux magnétiques

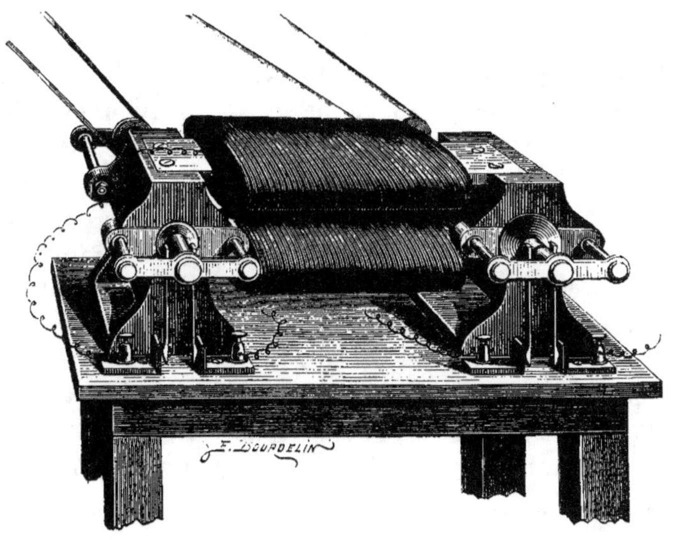

Fig. 35. Machine de Ladd.

entourés de bobines d'induction, en couronne, sur un disque en fer, et il les faisait tourner devant les pôles de puissants électro-aimants droits. Le disque central était garni de bobines des deux côtés, et les électro-aimants se trouvaient groupés sur le pourtour des deux bâtis circulaires. L'ensemble formait une double machine comprenant 32 bobines et 32 électro-aimants.

Pour exciter les inducteurs, M. Wilde redressait une

partie du courant et l'envoyait dans les électro-aimants [1].

MM. Siemens et Wheatstone ont combiné des machines magnéto-électriques sans aimants permanents dont on peut lire les descriptions dans les Bulletins de la Société royale de Londres (année 1867), et qui résolvent l'important problème de la conversion de la force dynamique en électricité sans l'aide du magnétisme permanent. M. Ladd, vers la même époque, imagina la machine que nous représentons (fig. 35).

La machine de Ladd se compose de deux gros électro-aimants droits et parallèles, aux extrémités desquels sont placées deux bobines Siemens de grosseurs différentes. La petite bobine excite les électro-aimants, lesquels réagissent sur la grosse bobine qui fournit l'électricité utilisable. Les fils des électro-aimants sont réunis de manière que les pôles contraires soient en regard lorsqu'un courant isolé y passe. Les extrémités libres de ces fils aboutissent aux boutons d'où partent les recueilleurs de courant de la petite bobine.

Le principe sur lequel repose la machine Ladd, observé tout d'abord par Siemens et Wheatstone [2], est celui-ci : lorsqu'une bobine tourne entre les pôles d'un électro-aimant, si celui-ci est le siége d'un courant, il se développe dans la bobine un courant induit d'autant plus intense que la vitesse

---

1. M. Wilde est un électricien d'un grand mérite qui a beaucoup étudié l'électro-magnétisme et qui peut même être considéré comme le créateur des machines puissantes pour la production, en grand, de l'électricité. Mais ses premières inventions, très-incomplètes d'ailleurs, l'ont rendu injuste envers ses confrères et il en est arrivé à croire que la construction des machines magnéto-électriques industrielles est un monopole qui lui appartient. C'est ainsi qu'au mois de mai 1878, il a demandé une patente anglaise, en son nom personnel, pour la production des courants alternatifs par une armature circulaire alors que la machine Brush était connue depuis un an, et que la machine Gramme fonctionnait depuis 6 mois à Paris.

2. M. Alfred Varley peut également revendiquer la découverte de ce principe, car il avait effectué en Angleterre le dépôt d'une spécification provisoire s'y rapportant, en décembre 1866, avant les communications de Siemens et Wheatstone.

est plus grande et le magnétisme plus puissant. Si l'on emploie une partie du courant induit pour exciter l'électro-aimant, les choses se passent exactement comme si l'électro-aimant était excité par une machine spéciale, ainsi que cela a lieu dans les machines Wilde. Et, dans ce dernier cas, la machine venant à s'arrêter, il reste toujours un peu de magnétisme dans les électro-aimants. Ce magnétisme *résiduel* ou *rémanent*, quelque faible qu'il soit, fait naître un petit courant électrique dans la bobine, courant qui, envoyé dans l'électro-aimant, augmente sa puissance attractive. L'électro-aimant, devenant plus fort, réagit sur la bobine et le courant électrique croît de plus en plus pour atteindre bientôt le maximum correspondant à la vitesse de la bobine et à la quantité de fer et de cuivre employée dans la construction de l'appareil. Rien de plus admirable que cette multiplication d'électricité, que cette réaction d'effets les uns sur les autres, que cette transformation de travail en électricité sans autre intermédiaire que des pièces métalliques tournant devant d'autres pièces métalliques.

Pour qu'une semblable machine puisse fonctionner, il faut naturellement admettre que les électro-aimants ont reçu une excitation initiale, soit par une pile, soit par une deuxième machine ; c'est ce qui a lieu ordinairement. Cependant Siemens a fait le premier la remarque suivante : au lieu d'employer la pile pour provoquer l'action accumulatrice de la machine, il suffit de toucher les barreaux de fer doux avec un aimant permanent, ou de les placer dans une position parallèle à l'axe magnétique de la terre.

En pratique, il n'y a même pas besoin de s'occuper de l'orientation de la machine, car le magnétisme terrestre agit toujours un peu sur les électro-aimants, et il suffit d'un soupçon de magnétisme pour servir d'initiateur à des torrents d'électricité. L'esprit émerveillé se perd lorsqu'on songe à cette succession de découvertes qui se complètent l'une par l'autre et qui montrent qu'avec un appareil de petites dimensions on produirait une source d'électricité infinie, si la matière pouvait résister à des vitesses infinies.

Les choses en étaient là lorsque M. Gramme fit connaître au monde savant la belle machine qui porte son nom et à laquelle nous consacrerons le chapitre suivant.

CHAPITRE VI

MACHINE MAGNÉTO-ÉLECTRIQUE GRAMME

Succès obtenu par la machine Gramme. — Principe sur lequel elle repose. — Analyse des effets obtenus avec un électro-aimant circulaire. — Action du fer doux sur les spires de cuivre. — Action des aimants permanents. — Manière de recueillir les courants. — Bobines partielles. — Ensemble d'une machine de démonstration. — Machine verticale pour galvanoplastie. — Machine horizontale pour galvanoplastie. — Machine de laboratoire à aimant Jamin. — Machine à pédale. — Application à la médecine. — Applications diverses. — Transport des forces motrices à distance. — Revendications et contrefaçons. — Machine Worms de Romilly.—Machine Pacinotti.— Services rendus à l'industrie par M. Gramme.

La machine conçue par M. Gramme est essentiellement différente de celle de Clarke et, par conséquent, de toutes celles qui en sont dérivées. Elle constitue une œuvre à part, susceptible des applications les plus variées, aussi le nom de l'inventeur est-il aujourd'hui connu dans les deux mondes et ses travaux sont justement appréciés par tous les savants. A peine sa première machine était-elle réalisée, qu'une société anglaise lui achetait les brevets anglais et américains, que la Société d'encouragement lui décernait une médaille d'or et un prix de 3,000 francs et qu'un grand nombre d'industriels lui commandaient des appareils. Depuis six ans, date de la première application, le succès a été croissant ; l'inventeur a été récompensé à Lyon, à Vienne, à Moscou, à Linz, à Philadelphie, à Paris. Partout où il a présenté sa machine, elle a eu le privilége de captiver l'attention

générale. Plus de 1,000 machines à aimants ou à électro-
aimants ont été livrées, et, loin de se ralentir, les demandes
deviennent de plus en plus nombreuses. L'éclairage électrique, qui n'existait pas, industriellement parlant, avant
l'invention de M. Gramme, est entré aujourd'hui dans le
domaine des choses pratiques, grâce à l'admirable machine
dont nous allons étudier le principe et les effets.

Principe de la machine

Pour comprendre le principe de la machine Gramme, il
faut se reporter à l'expérience d'induction magnéto-électrique la plus simple qu'on puisse faire ; mais il faut
l'analyser plus complétement qu'on ne le fait d'ordinaire.

Considérons (fig. 36) un barreau aimanté AB et une spire
de fil conducteur, en mouvement réciproque. Si l'on approche
la spire du barreau à partir de la position éloignée X, il s'y
produit un courant d'induction. Examinons de près ce qui
se passe à mesure que le barreau entre dans la spire par une
série de mouvements successifs.

On observe qu'à chacun de ces mouvements correspond
un courant d'induction et que ces courants sont de même
sens jusqu'au moment où la spire arrive en face de la ligne
neutre, c'est-à-dire au milieu M du barreau AB ; et qu'ils
sont de sens opposé, si le mouvement continue dans le même
sens au delà de ce point.

Ainsi, dans le parcours entier de la spire sur l'aimant on
distingue deux périodes distinctes : dans la première moitié
du mouvement, les courants sont de sens direct, dans la
seconde, ils sont de sens inverse.

On peut voir dans le mémoire de M. Gaugain, publié dans
les *Annales de chimie et physique* (mars 1873), et auquel
nous empruntons cette analyse intéressante, l'explication

élémentaire qu'il donne de ce phénomène en assimilant l'aimant à un solénoïde.

Si, au lieu de marcher de gauche à droite, comme nous l'avons fait, on marche de droite à gauche, tout se passe de la même façon, mais les courants sont de sens opposés.

Examinons maintenant le cas complexe représenté par la figure 37. Deux aimants AB et B'A' sont placés bout à bout, en contact par des pôles de même nom BB'. L'ensemble se présente comme un aimant unique avec un point conséquent au milieu.

Si la spire se meut par rapport à ce système, on voit clairement, par ce qui précède, que cette spire est parcourue par un courant positif pendant le premier quart du mouvement (entre A et M), par un courant négatif dans le second quart (de M en B), encore par un courant négatif dans le troisième quart (de B' en M'), et enfin par un courant positif pendant le dernier quart (de M' en A'). Ainsi c'est aux points neutres que le courant change de sens.

En remplaçant les aimants droits par deux aimants demi-circulaires (fig. 38) mis bout à bout, pôles de même nom en regard, on crée deux pôles conséquents AA', BB', et les choses se passent exactement comme précédemment. La spire allant de A en M est parcourue par un courant positif, de M en B par un courant négatif, de B' en M' par un courant négatif et de M' en A' par un courant positif. Les points neutres se trouvent alors sur une ligne MM' perpendiculaire à la ligne des pôles AB.

La partie essentielle de la machine Gramme est un anneau en fer doux garni d'une hélice en cuivre, isolée, enroulée sur toute l'étendue du fer. Les extrémités de cette hélice sont soudées ensemble de manière à former un fil continu sans bout sortant ni bout rentrant (fig. 39).

Le fil est dénudé extérieurement, et la partie nue forme une bande étroite régnant dans toute la circonférence. Des pièces frottantes viennent s'appuyer en M et M' précisément sur la partie dénudée de l'hélice.

Dès qu'on place l'anneau ainsi constitué devant les pôles S et N d'un aimant quelconque, le fer doux s'aimante par influence et il naît dans l'anneau deux pôles conséquents N' et S' opposés aux pôles S et N. Si l'anneau tourne autour des pôles de l'aimant permanent, les pôles conséquents déve-

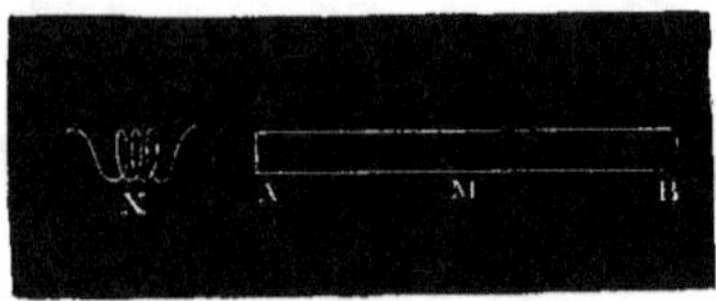

Fig. 36.

loppés dans l'anneau resteront toujours en regard des pôles N et S, ils se déplaceront donc dans le fer lui-même, avec une vitesse égale et de sens contraire à celle de l'anneau.

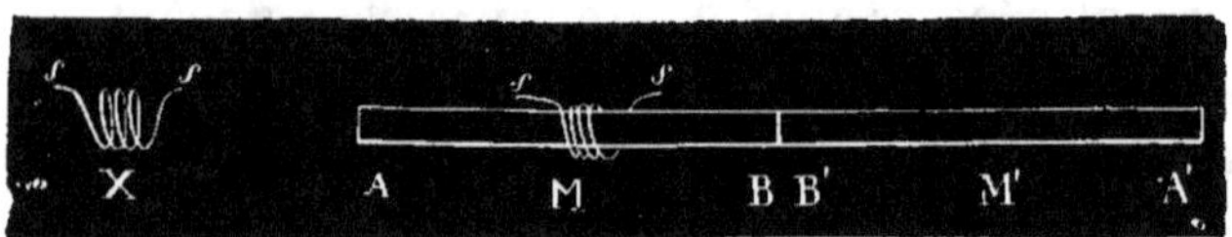

Fig. 37.

Quelle que soit la rapidité du mouvement, les pôles N'S' resteront donc fixes dans l'espace et chaque partie de la spire de cuivre passera successivement devant eux.

En considérant un élément de cette spire, nous savons, d'après ce qui précède, qu'il sera le siége d'un courant d'un certain sens en parcourant le chemin MSM' et d'un courant de sens inverse au premier en parcourant le chemin M'NM. Et, comme tous les éléments de la spire possèdent la même propriété, toute la partie de cette spire placée au-dessus de la ligne MM' sera parcourue par un courant de même sens et toute la partie placée au-dessous de cette ligne sera parcourue par un courant de sens inverse au précédent.

Ces deux courants sont évidemment égaux et opposés,
ils se font donc équilibre. C'est exactement ce qui se passe

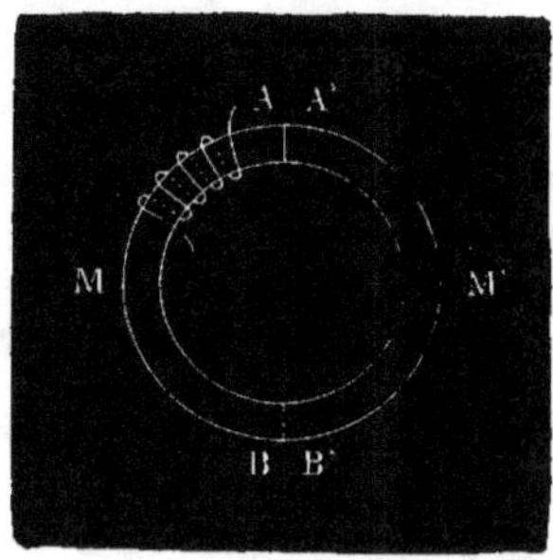

Fig. 38.

lorsqu'on accouple en opposition deux piles voltaïques
composées d'un même nombre d'éléments semblables. Or,
pour utiliser des piles en opposition, on n'a qu'à mettre les

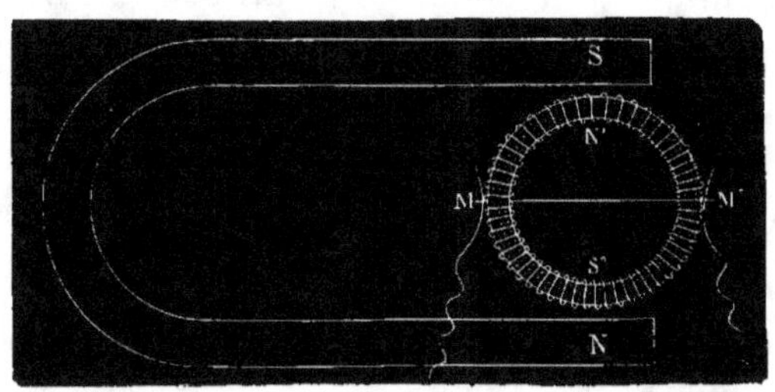

Fig. 39.

extrémités d'un circuit en communication avec les pôles
communs des deux piles; dès lors les courants des deux
piles ne sont plus en opposition, ils sont associés en quantité.

C'est aussi de cette façon que M. Gramme recueille les
courants développés dans l'anneau de sa machine. Il établit
des collecteurs sur la ligne MM' où viennent se rencontrer
les courants de sens contraire.

Si, dans le cas de deux piles voltaïques en opposition, on mettait les extrémités d'un circuit en communication avec le milieu de chaque pile, au lieu de les mettre aux pôles communs, les courants s'annuleraient. De même, lorsqu'on met les recueilleurs d'une machine Gramme sur la ligne des pôles, on n'obtient aucun courant.

Nous n'avons analysé jusqu'ici que l'action de l'anneau en fer doux, magnétisé par l'influence de l'aimant permanent, sur la spire de cuivre qui l'entoure; il nous reste à examiner les effets produits directement par les pôles de l'aimant permanent sur la bobine, que nous supposons d'abord dé-pourvue de fer et tournant comme précédemment.

Reportons-nous à l'expérience du barreau aimanté agis-sant dans la spire de cuivre et sortons celle-ci du barreau pour la faire mouvoir latéralement : on remarquera que toutes les parties de la spire regardant le barreau, jusqu'au milieu de cette spire, sont dans une certaine direction, tandis que les parties opposées sont placées dans une direction inverse. L'aimant fera donc naître un courant d'un certain sens dans les premières demi-spires et un courant en sens inverse dans les secondes. L'intensité du premier sera évi-demment supérieure à l'intensité du second, puisque les parties influencées sont beaucoup plus rapprochées de l'ai-mant. La résultante de ces deux actions sera un courant très-faible, qui viendra naturellement s'ajouter à celui que nous avons analysé plus haut.

Mais lorsque le fer sera dans l'intérieur de la bobine, il empêchera le magnétisme de l'aimant permanent d'agir sur la seconde partie des spires, et l'effet total augmentera sen-siblement.

Ce n'est pas tout. L'anneau en fer doux a encore pour effet de rétrécir le champ magnétique de l'aimant perma-nent et de lui donner par suite une puissance inductrice beaucoup plus considérable. C'est même, d'après M. Gramme, la cause principale de la production des courants dans sa machine.

En résumé, le fer doux agit de trois manières distinctes : comme inducteur, comme écran magnétique et comme excitateur de l'aimant permanent.

Il se produit, par le mouvement de la bobine, des effets directs très-complexes exerçant les uns sur les autres des réactions encore plus complexes ; mais les notions précédentes suffiront, nous l'espérons, pour donner une idée assez exacte de la manière dont naissent les courants ; c'est le point important. Une dissertation plus longue fatiguerait le lecteur et nous éloignerait de notre but.

Revenons à la manière de recueillir les courants.

Nous avons vu qu'en plaçant les pièces frottantes sur une ligne perpendiculaire aux pôles, on obtenait tout le courant développé dans la bobine, et qu'en se mettant sur la ligne des pôles on n'obtenait rien. En plaçant les pièces frottantes près l'une de l'autre, pourvu toutefois qu'on ne les mette pas dans une ligne parallèle aux pôles, on aura un courant d'autant plus faible que les recueilleurs seront plus rapprochés, et ce courant sera d'un certain sens, direct par exemple, si les deux recueilleurs sont dans les parties MS et M'N, et inverse, si les recueilleurs sont dans les parties SM' et MN. Cela se conçoit facilement en se rapportant à la comparaison avec les piles voltaïques.

Il est maintenant facile de concevoir qu'on peut prendre plusieurs courants sur le même anneau, ou associer plusieurs machines complètes en tension ou en quantité. Tout se passe comme avec les piles voltaïques et les courants obtenus sont de même nature.

Dans la pratique, M. Gramme ne dénude pas le fil de l'anneau, il construit son appareil de manière à lui assurer toute la stabilité et la solidité nécessaires, surtout pour les applications industrielles.

On sait que dans certains électro-aimants droits, notamment dans ceux des puissantes bobines d'induction, le fil est enroulé en bobines distinctes, placées les unes à côté des autres en chaîne, c'est-à-dire en tension : c'est aussi de cette façon qu'est distribué le fil sur l'anneau des machines de Gramme.

La figure 40 montre ces différentes bobines de fil, qui sont les éléments de cette source d'électricité, comme les couples voltaïques sont les éléments d'une pile voltaïque.

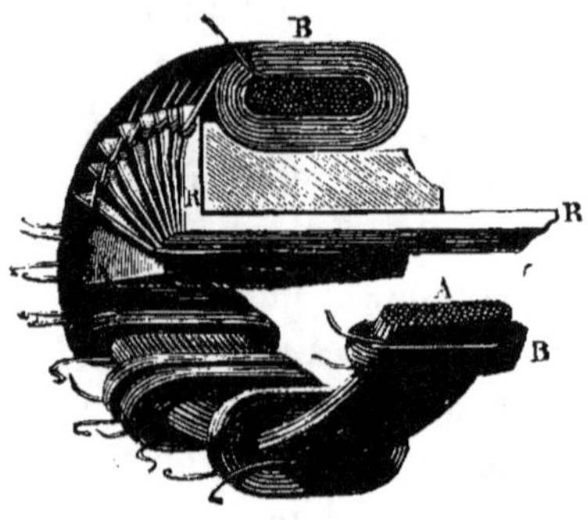

Fig. 40.

Pour rendre intelligible la construction de cet organe essentiel, nous le représentons complet dans une partie seulement ; dans une autre partie, les bobines B ne sont figurées que une sur deux ; dans une autre partie enfin l'anneau de fer est laissé à nu et même coupé.

Généralement l'anneau A est exécuté en fil de fer, ce qui donne plus de sécurité, relativement à sa propriété de s'aimanter et de se désaimanter plus rapidement sans conserver de magnétisme lorsqu'il naît sous l'influence de l'aimant.

Des pièces rayonnantes R , isolées les unes des autres, sont rattachées chacune au bout sortant d'une bobine et au bout entrant de la bobine suivante. Les courants sont recueillis sur les pièces R comme ils le seraient sur le fil dénudé.

Lesdites pièces R sont recourbées à angle droit et leur seconde partie, parallèle à l'axe, est logée à l'intérieur de l'anneau et le dépasse.

Dans le dessin d'ensemble (fig. 41), on voit les extrémités des pièces R rapprochées les unes des autres en un cylindre

FIG. 41. Machine de démonstration.

de petit diamètre, mais toujours isolées par des rubans de soie ou de toute autre matière isolante, interposés. On y voit également les balais frottant sur les pièces R dans le plan perpendiculaire à la ligne des pôles A et B, c'est-à-dire aux points milieux ou neutres M et M'.

En se reportant à ce qui a été dit du principe de la machine, il est aisé de comprendre qu'elle fournira des courants continus et que le sens du courant fourni changera avec le sens de la rotation.

La continuité du courant résulte manifestement de ce que le mouvement producteur de l'électricité est continu et de ce que le circuit n'est jamais rompu, parce que les frotteurs ou balais commencent à toucher à l'une des pièces R avant d'avoir abandonné la précédente, et leur nature flexible et multiple fait qu'ils touchent toujours par quelques-unes de leurs parties, sinon par toute leur largeur.

L'intensité du courant augmente naturellement avec la vitesse de rotation ; l'expérience nous a montré que la force électro-motrice mesurée par opposition est proportionnelle à la vitesse. Cette observation a été vérifiée plusieurs fois en France et en Angleterre, et notamment par l'inventeur.

Suivant les applications qu'il a en vue, **M.** Gramme modifie sa machine pour lui faire produire des effets de tension ou de quantité en enroulant sur l'anneau du fil fin ou gros ; il paraît indubitable qu'à vitesse égale de l'anneau la tension sera proportionnelle au nombre de spires de fil ; mais la résistance intérieure croît dans la même proportion, et dans la plupart des cas on obtient de meilleurs résultats en employant des fils gros. On comprend cependant que, si le circuit extérieur avait une très-grande résistance, comme dans la télégraphie, il y aurait lieu d'employer des machines à fil fin.

Avant d'étudier la machine employée à l'éclairage et d'en faire connaître les nombreuses applications, nous allons passer rapidement en revue quelques types de machines Gramme destinées à d'autres fonctions.

Les machines pour galvanoplastie, en usage chez MM. Christofle et Cie, Ranvier, Mignon et Rouart, Desclairs, Folie, Olsanski, Poure et Blanzy, Wohlwill, à la Société du Val d'Osne, etc., donnent d'excellents résultats.

La première machine, faite par l'inventeur lui-même, en 1872, et livrée à MM. Christofle et Cie, à Paris, a un bâti en bronze reposant sur une semelle en bois. Elle fonctionne

depuis plus de cinq ans à l'entière satisfaction des acqué-
reurs. Elle n'a exigé aucune réparation, et tout son entre-

Fig. 42. Machine verticale pour galvanoplastie.

tien consiste dans la dépense de l'huile nécessaire à la lubri-
fication des deux portées de l'arbre central.

Sans rien changer à la partie électrique, l'inventeur construisit, à la fin de 1872, dix autres machines avec bâti en fonte telles qu'elles sont représentées figure 42, et MM. Christofle et Cie achetèrent six de ces machines, lesquelles fonctionnent depuis cette époque dans leurs ateliers.

Ces machines pèsent 750 kilogrammes chacune, tout compris ; elles possèdent quatre barres d'électro-aimants, deux bobines. Le poids du cuivre entrant dans leur construction est de 175 kilogrammes. Leurs dimensions sont de $1^m,30$ de hauteur et de $0^m,80$ dans la plus grande largeur. Elles déposent 600 grammes d'argent à l'heure et nécessitent, pour ce dépôt, une force de 75 kilogrammètres (exactement un cheval-vapeur).

A la fin de 1873, les calculs et les expériences de M. Gramme l'ont amené à combiner un nouveau type de machine à galvanoplastie, bien supérieur au précédent.

La machine dont il s'agit (fig. 43) n'a, en effet, qu'une bobine au lieu de deux, et deux barres d'électro-aimants au lieu de quatre.

Son poids total est de $177^k,50$; le poids du cuivre garnissant la bobine et les barres d'électro-aimants, de 47 kilogrammes. Ses dimensions sont de $0^m,55$ de côté sur $0^m,60$ de hauteur. Elle dépose, comme les anciennes, 600 grammes d'argent à l'heure. Sa marche est excellente en tous points, ainsi que l'ont constaté MM. Christofle et Cie. La force motrice nécessaire à son fonctionnement n'est plus que de 50 kilogrammètres.

Comparé au modèle de 1872, celui de 1873, qui est devenu définitif, possède donc les avantages suivants : 1° il exige un espace moitié moins grand pour son installation ; 2° son poids total est réduit de plus des trois quarts ; 3° le cuivre nécessaire à sa construction est réduit de près des trois quarts ; 4° il économise 30 pour 100 de force motrice.

Ces perfectionnements ont été obtenus par la suppression

de la bobine excitatrice, en mettant l'électro-aimant dans le circuit même du courant : par la meilleure disposition des garnitures de cuivre aussi bien pour les bobines que pour les électro-aimants, et par une augmentation de vitesse n'ayant aucune conséquence fâcheuse sur la régularité de la marche et la durée des organes.

Fig. 43. Machine horizontale à galvanoplastie.

La garniture des électro-aimants, que M. Gramme faisait avec du fil rond, est aujourd'hui formée, pour les machines à galvanoplastie, d'une seule bande de cuivre mince, tenant toute la largeur d'une demi-barre d'électro-aimant, de sorte que cette garniture ne se compose en réalité que de quatre bandes formant chacune une spire unique.

La garniture de la bobine est faite avec du fil méplat très-épais, offrant une rigidité suffisante pour s'opposer aux effets de la force centrifuge, ce qui permet de faire tourner l'axe à

500 tours par minute, tandis que dans les anciennes machines la vitesse ne dépassait pas 300 tours. Aucune étincelle ne se produit au contact des balais métalliques et du faisceau des conducteurs soudés aux bobines. Ni l'anneau ni les électro-aimants ne s'échauffent. Les balais se règlent facilement, et peuvent se retirer du contact même pendant la marche.

Le bâti a une grande stabilité ; l'axe, peu chargé, est en acier ; ses portées ont un faible diamètre, ce qui occasionne une diminution considérable dans le travail du frottement. Les armatures sont solidement fixées aux barres d'électro-aimants, elles embrassent presque toute la circonférence de la bobine.

La disposition spéciale qui consiste à méttre l'électro-aimant dans le circuit pour supprimer la bobine excitatrice, a donné lieu à un phénomène de changement de pôle nuisible à la marche ; M. Gramme l'a combattu par une combinaison simple et très-pratique.

Lorsque les machines sont en mouvement, et que leur circuit est fermé sur des bains métalliques, les pôles restent les mêmes pendant tout le temps de la marche ; mais, dès qu'un arrêt se produit, par une cause accidentelle ou volontaire, un courant secondaire est aussitôt fourni par le bain, comme dans l'expérience avec la pile Planté, que tout le monde connaît. Ce courant, traversant les fils des électro-aimants excitateurs, leur donne un magnétisme contraire à celui qu'ils avaient précédemment : il en résulte que le magnétisme rémanent qui servirait de point de départ si l'on remettait en marche sans rien changer aux conducteurs, fournirait un courant renversé, et qu'on ferait un travail inverse ; c'est-à-dire que dans le cas d'argenture, par exemple, si une courroie venait à tomber, et qu'on la remît simplement en place, puis qu'on continue de fonctionner, on désargenterait les objets qui se trouveraient dans le bain. Pour obvier à ce grave inconvénient, M. Gramme a imaginé de faire couper le courant automatiquement dès que la machine va moins vite ; il évite ainsi les courants secondaires, qui seuls occa-

Fig. 44. Machine à aimant ordinaire.

sionnent le changement des pôles. Quand, après un arrêt, on veut continuer le travail, il suffit d'approcher des électro-aimants une petite lame métallique dite *brise-courant*, pour refermer le circuit et pour que la machine reprenne son fonctionnement normal.

Le brise-courant, appliqué aux nouvelles machines, est une petite pièce mobile à contre-poids qui réunit les balais métalliques aux électro-aimants ; tant que ceux-ci sont magnétisés, ils retiennent au contact le brise-courant ; mais, dès que la machine, en diminuant de vitesse, fait perdre le pouvoir attractif aux électro-aimants, le contre-poids fait basculer le brise-courant, et il n'y a plus de communication électrique entre l'anneau central et les électro-aimants. Aucun courant secondaire ne peut se former au moment de l'arrêt, et par conséquent les pôles restent les mêmes.

La construction des machines de démonstration a été confiée à la célèbre maison Breguet, de Paris, qui en a déjà fourni aux principaux laboratoires du monde entier. Le premier type de cet appareil était horizontal (fig. 44) ; il donnait un courant équivalent à peu près à 3 éléments Bunsen ordinaire. Il fut remplacé par une disposition plus rationnelle (fig. 45), qui, grâce à l'emploi d'excellents aimants d'Allevart, produisit 5 éléments sans changements dans la bobine. Depuis l'invention, faite par M. Jamin, des aimants feuilletés, presque toutes les machines de laboratoire ont été construites avec des aimants de ce système. Les unes avec socle en bois, les autres avec pédale (fig. 45). Ces machines équilibrent aujourd'hui, grâce à la perfection de leur exécution, jusqu'à 8 éléments Bunsen ordinaires. Elles permettent de faire toutes les expériences d'un cours de physique : décompositions électro-chimiques, excitation des électro-aimants, excitation de la bobine d'induction, expériences d'Ampère (électro-dynamique), etc.

Tout le monde sait que l'embarras de monter quelques éléments de pile Bunsen retient souvent pour entreprendre une expérience destinée, dans bien des cas, à être de courte durée. On peut ajouter que la dépense faite pour le montage des piles n'est pas du tout insignifiante, tandis que la force musculaire de l'expérimentateur ou de ses aides est la seule dépense qu'entraîne l'emploi de la machine Gramme.

D'ailleurs, il y a des avantages très-nombreux à disposer

Fig. 45. Machine à pédale.

d'une source d'électricité qu'on peut faire varier à volonté, et de laquelle on peut, en donnant un *coup de collier*, tirer momentanément beaucoup plus que ce qu'elle donne à la vitesse normale.

L'application à la médecine est plus facile encore et le temps seul a manqué pour en répandre l'usage ; car la machine Gramme peut, avec quelques modifications, servir dans tous les cas pour lesquels les médecins emploient l'électricité. Elle permet la cautérisation au moyen d'un fil de platine rougi. Elle se prête à la décomposition chimique des tissus qui s'emploie à la résolution de certaines tumeurs. Elle fournit un courant continu et peut être mise en mouvement par le malade lui-même, dont on soumet un organe au flux électrique continu. Elle permet d'exciter la bobine d'induction, et elle peut donner par elle-même des chocs par la simple addition d'un interrupteur placé sur l'axe de l'anneau ; en effet, l'extra-courant de rupture fourni par cette machine a une tension considérable, ce qui se comprend aisément, puisque la machine présente un fil enroulé un grand nombre de fois sur un fer doux.

M. le docteur Moret, de Paris, qui a beaucoup étudié les questions d'électricité appliquée à la thérapeutique, a déclaré, après avoir essayé une petite machine de Gramme, qu'elle réunissait toutes les conditions voulues pour cet usage et qu'elle deviendrait, dès le début d'une fabrication spéciale, la machine électro-médicale universelle.

Citons quelques applications industrielles.

En se servant de 50 bains, couplés en tension, d'une résistance égale à celle d'un fil de cuivre de 5 millimètres de diamètre sur 1 mètre de longueur, M. le docteur Wohlwill, de Hambourg, précipite 240 kilogrammes de cuivre par jour. Et, pour obtenir ce beau résultat, il n'emploie qu'une petite machine Gramme calculée pour déposer 24 kilogrammes d'argent par jour, en agissant sur 4 bains seulement.

M. Villiers, directeur de la Société anonyme des houillères de Saint-Etienne, a imaginé une fermeture pour les lampes de sûreté des mineurs, telle que les ouvriers ne peuvent absolument pas l'ouvrir, tandis que le seul lampiste, pourvu d'un électro-aimant assez fort peut faire l'ouverture. Ces lampes sont très-simplement combinées ; un verrou les ferme ; ce verrou est placé au fond d'une double cavité présentée par le fond de la lampe, et telle que les deux pôles de l'électro-aimant spécial dont est armé le lampiste peuvent le tirer, tandis que ni couteau ni autre procédé entre les mains des mineurs ne permet de le mouvoir. Cette lampe fonctionnait depuis quelques années ; on excitait les électro-aimants des lampistes avec des piles au bichromate de potasse et à l'acide sulfurique ; mais elles donnaient tant d'ennuis, tant d'embarras, que M. Chansselle, ingénieur en chef de la Société, entendant parler de la machine Gramme, songea à l'employer. La machine est montée sur une table au-dessous de laquelle sont placés un volant de tour et une pédale ; en avant de la table, se présentent les deux pôles de l'électro-aimant. Le lampiste, assis, tourne au pied sa machine comme un tourneur, et ses mains sont libres pour manier ses lampes. Six ou sept machines sont en service à Saint-Etienne et deux à Montceau-les-Mines, chez MM. Chagot et Cie.

M. Lubéry a eu l'idée heureuse d'employer l'électricité pour arrêter automatiquement les métiers à tricoter, quand une aiguille se fausse ou qu'un fil se casse ; il en a fait l'application à quarante métiers à l'usine de Langlée, près Montargis, et y a disposé une machine Gramme en remplacement de piles à acides qui lui donnaient les plus grands ennuis. Pendant huit mois, la machine Gramme a tourné 10 heures par jour à raison de 1,500 tours par minute, sans usure sensible ; et tournerait encore sans des circonstances personnelles dont le détail n'aurait rien à faire ici. Au lieu de quatre ouvriers pour surveiller quarante métiers, comme on avait autrefois, on a aujourd'hui à Langlée, un homme par métier. Les fabricants de tricot, si nombreux à Troyes, notamment, se préoccupent de réaliser l'importante économie de main-d'œuvre qui leur est indiquée par cette expérience.

La machine Gramme, comme toutes les autres machines magnéto-électriques, a pour fonction principale de transformer la force mécanique en électricité, mais elle peut encore transformer l'électricité en force motrice et servir dans ce cas de machine électro-magnétique. Il suffit de mettre une source électrique quelconque en communication avec les balais métalliques pour que l'anneau central se mette immédiatement en mouvement.

Comme nous venons de dire qu'il suffit de très-peu de force motrice pour équilibrer un grand nombre d'éléments voltaïques, il en résulte que, réciproquement, il faudra beaucoup d'éléments voltaïques pour produire peu de travail mécanique. C'est ce qui explique l'insuccès de tous les inventeurs qui ont jusqu'à ce jour cherché à produire la force motrice par l'électricité.

La machine à courant continu n'ayant ni bielle, ni manivelle, ni point mort, convient éminemment pour des expériences de transformation d'électricité en travail, et elle donne un très-grand effet utile, comme nous allons l'expliquer.

Au mois de juin 1873, l'inventeur a fait, devant nous, l'expérience suivante :

Une machine magnéto-électrique recevait le mouvement d'un moteur à vapeur et nécessitait pour sa mise en marche une force égale à 75 kilogrammètres mesurée au frein ; l'électricité produite était envoyée dans une deuxième machine, qui, également munie d'un frein de Prony, produisait 39 kilogrammètres, c'est-à-dire un peu plus de la moitié de la force primitive. Comme l'électricité passait par deux machines, ou, ce qui revient au même, comme il y avait une double transformation de travail en électricité et d'électricité en travail, chaque machine, bien qu'elle n'eût pas été faite pour cet usage, avait un rendement supérieur à 70 pour 100.

Depuis cette expérience, M. Gramme a obtenu jusqu'aux 61 centièmes de la force motrice, ce qui correspond à un rendement de 78 pour 100.

On conçoit dès lors qu'il est possible, avec deux machines Gramme et deux câbles conducteurs, de transporter au loin des forces motrices inutilisables sur place. C'est ce qui a déjà été essayé en diverses occasions.

En 1873, à l'Exposition internationale de Vienne, la Société Gramme faisait fonctionner une pompe centrifuge du système Dumont au moyen d'une première machine magnéto-électrique reliée, par deux fils de cuivre, à une deuxième machine Gramme. Cette deuxième machine placée loin de la première, recevait le mouvement d'un moteur à gaz Lenoir; et l'on vit, pour la première fois, une force motrice transportée à plus d'un kilomètre, sans transmission rigide, sans câble télodynamique, sans air comprimé, sans eau comprimée; rien qu'avec deux fils qui pouvaient suivre toutes les sinuosités d'un chemin quelconque.

En 1876, à l'Exposition de Philadelphie, une installation analogue fut très-remarquée par les visiteurs et valut à l'inventeur une récompense exceptionnelle.

L'année suivante, M. Cadiat fit, dans les ateliers du Val d'Osne, une application industrielle des transmissions électriques pour donner le mouvement à une machine galvanoplastique. Enfin en 1878, MM. Félix et Chrétien installèrent dans la sucrerie de Sermaize un appareil électrique à décharger les betteraves, placé à 100 mètres de l'usine. Le succès obtenu par ces derniers fut tellement décisif qu'ils combinèrent un matériel pour remplacer les machines routières dans le labourage mécanique. Les expériences de ce nouveau matériel basé sur l'emploi des machines Gramme commenceront à l'époque même où notre livre paraîtra.

C'est là une idée grandiose appelée à rendre d'immenses services à l'agriculture.

Comme toutes les grandes inventions, la machine Gramme a donné lieu à plusieurs revendications de priorité et a trouvé immédiatement des imitateurs plus ou moins honnêtes et plus ou moins heureux. De ces derniers nous ne dirons rien, car ils n'ont rien produit de bon jusqu'à présent et il est inutile de publier leurs noms, mais nous ne pouvons passer sous silence les revendications de MM. Worms de Romilly et Pacinotti, qui ont été adressées à l'Académie des sciences.

M. Worms de Romilly a exécuté, en 1866, une machine analogue à celle de M. Gramme ; mais au lieu d'enrouler le fil de cuivre sur l'anneau en fer, toujours dans le même sens, M. Worms enroulait ses bobines partielles dans des sens différents ; il était donc forcé de redresser les courants produits. M. Pacinotti a construit pour l'université de Pise, en 1861, une machine électro-motrice que nous avons vue en 1873 à l'exposition de Vienne, laquelle est identique, comme principe, à celle de M. Gramme. M. Pacinotti indique même, dans *Il Nuovo Cimento* de 1864, qu'en renversant la fonction de sa machine on peut obtenir un appareil magnéto-électrique ; seulement l'étude et la construction de cette machine sont si défectueuses, qu'elle n'a jamais donné de bons résultats, ni fait supposer que son principe fût supérieur à celui de toutes les autres machines. Il a fallu l'apparition de la machine Gramme, en 1871, pour que M. Pacinotti lui-même se souvînt de sa conception et fît une revendication très-juste d'ailleurs, au point de vue scientifique.

M. Figuier raconte, dans *les Merveilles de la science*, comment dix-huit ans avant la célèbre expérience d'Œrsted, relative à l'influence d'un courant électrique sur un aimant, Romagnosi avait remarqué *que le galvanisme faisait décliner l'aiguille aimantée*, sans que personne alors, pas plus

Romagnosi que les physiciens contemporains, n'eût entrevu les conséquences immenses de cette découverte, tandis que les travaux d'Œrsted révolutionnèrent le monde scientifique.

Ajoutons, avec M. Figuier, qu'il n'est pas rare de rencontrer, dans l'histoire des sciences, des faits analogues. Les grandes découvertes sont quelque temps, pour ainsi dire, dans l'air, avant qu'un homme se rencontre qui en comprenne toute la portée et rende fécond le germe depuis longtemps créé.

Il ne faudrait pas d'ailleurs croire que M. Pacinotti ait eu le premier l'idée des électro-aimants circulaires ; le docteur Page, de Washington, avait, dès 1852, construit un moteur qui diffère très-peu de celui de Pise, et qui, loin d'être un simple instrument de laboratoire, était adapté à une locomotive, laquelle fonctionna très-mal, il est vrai, mais enfin fonctionna[1].

Ce qui ne peut être contesté, c'est que si les machines magnéto-électriques à courants continus rendent aujourd'hui d'immenses services à la galvanoplastie, aux décompositions chimiques, à l'éclairage et à une foule d'autres industries, on le doit réellement et uniquement aux travaux de M. Gramme. Cet inventeur a, en effet, le premier réalisé industriellement un principe indiqué par un autre physicien, principe dont il n'avait été fait mention dans aucune publication française, anglaise ou allemande, et qui était tellement ignoré en 1869, qu'il a fallu que M. Gramme le découvrît de nouveau pour le mettre en pratique.

M. Pacinotti, dont nous ne contestons le mérite en aucune manière, cherchait surtout à convertir l'électricité en force motrice, tandis que M. Gramme ne s'occupait que du pro-

---

1. M. Pacinotti, dans son mémoire, ne fait mention d'aucune des dispositions qui ont fait le succès des machines Gramme : collecteurs groupés en un seul cylindre, électro-aimants à pôles conséquents, anneau en fil de fer, balais pour recueillir les courants, etc., etc.

blème inverse. Les vues du premier étaient sans horizon, limitées à un sentier déjà parcouru inutilement par une foule d'inventeurs ; celles du second étaient immenses et fécondes en applications utiles. Et c'est précisément cette différence dans le but à atteindre qui est cause de l'oubli où tombèrent les travaux de M. Pacinotti, tandis qu'à peine née, la machine Gramme captiva l'attention publique et que, depuis, son succès s'est affirmé dans le monde entier.

CHAPITRE VII

MACHINES GRAMME POUR LUMIÈRE ÉLECTRIQUE

Machine verticale à six barres d'électro-aimants et trois bobines. — Machine verticale à deux bobines. — Machine horizontale à quatre barres d'électro-aimants et une bobine double. — Comparaison entre une machine de l'*Alliance* et une machine Gramme au triple point de vue du poids, de l'emplacement et du prix. — Machine d'atelier type normal. — Mesures photométriques. — Différence entre les mesures prises sous divers angles. — Intensités lumineuses d'une machine d'atelier. — Machines Gramme à courants alternatifs.

La production de la lumière exige un courant d'une tension beaucoup plus grande que lorsqu'il s'agit d'applications galvanoplastiques ; aussi, au lieu de fils en cuivre d'un grand diamètre ou de bandes minces d'une grande largeur, M. Gramme a-t-il combiné des machines à fil plus petit et a-t-il augmenté sensiblement leur vitesse pour résoudre le problème de l'éclairage à l'électricité. Cette forte tension a même été l'une des difficultés les plus sérieuses qu'ait rencontrées l'inventeur dans ses études pratiques ; et ce n'est que petit à petit, à la suite de nombreux tâtonnements, qu'il est enfin arrivé à une solution irréprochable du problème.

La première machine à lumière exécutée par M. Gramme alimentait un régulateur de 900 becs Carcel ; son poids total atteignait 1,000 kilogrammes. Elle possédait trois anneaux mobiles et six barres d'électro-aimants. Un des anneaux excitait l'électro-aimant ; les deux autres produisaient le courant utilisable. Le cuivre enroulé sur les barres d'électro-aimants pesait 250 kilogrammes; celui des trois anneaux, 75 kilogrammes. L'emplacement nécessité pour son installation était de $0^m,80$ de côté sur $1^m,25$ de hauteur.

Cette machine, qui a servi longtemps pour les expériences sur la tour de Westminster à Londres, s'échauffait un peu en marchant et donnait naissance à des étincelles entre les balais métalliques et le faisceau de conducteurs sur lequel se recueille le courant; cependant elle n'a donné lieu, depuis cinq ans, à aucun inconvénient sérieux [1].

Entrant dans la voie des améliorations, M. Gramme a tout d'abord cherché à supprimer les étincelles et l'échauffement de sa machine, et, comme l'intensité de la lumière demandée alors par divers gouvernements ne dépassait pas 500 becs, il a été amené à réduire les dimensions de l'appareil primitif.

Nous représentons (fig. 46) cette première transformation. La machine a toujours six barres d'électro-aimants; mais, au lieu d'être groupées sur deux lignes droites, ces barres sont groupées en triangles. Deux anneaux permettent d'envoyer le courant total dans les électro-aimants, ou de magnétiser les électro-aimants avec l'un d'eux, ou enfin de produire deux lumières séparées.

Cette machine pèse 700 kilogrammes; sa hauteur est de $0^m,90$, sa largeur de $0^m,65$. Le poids du cuivre enroulé sur les barres d'électro-aimants est de 180 kilogrammes, celui des deux anneaux de 40 kilogrammes. Elle produit une lumière normale de 550 becs, qui s'est élevée dans des expériences à grande vitesse jusqu'au double. Quand on envoie le courant dans deux régulateurs, chacun d'eux donne 150 becs Carcel.

L'appareil ainsi constitué a été installé à bord du *Suffren*

---

1. C'est avec ce type primitif de machine Gramme qu'ont été faites les expériences de M. Douglass en Angleterre.

et du *Richelieu*, de la marine française : de la *Livadia* et du
Pierre-le-Grand, de la marine russe : il est employé par

Fig. 46. Machine verticale de 500 becs.

plusieurs gouvernements pour le service des places fortes.
La vitesse ne dépasse pas 400 tours à la minute. Aucun
échauffement nuisible ne se produit dans la bobine ou les

électro-aimants. Bref, la machine est excellente, mais son prix est un peu élevé et son intensité lumineuse un peu faible, lorsque l'atmosphère est brumeuse.

C'est pour remédier à ces deux inconvénients que l'inventeur a étudié la machine (fig. 47 et 48), laquelle a donné des résultats très-supérieurs à toutes celles qui l'avaient précédée.

Elle se compose de deux flasques en fonte disposées verticalement et réunies par quatre barres en fer, servant d'âmes aux électro-aimants. L'axe est en acier de très-bonne qualité ; ses portées sont relativement très-longues. L'anneau central, au lieu d'être formé d'un fil unique attaché par fractions égales à un collecteur commun, est formé de deux fils de même longueur enroulés parallèlement sur le fer doux et reliés à deux collecteurs pour la prise des courants. Les armatures des pôles des électro-aimants sont développées et embrassent les sept huitièmes de la circonférence totale de l'anneau central.

Les balais, au nombre de quatre, recueillent les courants développés.

L'électro-aimant est placé dans le circuit.

La longueur totale de la machine, poulie comprise, est de $0^m,800$; sa largeur de $0^m,550$ et sa hauteur de $0^m,585$. Son poids est de 400 kilogrammes.

La bobine double est reliée à 120 conducteurs, 60 de chaque côté. Son diamètre extérieur est de $0^m,230$. Le poids du fil enroulé de 14 kilogrammes.

Les barres d'électro-aimants ont un diamètre de $0^m,07$ et une longueur de $0^m,404$. Le poids total du fil enroulé sur les quatre barres est de 96 kilogrammes.

L'enroulement des fils sur l'anneau est ainsi fait, que les choses se passent exactement comme si l'on avait deux bobines complètes l'une à côté de l'autre, et ces deux bobines peuvent être accouplées en tension ou en quantité. Accouplées en tension, elles donnent une intensité lumineuse de 800 becs Carcel à 700 tours par minute. Accouplées en quantité, elles atteignent 2,000 becs Carcel à 1,350 tours par minute.

Ce type de machine a été adopté par le ministère de la guerre en France, par la marine et l'artillerie autrichiennes, par les gouvernements norvégien et turc, etc., etc. Partout où il est installé, il donne de très-bons résultats.

Une simple comparaison fera apprécier, à leur juste valeur, les perfectionnements apportés, en quelques années seulement, par M. Gramme aux machines magnéto-électriques produisant de la lumière.

Les machines de l'*Alliance* à six disques installées au phare de la Hève ont $1^m,60$ de longueur (poulies comprises), $1^m,30$ de largeur et $1^m,50$ de hauteur. Leur poids est d'environ 2,000 kilogrammes. Elles ont coûté 12,000 francs chacune. Leur intensité lumineuse est de 250 becs Carcel.

En ramenant la machine Gramme de 4 barres d'électro-aimants et la machine de l'*Alliance* de 6 disques, à une puissance de 100 becs Carcel, on trouve :

Pour la machine de l'*Alliance*, un poids de 800 kilogrammes, un volume de $1^{m3},20$ et un prix de 4,800 francs.

Pour la machine *Gramme*, un poids de 20 kilogrammes, un volume de $0^{m3},12$ et un prix de 300 francs.

C'est-à-dire que la machine Gramme est 40 fois plus avantageuse au point de vue du poids; 100 fois plus au point de vue du volume et 16 fois plus au point de vue du prix [1].

De simplification en simplification, l'inventeur a été amené

---

1. Nous comparons avec les machines établies au Havre ; il est possible que les machines de l'*Alliance* aient reçu, depuis cette installation, quelques perfectionnements ; mais, d'autre part, M. Gramme vient de faire une machine de 5,000 becs, beaucoup plus avantageuse au triple point de vue du poids, du volume et du prix.

à établir, pour l'industrie, un type à deux barres d'électro-aimants et à n'employer qu'un seul anneau central.

La figure 49 représente le type définitivement adopté pour les ateliers et les grands espaces à découvert.

La machine pèse 180 kilogrammes. Sa hauteur est de 0^m,60, sa largeur de 0^m,35 et sa longueur, poulie comprise, de 0^m,65.

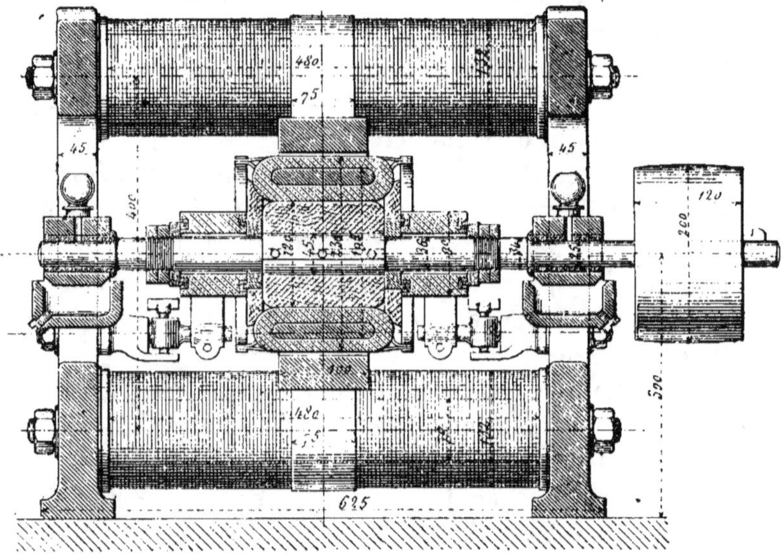

Fig. 47. Machine de 2,000 becs (coupe longitudinale).

Le cuivre enroulé sur les barres d'électro-aimants pèse 28 kilogrammes, celui de l'anneau pèse 4 kilogrammes et demi.

C'est avec aussi peu de cuivre et une vitesse de rotation ne dépassant pas 900 tours par minute qu'on a pu obtenir jusqu'à 1,440 becs Carcel, en se plaçant sous un certain angle, sans aucun abat-jour ni projecteur quelconque, les axes des deux charbons étant placés rigoureusement vis-à-vis l'un de l'autre.

Avant d'aller plus loin, il est essentiel de donner quelques explications sur la manière de prendre des mesures photométriques, lorsqu'il s'agit de comparer les pouvoirs éclairants d'une lampe électrique et d'une lampe à huile.

Quand, pour engendrer la lumière électrique, on se sert d'une machine à courants alternatifs, les deux charbons se taillent en pointe et s'usent à peu près également. La

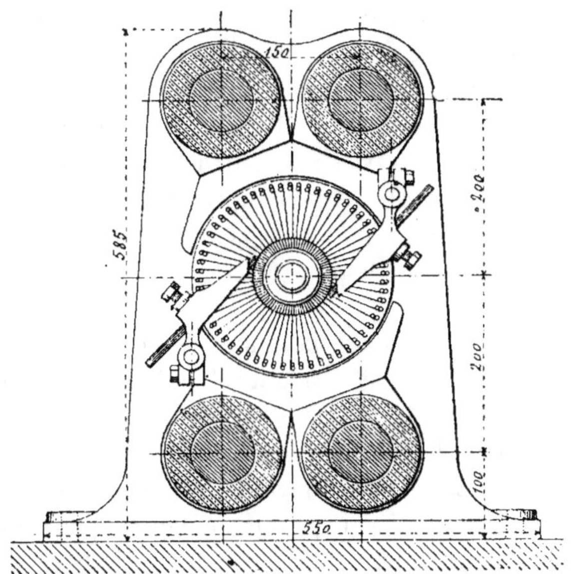

Fig. 48 . Machine de 2,000 becs (coupe transversale).

meilleure manière d'évaluer la lumière est alors de placer les deux lampes et le photomètre sur une même ligne horizontale, car rien ne masque la flamme de la lampe à huile ni le foyer de la lampe électrique. Lorsqu'on élèvera ensuite les deux lampes pour s'en servir utilement, on aura beaucoup moins de lumière, mais le rapport des deux sources lumineuses restera très-approximativement le même.

Quand on opère, au contraire, avec la pile ou avec une

machine à courants continus, comme celle de M. Gramme,
le charbon supérieur se creuse et le charbon inférieur se
taille en pointe ; les mesures prises horizontalement cessent
d'être exactes, car l'arc voltaïque est en partie logé dans la
petite cavité du charbon supérieur. Il faut alors placer les
lampes à la hauteur moyenne qu'elles doivent occuper, dans
les locaux à éclairer, et prendre ses mesures photométriques en obliquant le photomètre. Les intensités variant
avec la distance où l'on se trouve du foyer électrique, il est
bon de faire une série d'expériences lorsqu'on veut déterminer exactement la puissance lumineuse d'une machine.
En pratique, on peut se mettre horizontalement en ayant
soin d'obliquer la lampe suivant divers angles et de ramener les charbons verticalement après chaque constatation.
(Cette dernière précaution est de rigueur pour empêcher les
crayons de se tailler en biais ; l'arc tendant toujours à monter
verticalement.)

Quelquefois, on dispose la lampe de manière à renvoyer
presque toute la lumière en avant ; il suffit pour cela de placer le charbon positif un peu en arrière du charbon négatif,
les axes au lieu de se superposer étant distants de $0^m,003$
par exemple. Le charbon négatif continue de se tailler en
pointe, mais le charbon positif se taille obliquement et
forme un écran derrière le foyer et un véritable réflecteur
devant. Cet artifice, qui permet de doubler les effets d'un
appareil de projection, n'est pas possible avec les machines
à courants alternatifs, puisque les lampes qu'elles alimen-
tent n'ont, en réalité, aucun charbon spécialement positif ou
négatif.

Quand un industriel veut connaître l'intensité obtenue
avec un ou plusieurs appareils, il s'occupe peu des mesures
prises horizontalement dans un laboratoire, il demande seulement l'évaluation, aussi exacte que possible, de la lumière
utilisable. C'est pourquoi, lorsque nous désignons une ma-

chine par sa puissance, nous supposons toujours le foyer à 5 mètres d'élévation et l'observateur à 20 mètres de l'aplomb de la lampe.

Le tableau suivant indique les résultats obtenus avec une machine Gramme du type normal, une lampe Serrin et des crayons Gauduin n° 1.

Fig. 49. Machine d'atelier (type normal).

La force motrice employée ne dépassait pas 2 chevaux ou 150 kilogrammètres lorsque la machine faisait 820 tours, et 3 chevaux lorsqu'elle faisait 900 tours. La lampe électrique était placée d'abord à 25, puis à 200 mètres de la machine Gramme qui l'alimentait.

Les intensités mesurées horizontalement, la lampe, le foyer électrique et le photomètre en ligne droite, ont été en moyenne de :

293 becs avec une vitesse de . . . . . . 828 tours.
206 — . . . . . 870 —
403 — . . . . . 920 —

INTENSITÉS LUMINEUSES D'UNE MACHINE GRAMME (TYPE D'ATELIER)

NOMBRE de tours de la machine par minute	DISTANCE de l'observateur à la lampe	HAUTEUR de la lampe	NOMBRE de becs Carcel	OBSERVATIONS
820	45^m,00	5^m	308	L'écart des charbons n'a
820	22 50	5	450	pu être maintenu qu'à
820	10 00	5	515	3^{mm}, parce que la ten-
820	5 00	5	600	sion électrique était
820	2 50	5	612	trop faible.
870	45 00	5	400	Bonne tension, écart bien
870	22 50	5	550	régulier de 3^{mm}. Mar-
870	10 00	5	810	che tout à fait satisfai-
870	5 00	5	1100	sante.
870	2 50	5	1130	
920	45 00	5	452	Trop de tension. Les
920	22 50	5	704	crayons rougissent sur
920	10 00	5	1207	une grande longueur.
920	5 00	5	1420	La lumière est moins
920	2 50	5	1440	fixe.

Les résultats consignés dans le tableau ci-dessus n'ont pas été obtenus avec une machine spéciale choisie dans toute une série, on a essayé successivement plusieurs machines de la fabrication de MM. Sautter et Lemonnier, puis on a répété les expériences sur des machines exécutées par MM. Mignon et Rouart ; les intensités observées n'ont pas varié sensiblement et ne sont, dans aucun cas, descendues au-dessous de 300 becs lorsqu'on se plaçait à 45 mètres du régulateur, et de 200 becs lorsqu'on plaçait la lampe, le régulateur et le photomètre horizontalement sur une même ligne droite.

La moyenne de la lumière répandue sur une surface de 500 mètres carrés a été de 500 becs Carcel ; à 20 mètres de la lampe électrique, on était aussi bien éclairé que si l'on eût eu une lampe à huile (mèche de 12 lignes) à 1 mètre de distance ; à 5 mètres, la lumière correspondait à celle d'une lampe à huile placée à 0^m,55.

M. Gramme, avant d'inventer la machine à courants continus qui porte son nom, avait beaucoup étudié les machines à courants alternatifs, et l'on peut voir dans son brevet du 26 janvier 1867 le germe de plusieurs idées qui, depuis, ont été réalisées par d'autres inventeurs. Ainsi, la disposition d'une série de bobines rayonnant autour d'un disque en fer et formant un véritable pignon d'induction ; la forme d'œufs donnée aux bobines afin de loger la plus grande quantité possible, de fils à induire, dans un espace donné ; la position des aimants qui, au lieu d'être placés dans le sens des rayons, sont couchés longitudinalement et parallèlement à l'axe, etc., etc. C'est également dans ce brevet que se trouve la première indication donnée en France de la possibilité d'intercaler les électro-aimants dans le circuit des bobines pour en augmenter la puissance[1].

Dès que l'invention de M. Jablochkoff fut connue. M. Gramme laissa provisoirement ses études sur les courants continus pour combiner une machine à courants alternatifs propres à brûler lesdites bougies.

Voici une description succincte de l'appareil auquel il s'est arrêté.

La nouvelle machine que nous représentons en coupe longitudinale, fig. 50, et en coupe transversale et profil, fig. 51, se compose : 1° de deux flasques à peu près circulaires D, reliées entre elles d'une manière rigide par huit entretoises cylindriques en cuivre E ; 2° d'un arbre en acier F, portant, par l'intermédiaire de deux tourteaux en fonte H et d'un moyeu octogonal, également en fonte, I, huit barres d'électro-aimants, KK ; 3° d'une série de bobines en cuivre $a\,b\,c\,d$ enroulées, soit sur un fer doux annulaire, soit sur une série

---

1. Les notes de MM. Siemens et Wheatstone sur le magnétisme rémanent et sur la possibilité d'exciter une machine par elle-même, ont été envoyées à la Société Royale de Londres, la première le 14 et la seconde le 24 février 1867, c'est-à-dire après la prise du brevet de M. Gramme.

de segments circulaires en fer doux ajustés bout à bout et
retenus par une frette extérieure en cuivre ; 4° de deux rondelles isolées NN sur lesquelles viennent s'appuyer deux
balais P ; 5° de deux disques minces TT qui servent à
maintenir les armatures de l'électro-aimant ; 6° d'un socle R
portant le bâti et la traverse U ; 7° d'une garniture SS en
acajou verni, percée d'un grand nombre de trous pour la

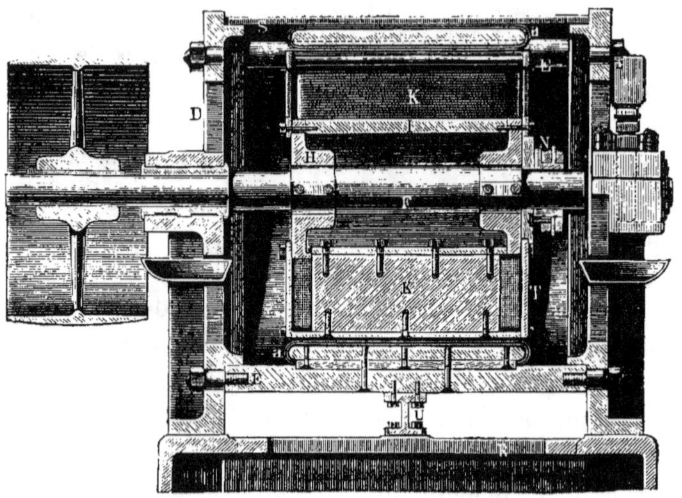

Fig. 50. Machine Gramme à courants alternatifs.

ventilation des bobines ; 8° et de plusieurs pièces accessoires
destinées à assurer la stabilité de l'ensemble, à protéger les
organes en mouvement et à réunir solidement les diverses
parties fixes de l'appareil.

Les balais sont en fil de cuivre argenté et les rondelles N
en cuivre jaune. Ces pièces servent à l'introduction d'un
courant électrique dans l'électro-aimant. Généralement, on
emploie pour l'obtention de ce courant une machine Gramme
à courants continus, mais on peut, tout aussi bien, exciter
l'électro-aimant par une autre source électrique et même

agencer une bobine circulaire spéciale sur le bâti de la
machine à courants alternatifs.

L'électro-aimant a huit pôles simples, alternés de façon
qu'un pôle boréal succède à un pôle austral, et des armatures
très-épanouies laissant entre elles un très-petit espace. Les
bobines extérieures en cuivre sont au nombre de 32, ce qui

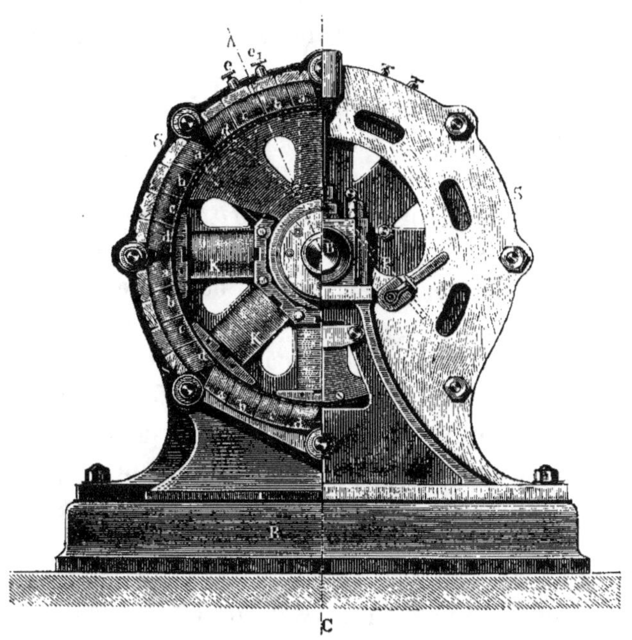

Fig. 51. Machine Gramme à courants alternatifs.

permet d'obtenir à volonté 32 courants distincts ou de coupler les fils pour n'avoir que 16, 8, ou seulement 4 courants
comme cela a lieu dans les appareils qui fonctionnent actuellement à l'Hippodrome, sur la place de l'Opéra, etc.

L'électro-aimant excitateur étant mis en mouvement par
un moteur quelconque, ses armatures en fer passent très-
près des spires de cuivre à induire et font naître en elles
un courant électrique d'autant plus puissant que le pouvoir

magnétique de l'électro-aimant est plus énergique, et la vitesse de rotation plus grande ; et, comme les pôles de l'inducteur sont alternativement de noms contraires, les courants produits dans chaque bobine changent de sens à chaque instant.

En se reportant à la théorie de l'induction, on comprendra aisément que les courants engendrés dans les bobines sont d'une intensité variable suivant la position des bobines par rapport aux armatures, mais que cette intensité est constante dans toutes les bobines pour une même position.

Ainsi les bobines $a\,a\,a\,a$ sont influencées de la même manière, pendant une révolution complète de l'électro-aimant ; dans les autres groupes $b\,b\,b\,b$, $c\,c\,c\,c$ et $d\,d\,d\,d$, chaque bobine se comporte également toujours de la même manière, quelle que soit la position des armatures par rapport à l'ensemble des spires induites. Il résulte de là, que pour coupler la machine en quatre circuits de tension, il suffit de réunir entre elles les 1re, 3e, 5e et 7e bobines a, puis, dans le même ordre les bobines b, c, d, pour un des pôles de chaque circuit ; et les 2e, 4e, 6e et 8e bobines a, puis, dans le même ordre, les bobines b, c, d, pour l'autre pôle de chaque circuit.

La prise des courants se fait directement sur les bobines fixes, ou plus simplement sur les bornes extérieures servant à réunir les diverses spires d'un même groupe de bobines.

Nous n'entrerons dans aucun détail pour expliquer comment les courants naissent et se développent dans la machine Gramme à courants alternatifs. Cela est suffisamment expliqué par les considérations développées dans le chapitre 5. Nous nous bornerons à indiquer en quelques traits rapides, ce qui la caractérise des autres systèmes.

Cette machine a cela de commun avec celle de M. Holmes à électro-inducteurs, que ce sont précisément les inducteurs qui se meuvent devant les bobines induites contrairement

aux machines primitives qui possédaient des bobines à
induire, tournant devant les électro-aimants. La combinaison
de M. Holmes a été publiée en 1869 et appliquée, vers la
même époque, par M. Gramme dans sa première machine à
courants continus.

En comparant l'appareil qui nous occupe avec tous les
autres appareils similaires à courants alternatifs, on recon-
naît de suite que leur différence essentielle réside dans la
position réciproque des bobines et des électro-aimants,
M. Gramme, en effet, fait agir ses armatures magnétisées
directement sur les spires de cuivre, tandis qu'avant son
invention on faisait agir les électro-aimants et les bobines
fer contre fer. Dans les anciennes machines, le fer polarisé
par les électros réagissait sur les spires qui l'enveloppaient,
il était donc un intermédiaire qui, naturellement, ne rend
pas 100 pour 100 de l'effet utile. Dans la nouvelle machine,
le fer ne sert qu'à exciter les rayons magnétiques, pour leur
faire traverser les spires de cuivre superposées et qu'à
détruire presque complètement les réactions directes
qu'exerceraient, sans lui, les pôles de l'électro-aimant, les
uns contre les autres.

En comparant maintenant la machine Gramme à courants
alternatifs avec la machine Gramme à courants continus, on
remarquera que ces deux conceptions diffèrent aussi bien
dans leur principe que dans leur construction et leur effet.
Le principe de la machine Gramme à courants continus peut
être résumé ainsi : rotation d'une spire de cuivre sans fin
enroulée sur un anneau en fer doux, devant des pôles magnétiques quelconques. La construction est caractérisée par un
collecteur de courants et par un électro-aimant à pôles conséquents. Le résultat obtenu est un courant électrique continu
analogue à celui des piles. La machine à courants alternatifs
repose sur le principe de la rotation d'un électro-aimant
agissant directement sur des spires de cuivre extérieures,

absolument isolées les unes des autres; sa construction est caractérisée par un électro-aimant à pôles simples et par l'enroulement des spires de cuivre qui peut être fait indifféremment dans un sens pour une partie des bobines, et dans l'autre sens pour le reste : son résultat enfin est la production de courants alternatifs analogues à ceux des machines Clarke et de l'*Alliance*.

Nous insistons sur ces différents points parce qu'il y a toujours des personnes disposées à trouver une grande ressemblance entre les machines dont les effets sont à peu près identiques et à accuser de plagiat les chercheurs qui ont précisément, comme M. Gramme, pour qualité primordiale une grande originalité dans les idées, et un imprévu exceptionnel dans les combinaisons mécaniques.

La première machine, construite avec une armature circulaire pour la production des courants alternatifs, a été essayée au palais de l'Industrie, à Paris, le 3 juillet 1877, et chez MM. Sautter et Lemonnier, au mois de décembre de la même année. Modifiée un peu dans ses détails, elle a été installée, dès le mois de janvier 1878, pour l'éclairage de la place de l'Opéra, où elle fonctionne depuis seize mois, à la grande satisfaction du public.

En un an, plus de cent cinquante machines de ce système ont été livrées à la Société qui exploite le brevet de M. Jablochkoff.

M. Gramme essaie actuellement une machine à courants alternatifs s'excitant elle-même. Les premières expériences ont donné des résultats tout à fait remarquables.

CHAPITRE VIII

MACHINES MAGNÉTO-ÉLECTRIQUES DIVERSES

Machine Niaudet. — Machines Lontin. — Machine Alteneck. — Machine Brush. Machine Wallace. — Machine Meritens.

Machine Niaudet

En 1872, M. Alfred Niaudet, qui avait beaucoup expérimenté la machine Gramme, combina un appareil donnant des courants continus sans bobine annulaire centrale, mais en employant un recueilleur de courants comme celui de M. Gramme.

Nous représentons, figure 52, la machine de M. Niaudet. Elle se compose, comme on voit, d'une série de bobines circulaires placées entre deux plateaux et tournant entre les pôles de deux aimants permanents. Les bobines des électro-aimants sont toutes rattachées les unes aux autres ; le bout entrant de chacune étant lié au bout sortant de la bobine voisine ; exactement comme une série d'éléments galvaniques réunis en tension, c'est-à-dire le pôle positif de chacun lié au pôle négatif du suivant. Quand le plateau tourne dans le sens de la flèche, en supposant le pôle N de l'aimant en bas et le pôle S en haut, voici ce qui se passe dans une bobine quelconque : à mesure qu'elle s'éloigne du pôle N,

il s'y développe un courant d'un certain sens, et ce courant
reste de même sens pendant tout le temps que la bobine va
du pôle N au pôle S, car l'approche du pôle S a la même
influence que l'éloignement du pôle N, et ces deux effets sont
concourants. Mais pendant la seconde demi-révolution de la
bobine, elle s'éloigne du pôle S et s'approche du pôle N, et
par conséquent le sens du courant est inverse de ce qu'il était
dans la première moitié du mouvement.

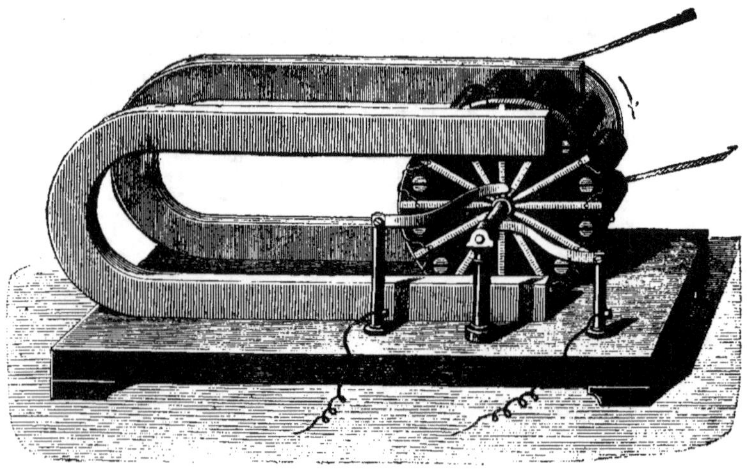

Fig. 52. Machine de Niaudet.

Voyons maintenant ce qui se passe dans l'ensemble. A un
moment quelconque, considérons toutes les bobines placées à
droite de la ligne des pôles ; elles sont toutes parcourues par
des courants de même sens, qui sont associés en tension. Au
même moment, les bobines placées à gauche de la ligne des
pôles sont parcourues par des courants de sens inverse aux
premiers et comme eux associés en tension. La somme des
courants de droite est d'ailleurs manifestement égale à celle
des courants de gauche. L'ensemble peut donc être considéré
comme deux piles de six éléments opposées l'une à l'autre

par leurs pôles de même nom. Or, si un circuit électrique
est mis en communication par ses deux extrémités avec les
points où ces deux séries d'éléments sont opposées, il est
parcouru à la fois par les courants des deux piles, qui se
trouvent alors associés en quantité.

Par analogie, pour recueillir les courants développés dans
la machine Niaudet, il faut établir des frotteurs qui touchent
les points de liaison des différentes bobines entre elles, au
moment où ils passent sur la ligne des pôles. A cet effet, les
pièces métalliques sur lesquelles se fait la prise des courants
sont dirigées radialement et communiquent avec les points
de jonction des bobines.

Des expériences comparatives faites avec les machines
Gramme et Niaudet ont démontré, qu'à égalité de magnétisme et de fil employé à la confection des bobines, les
machines Gramme produisent un courant électrique beaucoup plus grand, tout en exigeant beaucoup moins de force
motrice.

Machines Lontin

M. Lontin a combiné deux machines magnéto-électriques, que nous avons eu l'occasion de voir à l'Exposition
de 1878, l'une pour la production des courants continus,
l'autre pour la production des courants alternatifs.

La première de ces machines est représentée figure 53.
Elle se compose d'un disque central en fer P sur lequel sont
fixées des dents équidistantes en fer, rayonnant vers le
centre d'un électro-aimant A A'.

Les dents en fer sont recouvertes de fils de cuivre et forment autant de bobines dont les pôles D sont rigoureusement
à égale distance du centre. Le fil de cuivre est placé de
manière à former un circuit sans fin et à cet effet l'extré-

mité de chaque bobine est attachée au commencement de la bobine suivante.

Toute la partie centrale de la machine est mobile autour de son axe et les pôles D passent successivement devant les pôles S et N de l'électro-aimant.

Pour recueillir les courants, M. Lontin se sert également d'un collecteur cylindrique composé d'autant de coins en cuivre qu'il y a de dents au pignon. Ces coins sont isolés les

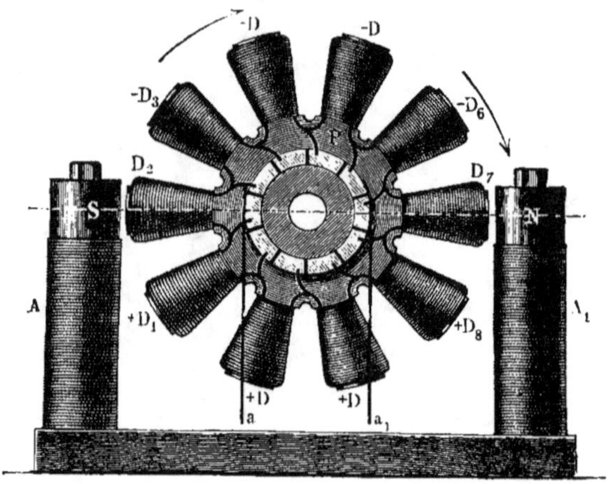

Fig. 53. Machine Lontin à courants continus

uns des autres et chacun d'eux est relié métalliquement à l'une des bobines rayonnantes. Deux lames de cuivre a, a_1 frottent sur le collecteur et envoient le courant là où il doit être utilisé, et dans les fils de l'électro-aimant A A' pour l'exciter.

Cette machine, brevetée en 1874, est identique, quant au principe de production d'électricité, à celle de M. Niaudet; les détails de construction seuls diffèrent. M. Niaudet dispose ses bobines entre deux plateaux en bois, dans le sens de l'axe de la machine, et il les fait tourner entre les pôles d'un aimant. M. Lontin place ses bobines sur un disque en

fer, normalement à l'axe et il les fait tourner devant les pôles
d'un électro-aimant. Mais, dans les deux combinaisons on
est toujours en présence d'une série de bobines tournant
entre deux pôles magnétiques. Dans toutes les autres machines magnéto-électriques à bobines multiples, on employait
autant de bobines que d'aimants. M. Niaudet est le premier

Fig. 54. Machine Lontin à courants alternatifs.

qui ait imaginé de faire influencer un grand nombre de
bobines par deux seuls pôles magnétiques.

Le recueilleur du courant est une copie non dissimulée
de celui de M. Gramme.

La deuxième machine brevetée par M. Lontin est représentée figure 54.

Elle se compose de 24 électro-aimants inducteurs A A A
et d'un même nombre d'électro-aimants induits B B B; les
premiers mobiles, les autres fixes.

Les électro-aimants intérieurs sont solidement fixés à un anneau central en fer; l'anneau est boulonné sur une poulie, laquelle est clavetée sur l'arbre recevant le mouvement du moteur. Deux tiges en laiton aa attachées en F et F, sont destinées à amener le courant qui doit exciter les électro-aimants inducteurs.

Les électro-aimants extérieurs sont fixés sur le cercle b. L'ensemble repose sur le bâti D.

Le courant est divisé et dirigé au dehors de la manière suivante : les extrémités des fils des bobines induites sont attachées de chaque côté de la machine, en M et N, et les fils L et L_1, partant de ces points, vont jusqu'aux régulateurs de lumière électrique.

Un commutateur M est disposé de manière à envoyer le courant dans 12 directions simultanément, au moyen d'une série de plaques et de bornes m et m_1. La borne m, qui reçoit le fil d'un des électro-aimants B, est reliée au contact et la borne m_1, qui reçoit le fil aboutissant au régulateur, communique avec un interrupteur à manettes I.

Cette machine est excitée à l'aide du générateur d'électricité à courants continus dont nous avons parlé tout à l'heure.

Comme on le voit, la deuxième combinaison de M. Lontin basée sur le principe des bobines inductrices tournant devant les pôles des bobines induites, est une réminiscence de l'invention de M. Holmes, représentée fig. 33. Les organes sont assez bien agencés, mais la machine qui figurait à l'Exposition laissait beaucoup à désirer au point de vue de l'exécution et de l'aspect général.

Plusieurs expériences ont été faites à Paris et à Londres avec les machines de M. Lontin, mais jusqu'à ce jour elles n'ont pas donné de résultats tout à fait satisfaisants, et nous ne connaissons aucune installation industrielle où ces machines soient en usage.

Machines Hefner Alteneck

Les machines magnéto-électriques de M. Hefner Alteneck
sont généralement connues sous le nom de *machines Siemens*,
parce qu'elles sont construites par la célèbre maison Siemens
et Halske de Berlin.

Après le système Gramme, dont le succès est d'ailleurs
beaucoup plus grand, même hors de France, c'est celui de
M. Alteneck qui jouit de la meilleure réputation. Nous le
décrirons donc avec quelques détails.

Le principe de cette machine est presque identique à celui
de la machine Gramme. Dans les deux combinaisons, on
remarque une armature circulaire centrale entièrement
garnie de spires de cuivre et tournant entre deux pôles
magnétiques. Seulement au lieu de constituer son armature
avec un anneau, comme M. Gramme, M. Alteneck prend un
tambour mince en fer terminé par 2 calottes bombées et il
l'enveloppe extérieurement de fils de cuivre, de manière à
former une sorte de pelote allongée, dont toutes les parties
sont directement influencées par les pôles magnétiques, sauf
cependant celles qui garnissent les deux calottes bombées.
Les figures 55 et 56 représentent la combinaison primitive
à laquelle s'est arrêté M. Alteneck, et qui a été exposée pour
la première fois à Vienne, en 1873.

Sur un socle en bois se trouve fixé un bâti $m\,m$, supportant un électro-aimant E, E, E$_1$, E'$_1$, à pôles conséquents[1],
et deux montants D$_1$ et D$_2$. L'axe C fait corps avec un
cylindre en fer très-épais $s\,n\,s_1\,n_1$, et il est maintenu fixe
par deux vis couronnant les montants D$_1$ et D$_2$. Le tambour

---

1. L'emploi des électro-aimants à pôles conséquents dans les machines
magnéto-électriques industrielles est une propriété de M. Gramme, qui l'a fait
breveter en France en 1872.

sur lequel est enroulé le fil de cuivre est maintenu par les disques $a\,b$ et $c\,d$, lesquels disques sont terminés par deux portées creuses frottant sur les coussinets des supports F_1 et F_2. Une poulie Q est fixée au disque $c\,d$ et sert à communiquer le mouvement du moteur à l'armature centrale. La partie qui termine le disque $a\,b$ reçoit extérieurement une rondelle $P\,P_1$ et une série de plaques x, x, x, reliées avec les bobines partielles de l'armature centrale. Les plaques x servant à recueillir les courants par l'intermédiaire de deux

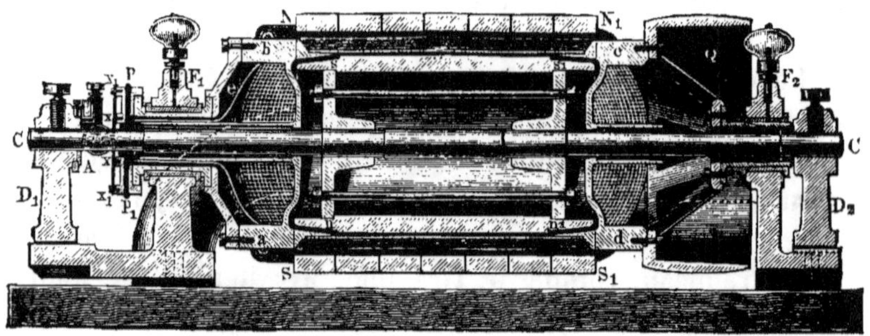

Fig. 55. Machine Hefner Alteneck (modèle 1873).

galets que supporte un petit mécanisme fixé à la traverse supérieure A B du montant D_1, figure 56.

Les électro-aimants ont une grande surface d'armatures. Cette surface est constituée au moyen de 8 barres méplates contiguës, embrassant les deux tiers du développement des spires sur toute la partie rectiligne du tambour central.

Lorsqu'on fait tourner la poulie Q, celle-ci entraîne le tambour, et les spires passent aussi près que possible des armatures extérieures et du cylindre intérieur qui fait corps avec l'arbre et qui, comme lui, reste fixe. Les pôles $N\,N_1$ et et $S\,S_1$ développent dans le cylindre intérieur des pôles de non-contraires et donnent ainsi naissance à un puissant champ magnétique dans l'intérieur duquel passent successivement les fils à induire.

Pour bien comprendre comment les fils sont disposés par rapport au collecteur, il est nécessaire de se reporter aux figures 57 et 58 qui représentent, la première l'extrémité du tambour à l'opposé de la poulie motrice, et la seconde une vue théorique des attaches de fils.

Les huit groupes de fils qui garnissent entièrement le tambour ont leur seize bouts désignés par les chiffres 1, 2, 3... 8,

Fig. 56. Machine Hefner Alteneck (modèle 1873).

1', 2', 3'.... 8'. Le premier groupe commence par 1 et finit par 1'; le deuxième groupe commence par 2 et finit par 2', et ainsi de suite. Les signes + et — indiquent la direction du courant qui sort de chaque groupe pris isolément pour une position déterminée, quand le tambour tourne autour des pôles N et S dans le sens de la flèche.

Aux deux positions diamétralement opposées de la partie centrale des secteurs, M. Alteneck dispose les galets R et R₁, qui s'appuient sur la surface du collecteur formé par l'ensemble des secteurs. Quand le tambour tourne, lesdits secteurs passent successivement sous les deux galets, et, pendant ce contact, ils relient les fils du tambour à deux bornes fixes recevant les fils du circuit extérieur. Les positions où les collecteurs touchent les galets doivent être celles où se fait un changement de courant, comme cela a lieu dans la machine Gramme.

Nous appellerons ligne médiane celle qui unit les secteurs g et c, figure 58, et ligne des pôles celle qui joint les milieux N et S des champs magnétiques.

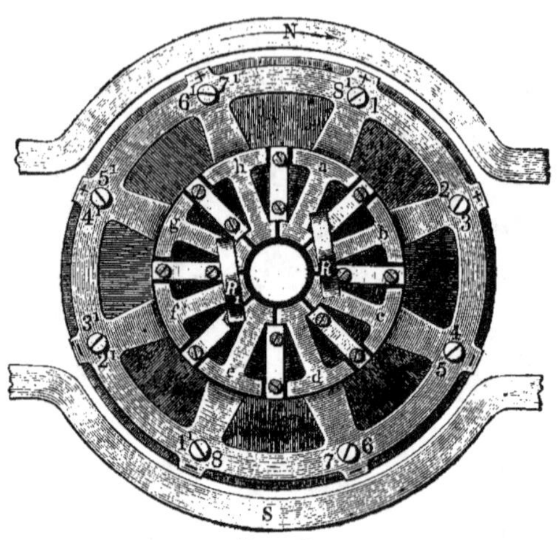

Fig. 57.

Pendant le mouvement du tambour, ce sont les fils qui passent sur la ligne des pôles qui reçoivent les courants les plus intenses; au contraire les fils qui passent sur la ligne médiane ou aux points neutres des champs magnétiques ne reçoivent pas de courant. Entre ces limites il se forme des courants, qui par la rotation du tambour, dans le sens de la flèche, augmentent d'intensité à gauche de N et diminuent jusqu'à zéro à droite de cette position.

Tant qu'un fil du tambour se meut entre la ligne médiane et la ligne des pôles, et se trouve sur le parcours $g\,a\,c$, le courant qui va d'abord en croissant puis en diminuant, a la même direction ; la même chose se passe, quand la même moitié de fil se trouve sous la ligne médiane, sur le parcours $c\,e\,g$, avec cette différence que dans le même fil, le courant a changé de direction.

La ligne médiane est donc, comme nous l'avons dit, la position où le courant change pour chaque fil, et c'est aux points g et c du collecteur qu'il faut placer les galets pour recueillir les courants engendrés par la rotation du tambour.

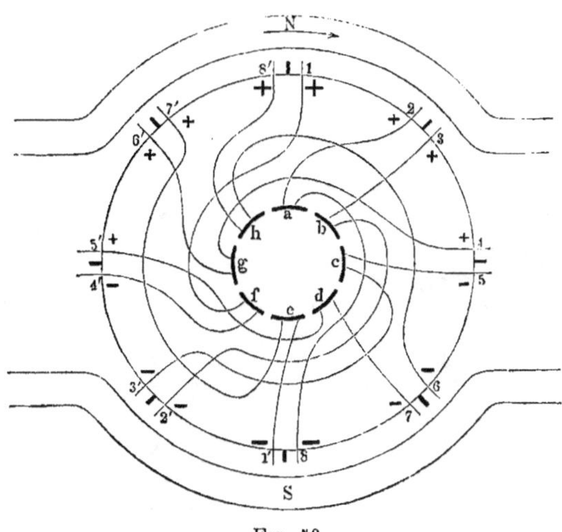

Fig. 58.

Ces courants pourront ainsi être dirigés à l'extérieur avant d'être annulés par les courants de sens contraire qui les suivent.

Les secteurs de a à h ne réunissent que deux parties du fil d'ailleurs parfaitement séparées entre elles. La longueur totale des 8 fils se compose de deux portions aboutissant en g et en c; c'est-à-dire de la portion continue $c\,5\,5'\,d\,7\,7'\,e\,1'\,1\,f\,4'\,4\,g$ et de la deuxième portion $c\,3'\,3\,b\,2'\,2\,a\,8\,8'\,h\,6\,6'\,g$. Les courants d'induction correspondant aux fils qui forment une même portion sont ainsi de même sens. De plus, dans la position du fil, représentée sur la figure 58, le courant sort en g pour passer dans le circuit extérieur et rentrer en c.

En continuant à faire tourner le tambour dans le sens de la flèche, le secteur b prend la place du secteur c et le secteur f celle du secteur g; mais le courant sortant est toujours recueilli, à la même place, par le galet placé en g

Fig. 59. Machine Hefner Alteneck, modèle de 1875.

et le courant rentrant est toujours recueilli par le galet placé en c.

Il est clair, d'après cela, que le courant engendré est toujours de même sens. A égale vitesse, il a la même intensité; car les courants inégaux qui se produisent dans les 8 fils se réunissent à chaque rotation en un courant total dont la puissance dépend de la vitesse.

La machine Alteneck, ainsi conçue et exécutée, pouvait

être considérée, sinon, comme absolument originale, puisqu'elle empruntait à celle de M. Gramme les pôles conséquents et l'idée de *faire tourner des fils à induire directement, sans aucun intermédiaire, devant des pôles inducteurs*, du moins comme une œuvre très-intéressante et digne de fixer l'attention du monde savant. Malheureusement, les difficultés d'exécution, d'une part, et l'usure rapide des collecteurs, d'autre part, n'ont pas permis aux constructeurs

Fig. 60. Machine Hefner Alteneck, modèle de 1878.

de lui conserver son caractère propre. Ils ont commencé par emprunter au type normal de la machine Gramme la disposition de ses collecteurs (fig. 59) et par faire tourner l'armature intérieure avec l'axe, en supprimant le tambour. Puis, n'obtenant pas encore de bons résultats, ils ont copié les détails caractéristiques : balais, collecteurs et mode d'attache de fils de M. Gramme (fig. 60). De sorte que la machine actuelle, construite par MM. Siemens et Halske de Berlin, peut être considérée comme une machine Gramme à armature cylindrique et à larges électro-aimants.

MM. Siemens et Halske fabriquent également des machines destinées à la combustion des bougies Jablochkoff, mais nous n'avons pas encore de renseignements bien précis sur leur construction et leur usage. Tout ce que nous savons, c'est que l'appareil produisant les courants alternatifs est formé d'une série de bobines disposées sur un anneau en fer et tournant entre deux rangées d'électro-aimants circulaires fixés d'une manière équidistante sur des bâtis circulaires.

Les mêmes constructeurs ont imaginé, récemment, une disposition pour magnétiser les inducteurs, qui diffère un peu de celle en usage dans les machines ordinaires.

Voici, d'après le docteur Schellen, en quoi consiste cette disposition, dont les avantages, à première vue, ne nous paraissent pas bien importants, mais qu'il nous paraît cependant utile de signaler.

« MM. Siemens et Halske désignent sous le nom de *chaînes dynamo-électriques*, un nouveau moyen de renforcer alternativement le magnétisme, et d'obtenir de puissants courants d'induction, pouvant agir collectivement ou séparément. Cette méthode est une modification du principe dynamo-électrique, en ce que les courants induits, développés dans une bobine qui se meut devant une paire de pôles magnétiques, ne sont pas employés à renforcer ces pôles, mais à augmenter la puissance d'autres pôles magnétiques, qui réagissent de leur côté sur une bobine en mouvement. Les courants de cette deuxième bobine sont utilisés à produire l'aimantation d'une troisième paire de pôles ; ceux-ci sont employés à développer des courants électriques dans une autre bobine d'induction et ainsi de suite, jusqu'aux courants engendrés dans la dernière bobine qui servent au renforcement des premiers pôles magnétiques.

« Les productions et renforcements alternatifs de courants

et de polarité magnétique, dans chacun des électro-aimants et dans chacune des bobines, forment ainsi un *circuit fermé* de sources et d'influence, dans lequel le travail de chaque élément passe par les autres éléments avant de revenir sur lui-même.

« Ici, comme dans les machines magnéto-électriques ordinaires, la transformation du travail développé, par la rotation des bobines, en électricité augmente la puissance des pôles magnétiques et l'énergie des courants, jusqu'au moment où ces pôles atteignent la force qui correspond à la capacité magnétique du fer doux et aux autres in-fluences.

« Si plusieurs électro-aimants possèdent à l'origine du mouvement, comme c'est le cas dans la pratique, un faible degré d'aimantation, la somme des effets qui en résultent exerce son influence et détermine le degré définitif de pola-rité des différents aimants qui se trouvent dans la chaîne dynamo-électrique.

« Le nombre des systèmes de pôles magnétiques et de bobines d'induction correspondantes qui constituent une pareille chaîne, peut être aussi grand qu'on voudra. Chacun d'eux peut former une machine spéciale. On peut aussi réunir, en une seule machine, l'ensemble des systèmes ou quelques-uns d'entre eux.

Machine Brush

Vers la fin de 1876, M. Brush de Philadelphie fit exécuter une machine à courants alternatifs qui a déjà reçu plusieurs applications aux États-Unis. Nous la représentons figure 61. Cette machine a pour champ magnétique deux électro-aimants en fer à cheval dont les pôles semblables se regardent. L'armature centrale est formée d'un anneau de fer divisé en 16 parties, dont une moitié est garnie de fils

de cuivre et l'autre de coins en fer; de sorte que l'anneau
dénudé ressemble à une roue d'engrenage ayant huit
dents intérieures et huit dents extérieures dans le prolongement des premières. C'est exactement la disposition adoptée par M. Pacinotti pour l'armature de son moteur électrique.

Les bobines sont directement reliées à celles qui leur sont
diamétralement opposées, et l'ensemble de la machine comprend quatre circuits et quatre commutateurs.

La figure 62 montre la disposition des hélices et un des
commutateurs. Deux arcs de cuivre A et B sont placés sur
l'arbre et laissent entre eux, de chaque côté, un espace
vide garni d'une substance isolatrice. Ces arcs sont égale-
lement isolés électriquement du corps de l'arbre qui les
entraîne.

La bobine b est reliée, d'une part, à la bobine d, et d'autre
part à la partie B du commutateur; la bobine d est reliée à
la partie A du commutateur. Deux lames de cuivre a et b
recueillent le courant redressé et l'envoient dans les électro-
aimants et le circuit extérieur.

Ainsi, au lieu de produire des courants continus en reliant
chaque bobine à l'un des éléments d'un collecteur central,
comme le font M. Gramme et ses contrefacteurs, M. Brush
préfère produire des courants alternatifs et les redresser
ensuite pour alimenter ses régulateurs. Il aurait pu ne
redresser qu'une partie de courant afin d'exciter les inducteurs et se servir des courants alternatifs pour obtenir la
lumière électrique, mais il a très-bien compris l'avantage
des courants continus, et nous devons le féliciter d'avoir basé
ses combinaisons sur des expériences directes au lieu d'ac-
cepter sans contrôle les idées reçues jusqu'alors. On peut,
avec une seule machine Brush à huit bobines, alimenter
quatre régulateurs et combiner les circuits pour l'obtention
de courants plus ou moins intenses.

Machine Farmer-Wallace

M. G. Farmer, ingénieur à Boston, a fait exécuter, en 1876, un système de machine qui a été perfectionné, pen-

Fig. 61. Machine Brush.

dant la construction, par M. Wallace, mécanicien à Ansonia. Cette machine, représentée figure 63, est également

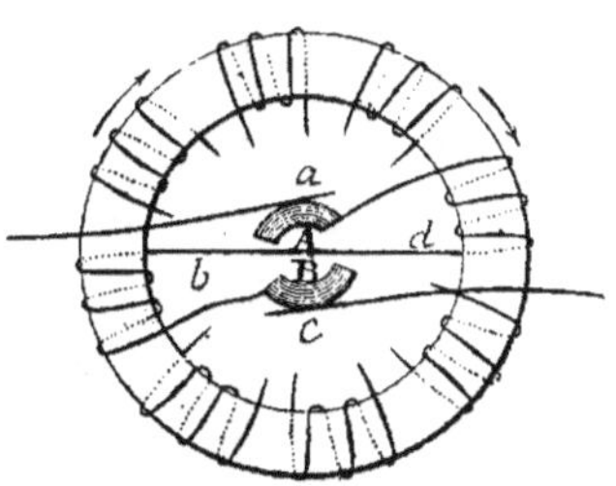

Fig. 62. Commutateur Brush.

formée de deux électro-aimants en fer à cheval et d'une armature centrale tournant devant les pôles desdits électro-aimants. L'armature est constituée par deux disques en fonte portant chacun 25 bobines aplaties dont les pôles passent successivement devant les inducteurs. Les collecteurs de courants, placés à l'intérieur, sont identiques à ceux des machines Gramme. L'âme de chaque bobine est percée de part en part pour éviter l'échauffement des fils induits.

En réalité, la machine Farmer-Wallace est composée de deux machines Niaudet à électro-aimants qu'on peut accoupler pour produire de grands effets ou employer séparément dans les applications industrielles.

Machine de Méritens

La machine de M. de Méritens est toute récente ; elle a été brevetée le 10 avril 1878. Nous la représentons, figure 64, en profil et en coupe longitudinale.

Les parties essentielles de cette machine sont : 1° une série d'aimants permanents placés horizontalement, et 2° une armature formée d'autant de bobines qu'il y a de pôles d'aimants.

L'armature est montée sur une roue en bronze calée sur l'arbre moteur. Les aimants sont fixés rigidement sur deux carcasses en bronze. Voici, d'après M. du Moncel, la théorie de la machine Méritens :

« Pour qu'on puisse la comprendre, imaginons un anneau Gramme (fig. 65) divisé, par exemple, en quatre sections, isolées magnétiquement l'une de l'autre, et constituant, par conséquent quatre électro-aimants arqués, placés bout à bout. Imaginons que le noyau de fer de chacune de ces sections soit terminé à ses deux extrémités par une pièce de fer A B, formant comme un épanouissement de ses pôles, et supposons que toutes ces pièces, réunies par l'intermédiaire d'une pièce de cuivre CD, constituent un anneau solide autour duquel sont disposés des aimants permanents N, S, N, S avec leurs pôles alternés de l'un à l'autre. Exa-

minons ce qui se passera quand cet anneau accomplira un
mouvement de rotation sur lui-même, et voyons d'abord les

Fig. 63. Machine Farmer-Wallace.

effets qui résulteront, par exemple, du rapprochement du
pôle épanoui B, quand, marchant de gauche à droite, il

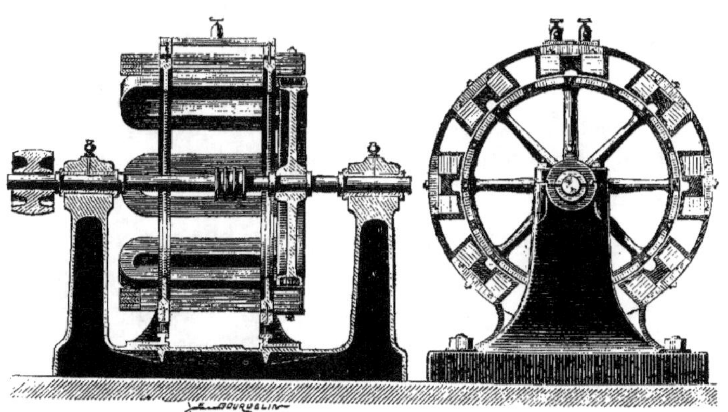

Fig. 64. Machine de Méritens.

s'approchera de N. A ce moment, il se développera dans
l'hélice électro-magnétique de AB un courant induit d'aiman-

tation, comme dans une machine de Clarke. Ce courant
sera instantané et de sens inverse aux courants particulaires
d'Ampère de l'aimant inducteur. Il sera très-énergique, en
raison de la proximité de B du pôle N; mais l'anneau, en
s'avançant, va déterminer entre le pôle N et le noyau AB une
série de déplacements magnétiques, qui donneront naissance
à une série de courants d'interversion polaire, qui se mani-
festeront de B en A. Ces courants seront directs, par rapport
aux courants particulaires de N, mais ils ne sont pas instan-
tanés, et vont en croissant d'énergie de B en A. A ces courants se joindront simultanément les courants d'induction
dynamique résultant du passage des spires de l'hélice devant
le pôle N. Quand A abandonnera N, un courant de désai-
mantation se produira, égal en énergie et de même sens
que le courant d'aimantation résultant du rapprochement
de l'épanouissement B du pôle N. L'effet est, en effet, alors
produit à une extrémité différente du noyau magnétique, et
l'hélice se présente à l'action d'induction d'une manière
inverse. Donc, courants induits inverses de l'inducteur, par
le fait du rapprochement et de l'éloignement des appendices
B et A, courants induits directs, pendant le passage de la
longueur du noyau AB devant l'inducteur, courants induits
directs résultant du passage des spires devant N. Toutes
les causes d'induction se trouvent donc ainsi réunies dans
cette combinaison.

« On remarquera que l'action que nous venons d'étudier
pour une seule section de l'anneau peut s'effectuer en même
temps pour toutes les autres, et qu'il s'y ajoute encore les
courants résultant de la réaction latérale des pôles A et B sur
les pôles voisins.

« Afin d'augmenter encore les effets d'induction, M. de
Méritens compose le noyau AB et les appendices A et B avec
de minces lames de fer découpées à l'emporte-pièce, et juxta-
posées en faisceau, au nombre de cinquante, ayant un milli-

mètre d'épaisseur chacune. Les fils des hélices sont d'ailleurs reliés de manière que les courants induits puissent être associés en tension, en quantité ou en séries, suivant les conditions de l'application. »

En pratique, M. de Méritens met seize sections au lieu de quatre.

Nous n'avons pas encore vu fonctionner, dans l'industrie,

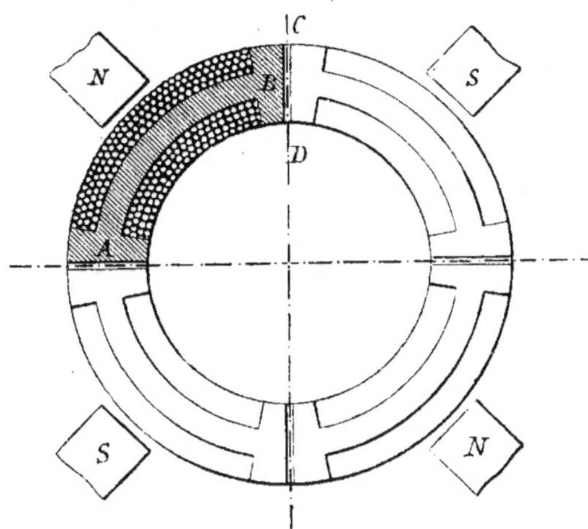

Fig. 65. Anneau de Méritens.

des machines de ce système, et, malgré les éloges hyperboliques que certains journaux lui ont décernés, nous sommes convaincu que son effet utile est notablement inférieur à celui de la machine Gramme.

Le fait suivant est plus éloquent que toutes les théories du monde. Chez un photographe de Lyon, on avait installé deux machines de Méritens à 3,000 fr. l'une et on n'a pas pu réussir à faire de bons portraits, malgré une pose prolongée, tandis que chez M. Liébert, à Paris, avec une seule machine Gramme du prix de 1,500 fr., on obtient des portraits très beaux, après quelques secondes de pose.

Machines diverses

La description de toutes les machines imaginées pour remplacer celle de M. Gramme nous entraînerait trop loin et ne présenterait qu'un médiocre intérêt. Nous nous contenterons de citer, à titre de renseignement, la nouvelle combinaison de M. Wilde, qui empruntant l'induit à la machine Brush et l'inducteur à la machine Gramme à courants alternatifs, n'a réussi qu'à établir un appareil très imparfait ; la machine de M. Trouvé, dans laquelle la réaction de l'inducteur sur l'induit s'effectue au contact des pièces magnétiques ; la machine de M. Jablochkoff, à inducteur formé d'une roue en fonte à dents obliques et d'une hélice de fil serpentant à travers les dents, et à induit constitué par une série de bobines cylindriques ; et la machine Edison formée de bobines cylindriques s'éloignant et se rapprochant alternativement par un mouvement vibratoire.

CHAPITRE IX

APPLICATIONS INDUSTRIELLES

Des conditions à réaliser pour un bon emploi de la lumière à l'électricité. — Espaces que peut éclairer une seule machine. — Prix de revient et commodité. — Installation dans l'atelier de l'inventeur. — Établissement Ducommun, à Mulhouse. — Ateliers Sautter, Lemonnier et Cie, à Paris. — Usines Menier, à Noisiel, Grenelle et Roye. — Installations dans les filatures. — Installations dans les tissages et les teintureries. — Gare des marchandises de la Chapelle-Paris. — Chantiers de M. Jeanne Deslandes au Havre. — Hippodrome de Paris. — Port du canal de la Marne au Rhin à Sermaize. — Éclairage d'une piste de patinage. — Applications diverses.

L'éclairage à l'électricité peut être employé avec avantage dans un grand nombre d'usines. Il n'offre aucun inconvénient en pratique et permet d'obtenir une grande quantité de lumière ambiante avec une très-faible dépense. C'est le seul éclairage industriel avec lequel on puisse exécuter, la nuit comme le jour, des travaux de chargement, de déchargement, de montage de machines, de charpente, de tissage, etc., et exercer dans un atelier une surveillance facile. La lumière qu'il fournit est tellement abondante, que, reflétée par tous les objets qu'elle frappe, elle est diffusée dans tous les sens à la façon de la lumière du jour ; il n'y a pas de partie absolument sombre ; partout on peut lire, trouver un outil, etc.

Presque toutes les applications industrielles qui existent au monde, ayant été réalisées avec la machine Gramme du type normal, c'est d'elle que nous nous occuperons exclusivement, dans le présent chapitre.

Malgré la puissance lumineuse d'un foyer, s'il s'agit de travaux d'une certaine précision, il est indispensable d'avoir deux machines, afin que les ombres produites par une lumière soient éclairées par l'autre ; mais, dès lors, l'extinction qui se produit pour chaque lampe au bout de trois heures et demie à quatre heures d'allumage [1] n'est pas un inconvénient sérieux ; il suffit, en effet, de deux minutes pour garnir la lampe de crayons neufs et rallumer ; pendant ce petit intervalle de temps, la lumière des autres lampes permet de ne pas interrompre le travail. D'ailleurs, s'il est indispensable d'avoir une continuité absolue, il suffit d'adjoindre à chaque lampe une lampe de rechange, dont l'allumage se fait automatiquement par l'extinction de la première ; mais en pratique cela n'est généralement pas nécessaire.

L'expérience nous a montré que le travail à la lumière électrique nue n'était pas fatigant pour les yeux ; après quelques jours d'emploi de globes opales, pour tempérer la lumière, on les supprime partout, à la demande des ouvriers. C'est inutilement qu'ils atténuent la lumière,

Tout le monde sait que la lumière électrique conserve aux couleurs leurs nuances. Cette qualité a été utilisée avec succès par plusieurs teinturiers pour échantillonner la nuit ; un seul foyer lumineux, qui pourrait même être de moindre intensité, suffit en ce cas.

Lorsque les plafonds ont moins de quatre mètres d'élévation, l'installation électrique devient plus difficile, mais elle est loin d'être impossible, grâce à une disposition particulière de réflexion de la lumière de bas en haut imaginée par M. Gramme, et perfectionnée par MM. Sautter et Lemonnier.

En général, on peut éclairer convenablement, avec un

---

1. Il existe aujourd'hui des régulateurs spéciaux qui brûlent pendant huit heures sans qu'il soit nécessaire de changer les charbons.

seul appareil, 500 mètres carrés d'un atelier d'ajustage, de tours, de machines-outils, de modelage, etc.; 250 mètres carrés d'une filature, d'un tissage, d'une imprimerie, etc.; et 2,000 mètres carrés d'un montage, d'une cour, d'un quai, d'un chantier en plein air, etc. Avec ces données, il est facile de se rendre compte du prix d'une installation quelconque, sachant qu'un appareil complet : lampe, machine, fil conducteur, transport et pose, coûte environ 2,400 francs en France et dans les pays limitrophes.

Les industriels qui ne payent le gaz que 0^f, 30 le mètre cube, et qui trouvent leur établissement suffisamment éclairé avec 20 becs de gaz, ne doivent pas chercher une lumière plus économique, à moins qu'ils ne fassent travailler toutes les nuits, sans interruption; auquel cas, ils auront intérêt à remplacer 10 becs de gaz par un appareil électrique.

Les deux questions qu'on doit examiner pour établir un nouveau mode d'éclairage sont le prix de revient et la commodité. On fait souvent bon marché de la seconde, mais c'est un tort; car, dans la plupart des cas, l'intérêt bien compris devrait la faire prévaloir.

Nous avons eu l'occasion de visiter un grand nombre d'usines, de fabriques et de manufactures de tous genres, en Europe comme en Amérique, et nous avons vu peu d'établissements qui soient bien éclairés; peu où une lumière plus intense n'eût donné une surveillance plus efficace, un travail plus considérable, une sécurité plus grande. Les compagnies d'assurance contre l'incendie ont un intérêt si important à la propagation de l'éclairage à l'électricité, que plusieurs d'entre elles ont offert de baisser leur tarif pour tous les bâtiments ainsi éclairés.

Une revue rapide de quelques installations exécutées fera apprécier, mieux que tous les raisonnements possibles, les avantages de l'électricité.

Atelier de la société Gramme

La première installation permanente de l'éclairage à l'électricité a été réalisée, en 1873, à Paris, dans l'atelier de la société Gramme. La lumière était fournie par un seul foyer, qui tenait la place de 25 becs de gaz. Pendant six années, la marche a été régulière et le prix de revient n'a pas dépassé 0 fr. 60 par heure, tous frais compris. La salle éclairée a environ 12 mètres sur 12 mètres et 5 mètres de hauteur.

Établissement Ducommun, à Mulhouse

A la suite d'une visite à l'atelier Gramme, MM. Heilmann et Steinlen, les propriétaires actuels de l'établissement Ducommun à Mulhouse, se décidèrent à faire l'application sur une plus grande échelle, du nouveau mode d'éclairage ; à cet effet, ils firent placer dans leur fonderie de fer quatre lampes Serrin alimentées par quatre machines Gramme. L'essai fut couronné de succès : depuis cinq ans le fonctionnement des appareils est régulier, et MM. Heilmann et Steinlen ont l'intention d'étendre cet éclairage à plusieurs autres bâtiments.

La fonderie Ducommun est de construction récente. Elle est bien disposée pour l'éclairage à l'électricité, quoique rien n'ait été approprié spécialement pour ce but. (La construction était entièrement terminée lorsqu'on s'est décidé à y installer la lumière électrique.) C'est une grande halle, sans mur de refend ni cloison verticale, ayant 56 mètres de longueur intérieure et 28 mètres de largeur. Deux grands chariots roulants, destinés à la manœuvre des châssis, des pièces moulées et des poches remplies de fonte en fusion, circulent automatiquement d'une extrémité à l'autre du bâtiment. A 5^m,50 du sol, au niveau même des chariots, règne sur les deux côtés longitudinaux un plancher de quelques mètres de largeur. Le toit est à deux versants, la charpente peu encombrante, les murs blanchis à la chaux.

Les régulateurs Serrin sont placés sur de petites consoles légèrement en saillie sur les planchers latéraux. On les aborde au moyen d'une échelle, comme cela a lieu pour les lanternes publiques de l'éclairage au gaz. Les foyers sont élevés à 5 mètres du sol, leur écartement est de 21 mètres dans le sens de la longueur et de 14 mètres dans le sens de la largeur.

Les machines Gramme sont placées dans l'annexe où se trouvaient déjà la chaudière et la machine servant au ventilateur. Le moteur ayant été largement calculé pour le but qu'il devait atteindre, il a été inutile de le modifier et on a pu, sans inconvénient, lui faire actionner les appareils électriques et le ventilateur des cubilots simultanément. L'installation est d'une grande simplicité : les machines Gramme sont placées au premier étage sur une même ligne et elles reçoivent leur mouvement d'un arbre intermédiaire unique. Toutes les pièces sont facilement accessibles, et le service d'entretien, qui se réduit d'ailleurs à quelques précautions de propreté, peut se faire pendant la marche aussi bien que pendant le repos. La machine motrice est du type Sulzer, sa marche est très-régulière et la consommation de combustible est faible.

L'éclairage est général et d'une intensité constante ; à n'importe quel endroit du local, il est aisé de lire un écrit placé à distance normale des yeux. Il n'y a presque pas d'ombres portées, grâce aux jets croisés de lumière émanant des quatre lampes.

L'installation complète a coûté, en chiffres ronds, 10,000 francs ; c'est ce qu'aurait coûté environ l'installation de 250 becs de gaz. La lumière totale produite par l'électricité dépasse 400 becs.

Nous donnerons plus loin le résultat des expériences faites par MM. Schneider et Heilmann sur la puissance motrice absorbée par les machines, le pouvoir éclairant de chaque lampe, et le prix de revient de la lumière à l'électricité comparée à la lumière au gaz.

MM. Heilmann et Steinlen ont obtenu de la société Gramme le droit de fabriquer des machines d'un type déterminé et ils ont étudié diverses dispositions pour en faciliter l'emploi sur les navires et dans les manœuvres de guerre. Nous donnons (fig. 66) une de ces études. C'est une machine Gramme placée sur le même bâti que la machine à vapeur et destinée à être installée dans les sucreries, sur les navires, partout où la vapeur est fournie par des générateurs communs et où le moteur de l'appareil électrique doit être indépendant pour assurer la régularité.

Pour éviter toute vibration, le bâti est large, rigide, bien assis. L'emplacement total ne dépasse pas $2^m,25$ sur 1 mètre. Toutes les pièces frottantes sont calculées pour un service durable. L'arbre de la machine à vapeur fait 150 révolutions à la minute ; celui de la machine Gramme 850.

Un tendeur placé sous la machine électrique permet de l'éloigner du moteur, quand la courroie n'a pas une tension suffisante. C'est là un excellent moyen d'empêcher le glissement de la courroie et d'assurer par conséquent une vitesse régulière à la bobine, mais il faut en faire usage avec beaucoup de soin ; une tension exagérée de la courroie absorberait un travail considérable et pourrait donner plus d'inconvénients que les glissements eux-mêmes.

Le prix d'un appareil complet, moteur et générateur électrique, est de 4,000 francs.

C'est cette disposition que nous avons adoptée pour l'installation faite sur le steamer l'*Amérique*.

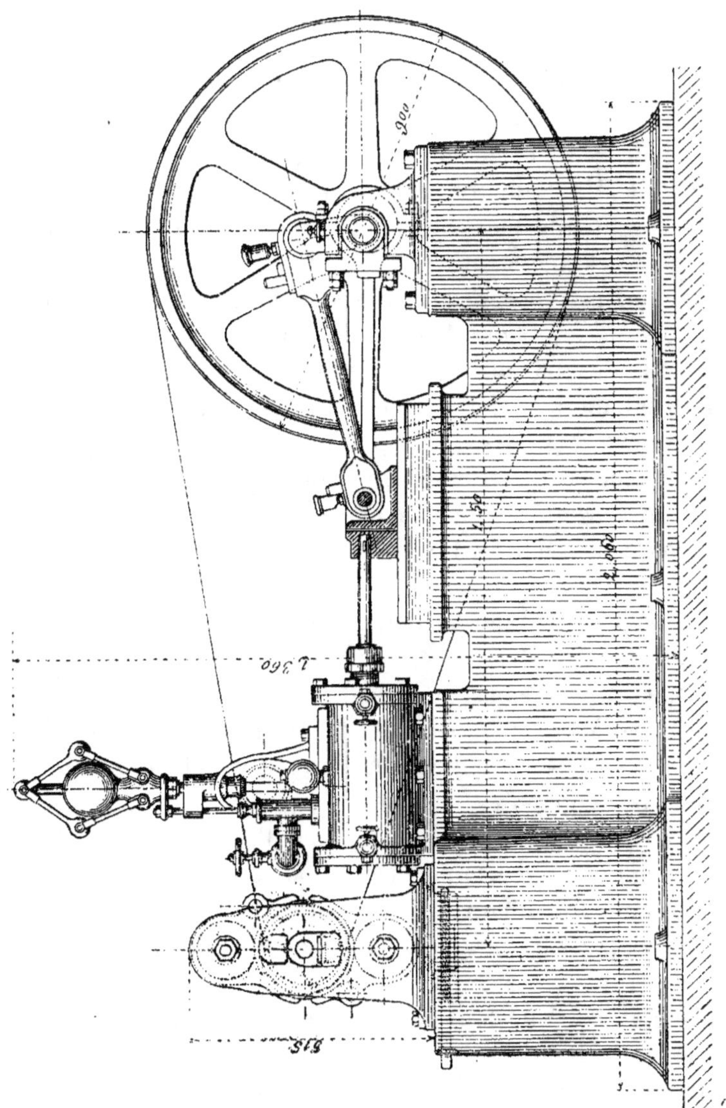

Fig. 66. Machine Gramme avec son moteur.

Ateliers Sautter, Lemonnier et Cᵢₑ, à Paris

L'éclairage à l'électricité avait sa place marquée dans les ateliers de MM. Sautter, Lemonnier et Cⁱᵉ, les fabricants si connus de phares lenticulaires, d'abord parce que personne plus que ces messieurs n'est familiarisé avec l'usage des fortes lumières, et ensuite parce que, dès les premiers essais de M. Gramme, ils ont demandé et obtenu l'autorisation de construire des machines de son système.

L'installation de leur atelier leur permettait de se convaincre eux-mêmes et de démontrer aux visiteurs que ce mode d'éclairage était excellent à tous les points de vue, et que, dans certaines conditions de dispositions locales et pour certains genres de travaux, il devait être préféré à tous les autres.

Les ateliers Sautter et Lemonnier se composent de deux travées de 30 mètres de longueur sur 25 mètres de largeur chacune ; un plancher à 6 mètres du sol règne entre ces deux travées sur une largeur de 10 mètres. Au rez-de-chaussée sont les machines-outils : tours, raboteuses, fraiseuses, poinçonneuses, cisailles, forges, etc., etc.; les ajusteurs y travaillent les grosses pièces et l'on y fait le montage des machines. Au premier sont les modeleurs, ferblantiers et ajusteurs travaillant le bronze et les pièces de précision ; trois machines Gramme, donnant chacune une lumière équivalente à 150 becs Carcel, éclairent l'atelier d'une façon suffisante pour que tout autre mode d'éclairage ait été supprimé, aussi bien pour les ouvriers travaillant aux machines-outils que pour les ajusteurs de précision.

On pourrait croire que dans un atelier de cette sorte les ombres portées par les outils, par les courroies, par les colonnes sont une grande gêne pour le travail, et que partout

Fig. 67. Vue des ateliers de MM. Sautter, Lemonnier et Cⁱᵉ.

où la lumière n'arrive pas directement, le contraste fait paraître l'obscurité plus grande qu'avec un autre mode d'éclairage. Il n'en est rien. La lumière diffuse ou, en d'autres termes, la lumière réfléchie par tous les points éclairés est telle, qu'il n'y a point, à proprement parler, dans l'atelier de recoin sombre et qu'un ouvrier distingue facilement les objets placés au fond de son tiroir.

La lumière électrique, pas plus là qu'ailleurs, ne blesse ni ne fatigue la vue des ouvriers ; ils perdent au bout de très-peu de jours l'habitude de la regarder et sont tous très-satisfaits d'un mode d'éclairage qui rend le travail de nuit aussi facile que le travail de jour.

A plus forte raison peut-on en dire autant de la surveillance, qui peut s'exercer la nuit dans un atelier éclairé par la lumière électrique, absolument comme en plein jour.

Les intermittences ne sont pas à craindre, et il en est ainsi dans chaque atelier éclairé par deux lampes au moins. Quand ces lampes sont bien réglées, les extinctions accidentelles sont fort rares. Au bout de quatre heures d'allumage, il faut remplacer les charbons, et cette opération se fait en deux ou trois minutes.

On a remarqué, dans l'application qui nous occupe, que chaque machine Gramme consommait un travail d'environ 2 chevaux ; c'est là, avec les crayons de carbone de la lampe, la seule dépense d'éclairage. Les crayons se consument avec une vitesse de $0^m,07$ à l'heure et coûtent 2 francs le mètre. 100 becs Carcel fournis par la machine Gramme coûtent donc $0^f,14$ par heure, plus les frais de force motrice.

Nous donnons (fig. 67) une vue des ateliers Sautter, Lemonnier et Cie éclairés à l'électricité.

Ce dessin montre la blancheur des plafonds et l'intensité uniforme de l'éclairage. Il donne une idée aussi exacte que possible des effets remarquables de l'arc voltaïque dans un espace clos et couvert.

MM. Sautter et Lemonnier ont déjà construit et livré, tant à l'industrie privée qu'aux services publics, plusieurs centaines de machines Gramme ; ils ont surtout étudié les appareils destinés aux arts militaires et ils ont reçu, à l'Exposition de 1878, une médaille d'or dans la classe 27, pour leur bonne fabrication et pour les perfectionnements apportés par eux dans l'éclairage à l'électricité.

Nous aurons l'occasion de parler en détail de leurs travaux spéciaux dans le chapitre X relatif à l'emploi de la lumière électrique sur les navires, dans les ports, dans les phares, etc., etc.

Usines Menier, à Grenelle, Noisiel et Roye

M. Menier a fait installer la lumière électrique dans ses divers établissements et en a tiré un excellent parti, par des dispositions particulières bien comprises. Depuis le mois de novembre 1875, 14 machines de 150 becs fonctionnent à son entière satisfaction : 3 sont installées dans la sucrerie de Roye, 3 dans la fabrique de caoutchouc à Grenelle (Paris), et 8 dans la célèbre chocolaterie Menier, de Noisiel.

Dans toutes ces usines, les lampes sont suspendues de telle sorte, qu'on peut les garnir de leurs charbons et les nettoyer, si besoin est, sans se servir d'escalier ou d'échelle.

Le treuil de manœuvre est de l'invention de M. Henri Menier. Il se compose de deux flasques en fonte montées sur un plateau de bois dur et d'un tambour en caoutchouc durci. Les fils conducteurs sont attachés, l'un à la flasque de gauche, l'autre à la flasque de droite, et celles-ci communiquent métalliquement avec les extrémités du câble de suspension.

Ce câble est formé d'une enveloppe extérieure en toile, d'une gaine en caoutchouc, d'une première série de fils en cuivre tressés comme une mèche, d'une deuxième gaine en caoutchouc, et enfin d'une série de fils de cuivre tressés en corde et formant l'axe du câble. L'enroulement sur le tambour se fait très-aisément. Un petit rochet empêche la lampe de descendre seule.

Le câble, soutenu et guidé par deux poulies supérieures, est attaché à un petit plateau, lequel est réuni à la lampe par deux tiges courbes. Un cadre muni de deux oreilles est fixé sur la lampe et reçoit les extrémités des tiges courbes.

Le courant est amené aux bornes de la lampe par les tiges de suspension, dont l'une est reliée avec l'âme métallique du câble et l'autre avec sa partie métallique intermédiaire, c'est-à-dire avec les pôles positifs et négatifs de la machine magnéto-électrique.

L'usine de Noisiel est éclairée toute la nuit. Les huit machines sont accouplées en deux batteries de 4. Elles sont mises en mouvement par des roues hydrauliques, et, au besoin, quand les eaux sont basses, par une machine à vapeur spéciale. Les fils aboutissent à un commutateur particulier, placé au rez-de-chaussée (au centre des divers ateliers), et permettant d'envoyer le courant de chaque machine dans quinze directions différentes. On peut, par ce moyen, éclairer une salle avec n'importe quelle machine et parer à tous les inconvénients qui pourraient se présenter, si l'une quelconque des machines ou des lampes venait à se déranger.

Près de chaque lampe se trouve un interrupteur, placé à portée de la main, avec lequel on peut éteindre la lampe sans arrêter le mouvement des machines.

Voici comment sont distribués les foyers lumineux à Noisiel :

Une lampe placée dans une lanterne carrée et élevée à 7 mètres au-dessus de la serre des machines à vapeur, éclaire une cour principale de 2,000 mètres carrés de surface.

Deux autres lampes éclairent chacune une cour intérieure de 500 mètres carrés.

L'atelier de torréfaction, où travaillent 32 ouvriers, a 44 mètres de longueur, 11 mètres de largeur et 7^m,70 de hauteur; il est éclairé par une seule lampe placée dans une lanterne vitrée, sur le sol, à l'une des extrémités de l'atelier. La lumière est projetée sur le plafond par un miroir parabolique, incliné comme un mortier de guerre; elle est ainsi diffusée dans toute la pièce par réflexion.

L'atelier pour le pesage et le moulage, où travaillent 90 ouvriers, a 52 mètres de longueur sur 11 mètres de largeur et 7^m,70 de hauteur. Il est éclairé par deux lampes placées à 25 mètres de distance l'une de l'autre et supendues à 6 mètres du sol.

Les ateliers d'entretien et de construction mécanique ont 400 mètres carrés de surface; ils sont éclairés par un régulateur unique suspendu à 6 mètres du sol.

On étudie en ce moment l'éclairage par réflexion des deux ateliers de broyage, qui ont 40 mètres de longueur, 12 mètres de largeur et seulement 3^m,60 de hauteur.

Par une disposition de câbles et de commutateurs fort ingénieuse, M. Menier peut amener la lumière dans la maison d'habitation et éclairer le vestibule, la grande salle à manger, les deux salons, le jardin d'hiver et les jardins.

Une lampe est spécialement destinée aux projections photométriques et aux démonstrations scientifiques de la salle des cours et conférences.

A l'occasion de la première distribution des prix des écoles de l'usine, M. Menier a donné, le 20 août 1876, un banquet de 1,450 couverts dans une tente de 65 mètres de longueur, 32^m,50 de largeur et 7 mètres de hauteur. Le banquet et le bal, qui a suivi, ont été éclairés d'une manière féerique par

6 régulateurs de 150 becs. Un phare de 1,200 becs, placé à quelque distance de la tente, éclairait la campagne dans un rayon de plus d'un kilomètre.

A la sucrerie centrale de Roye, M. Menier a installé trois machines Gramme avec des dispositions analogues à celles adoptées à Noisiel. La première de ces machines éclaire la halle de *carbonatation*, qui a 45 mètres de longueur, 20 mètres de largeur et 15 mètres de hauteur; la seconde est placée au milieu de la cour principale, où se trouvent les fours à chaux, les bouveries, les dépôts de charbons, etc.; elle éclaire une surface de 6,000 mètres carrés; la troisième éclaire la réception des betteraves, les halles de dépôt, la monteuse et le laveur des betteraves.

A Grenelle, la fabrique de caoutchouc a sa grande halle, où travaillent 150 personnes, éclairée par trois régulateurs suspendus à 6 mètres du sol et placés en triangle. La halle a 47 mètres de longueur sur 41 mètres de largeur. Les machines sont actionnées tantôt par la machine motrice de l'usine, tantôt par une petite machine spéciale.

Les trois lampes électriques remplacent 259 becs de gaz et produisent, au dire même de M. Menier, cinq fois plus de lumière que le gaz n'en donnait. A Grenelle, comme à Noisiel et à Roye, on a adopté le même système de treuil en caoutchouc avec câbles à deux conducteurs et la même disposition de commutateurs permettant d'envoyer le courant de chaque machine dans n'importe quel régulateur.

Installations dans les filatures

Parmi les installations de lumière électrique faites dans des filatures, nous citerons celle de Mme veuve Dieu-Obry, à Daours (Somme), celle de MM. Ricard fils, à Manresa (Barcelone), celle de MM. Buxeda frères, à Sabadell (Espagne), et celle de MM. David, Trouillet et Adhémar, à Épinal.

1° Filature de Mme veuve Dieu-Obry. — L'atelier a $3^m,70$ de nauteur sous plancher, 43 mètres de longueur et 11 mètres de largeur. Il renferme 9 métiers à doubler de 30 broches et 17 métiers à retordre de 52 broches. Cinquante personnes, tant ouvriers qu'ouvrières, y sont employées.

L'éclairage est obtenu par deux machines Gramme actionnées par le moteur hydraulique qui donne le mouvement aux métiers.

Les lampes sont suspendues à environ 2 mètres de hauteur et elles sont munies, chacune, d'un large abat-jour renversé.

Cet abat-jour projette les rayons lumineux sur le plafond et les rayons se dispersent dans toutes les directions. On ne voit pas les foyers, et, par suite, la vue ne peut se reposer que sur des surfaces très-éclairées.

Nous avons déjà dit que le même artifice avait été employé avec succès chez M. Menier, à Noisiel. La seule disposition spéciale, à Daours, consiste dans la hauteur des lampes par rapport au sol, qui est nulle à Noisiel, et à mi-hauteur de l'atelier à Daours. Du reste, le résultat est très-bon dans les deux installations.

Toutes les fois que l'on possédera un plafond très-blanc et un local ayant moins de 4 mètres de hauteur, on aura avantage à employer la lumière réfléchie au lieu d'employer la lumière directe.

2° Filature de coton de MM. Ricard fils. — Le premier étage de cette filature a 33 mètres de longueur sur $21^m,20$ de largeur. Deux lampes éclairent 10 machines à filer self-acting. Les machines Gramme sont placées à l'extrémité de l'atelier et sont mues par le moteur de l'usine au moyen d'une transmission intermédiaire. La hauteur des lampes est de $3^m,40$ et leur distance relative de 15 mètres.

Au deuxième étage, la partie occupée par les métiers a 16 mètres de longueur sur $21^m,20$ de largeur ; une seule lampe suffit. Il y a là 5 machines self-acting qui fonctionnent toutes les nuits, comme celles du premier étage, depuis le mois de mai 1876. Les propriétaires sont très-satisfaits de leur éclairage.

3° FILATURE DE LAINE DE MM. BUXEDA FRÈRES. — La salle éclairée électriquement chez MM. Buxeda a 58 mètres de longueur sur 22 mètres de largeur; elle contient 13 machines à filer, 12 cardes, 1 battant et quelques autres machines accessoires. Les lampes, au nombre de 3, sont suspendues à $4^m,20$ de hauteur et distantes de 13 mètres l'une de l'autre. Il y a 4 ouvriers à chaque machine à filer, 3 à chaque groupe de deux cardes et 10 aux appareils accessoires, en tout 80 ouvriers dans la même salle.

Avec l'éclairage au gaz on ne pouvait pas faire certains travaux la nuit, à cause des différences observées dans les couleurs ; maintenant on travaille nuit et jour sans arrêt et sans le moindre inconvénient, malgré les couleurs foncées des fils ouvrés.

L'installation électrique de MM. Buxeda fonctionne depuis 2 ans ; la meilleure qualité des produits compense largement les frais de force motrice ; l'éclairage en lui-même est, dès lors, beaucoup plus économique que celui du gaz ou du pétrole.

4° FILATURE DE MM. DAVID, TROUILLET ET ADHÉMAR. — Nous empruntons à une note présentée à la *Société industrielle de Mulhouse*, par M. William Grosseteste, les renseignements suivants relatifs à l'installation de l'éclairage à l'électricité, dans la filature du Champ-du-Pin à Epinal.

« La salle éclairée est un rez-de-chaussée, dont la surface totale est 2,926 mètres carrés ; déduction faite d'une partie séparée par des murs pleins, il reste une superficie de 2,646 mètres carrés, constituant une salle unique, sans cloisons intermédiaires et toute entière occupée par les machines.

« Les self-actings ne sont pas encore éclairés à l'électricité[1], qui n'a été appliquée jusqu'ici qu'à la préparation, dont la superficie est de 1,314 mètres carrés. Quatre lampes ont été appliquées dans cet espace et y répandent une quantité de lumière assurément trop considérable, surtout si on la compare à celle produite par les 60 becs de gaz qui l'éclairaient auparavant.

« Les lampes sont munies de globes dépolis ; elles sont placées à $3^m,300$ au-dessus du sol et éclairent directement à la manière ordinaire.

« Loin de se plaindre de la fatigue qui semblerait devoir résulter d'une lumière aussi intense, les ouvriers la préfèrent à l'éclairage au gaz, et, les crayons ayant manqué pendant trois jours, ils vinrent, dès le premier jour, réclamer l'éclairage électrique.

« Avant l'installation, on avait quelque crainte que les ombres portées par les colonnes, les courroies, les bâtis même des machines, ne fussent un inconvénient. L'intensité des ombres étant en raison de l'intensité de la source de lumière, ces craintes avaient lieu de se manifester. L'expérience montra qu'il n'y avait pas à s'en préoccuper ; grâce à l'entre-croisement des rayons émanés des différentes lampes ; grâce aussi à la lumière réfléchie par les plafonds et par les murs, qui sont blanchis, les ombres ne constituent pas un inconvénient.

« Cette lumière réfléchie suffit même pour éclairer d'une manière très-satisfaisante les parties de machines où la lamière directe ne peut absolument pas pénétrer.

« Dans un angle situé à une distance de 40 mètres environ de la lampe la plus rapprochée, j'ai pu lire une écriture assez fine, en me plaçant de façon à intercepter sur le papier toute autre lumière que celle réfléchie par les murs et les plafonds.

---

1. Depuis le rapport de M. Grosseteste toute l'usine est éclairée au moyen de neuf machines Gramme du type normal.

« Quant à la régularité de l'éclairage, elle est très-satisfaisante ; les intermittences sont très-rares et dépendent uniquement de la qualité du charbon. Comme elles ne sont jamais que de courte durée et n'ont jamais lieu pour les quatre lampes à la fois, aucune plainte ne s'est élevée à ce sujet.

« Au point de vue de l'éclairage, la solution est donc satisfaisante ; l'économie est réelle, malgré l'immense supériorité de la nouvelle source lumineuse. La force motrice est prise sur un moteur hydraulique, dont l'excédant de puissance fournit, et au delà, la force nécessaire. C'est là un des avantages spéciaux aux usines qui se trouvent munies de moteurs de cette nature, et, pour le plus grand nombre, ce sont celles-là qui dépensent le plus pour l'éclairage, comme par exemple les usines placées dans des vallées éloignées des foies ferrées, et qui payent pour les charbons des prix très-élevés.

« Mais ce n'est pas seulement au point de vue de l'éclairage que cette installation est intéressante. La combustion du gaz élève la température des salles, surtout dans les rez-de-chaussée, d'une manière souvent gênante pour les ouvriers ; l'éclairage électrique supprime cet inconvénient. Au Champ-du-Pin, l'échauffement de l'air est insensible, comme le montre l'expérience suivante : la salle avait été éclairée au gaz, comme à l'ordinaire, jusqu'au moment de l'arrêt du travail ; l'éclairage électrique ayant été mis en train, la température s'est abaissée en une demi-heure de 3 à 4 degrés.

« Les produits de la combustion du gaz, qui ne présentent pas d'inconvénients sensibles quand la durée du travail est courte, finissent par devenir gênants quand le travail dure toute la nuit, surtout dans un rez-de-chaussée, car la ventilation est toujours très-difficile à y établir.

« Il n'en est plus de même avec l'électricité, et ce sont

là, messieurs, des avantages dont l'importance est à prendre en considération. »

Nous pouvons encore citer parmi les filatures éclairées à l'électricité, celle de MM. Bourcard fils et C⁰ dans le Doubs, et celle de MM. Harroch et Miller à Preston, qui possèdent, l'une quatre machines Gramme, et l'autre trois.

Installations dans les tissages et les teintureries

Un grand nombre de tissages, parmi lesquels nous citerons ceux de MM. Grégoire frères à Crèvecœur-le-Grand, Baudot à Bar-le-Duc, Manchon à Rouen, Brindle à Preston, Mottet et Baillard à Rouen, etc., etc., sont éclairés au moyen de machines Gramme.

L'installation de M. Manchon ayant donné lieu à plusieurs rapports, c'est d'elle que nous nous occuperons spécialement.

L'atelier de tissage en question est rectangulaire; il a 5 mètres de hauteur, 24 mètres de largeur, 42 mètres de longueur, soit 1,008 mètres carrés de surface. Il contient 160 métiers à tisser, lesquels étaient éclairés, très-imparfaitement d'ailleurs, par 160 becs de gaz grand modèle, brûlant chacun 155 litres à l'heure.

Pour remplacer ces 160 becs de gaz, on a installé six machines Gramme et six régulateurs projetant leur lumière sur le plafond et donnant dans tout l'atelier un éclairage uniforme tout à fait satisfaisant. Avant l'introduction de cet éclairage, l'atelier avait un plafond à solives apparentes. M. Manchon n'hésita pas à faire les frais d'un nouveau plafond, et il n'eut qu'à se louer de son initiative.

M. Delahaye, ancien élève de l'École polytechnique, a présenté, à la *Société industrielle de Rouen*, un rapport sur l'installation qui nous occupe et dont nous extrayons les lignes suivantes :

« Quand on entre dans le tissage de M. Manchon, on est favorablement impressionné par une sensation de clarté tout à fait intense et saisissante, due encore plus à la suppression à peu près absolue des ombres qu'à l'intensité même de la lumière régnant dans l'atelier. Les ouvrières sont très-contentes de l'éclairage obtenu. Quant aux contre-maîtres, les plus aptes sans doute à comparer les deux modes d'éclairage, puisqu'ils ne quittent jamais l'atelier, ils n'hésitent pas à déclarer que la lumière électrique vaut beaucoup mieux que le gaz, et que les femmes, comme eux-mêmes, sont beaucoup moins fatiguées après les longues veillées, par suite de la suppression de la chaleur que leur envoyait le réflecteur du bec de gaz placé immédiatement au-dessus et tout près de leur tête.

« M. Manchon m'a encore signalé un avantage considérable du nouvel éclairage qui résulte de cette propriété bien connue de la lumière électrique, de ne pas altérer les nuances des couleurs les plus délicates. On évite, par suite, les erreurs commises autrefois assez fréquemment par les ouvrières dans le remplacement des fils de chaîne cassés ou dans le placement des cannettes dans les navettes. On obtient par suite une supériorité sensible dans la qualité des produits. »

Satisfait de cette application, M. Manchon va installer l'automne prochain la lumière électrique dans un tissage de 56 mètres sur 14 qui contient, comme le premier 150 métiers [1].

---

1. Voici la lettre qu'écrivait M. Manchon à MM. Sautter et Lemonnier, le 28 juin 1878, au sujet de son éclairage à l'électricité :

« MESSIEURS,

« Je trouve, en rentrant de Paris, où j'ai passé quelques jours, votre estimée du 25 courant et m'empresse d'y répondre, et de vous envoyer, suivant votre désir, mon appréciation sur l'installation d'éclairage électrique que vous avez faite dans mes ateliers.

MM. Isaac Holden et fils ont fait installer 9 foyers Gramme dans leur peignage anglais de Reims, et 3 dans celui de Croix.

La qualité que possède la lumière électrique de conserver les nuances aux couleurs a été utilisée par toutes les manufactures, notamment dans les papeteries de MM. Lafargue et Laprade et Avondo et Cie, à Milan ; et dans les teintureries de MM. Gaydet et fils, à Roubaix ; Haincart frères, à Wasquehal ; Maës, à Clichy ; Coron et Vignat, à Saint-Etienne ; Descat-Leleu, à Lille ; Pullur et Sous, à Pesth, etc., etc. MM. Haincart frères ont constaté que l'on pouvait teindre des gris-perle à la lumière électrique, et que leur production avait augmenté notablement depuis l'installation de la machine Gramme.

Gare des marchandises de la Chapelle-Paris

A la suite d'expériences faites en 1876 à la gare des voyageurs, à Paris, la Compagnie des chemins de fer du

« Cette installation me donne très grande satisfaction, aux divers points de vue suivants :

« 1° Éclairage incomparablement plus puissant et meilleur que celui que me donnait le gaz, — bien que ce dernier fût monté chez moi dans des conditions un peu exceptionnelles comme grand nombre et puissance des becs ;

« 2° Lumière extrêmement agréable, ne fatiguant nullement la vue des ouvriers et ne produisant aucune ombre, par suite de la disposition employée qui consiste à cacher les foyers lumineux aux yeux des ouvriers et à diriger la lumière vers le plafond ;

« 3° Absence complète d'émanations désagréables ou malsaines, comme en produit inévitablement le gaz ;

« 4° Maintien dans les salles d'une température uniforme ; l'atmosphère des ateliers ne s'échauffe plus comme cela a lieu avec l'éclairage au gaz, et c'est là, à mon sens, un avantage considérable : l'éclairage au gaz, pendant les longues veillées d'hiver, rendait à nos ouvrières le séjour des ateliers extrêmement pénible, et je puis même dire dangereux, à cause de la transition qu'elles avaient à subir au moment de leur sortie à l'air extérieur ;

« 5° Facilité complète de distinguer les nuances comme à la lumière du jour ;

« 6° Bonne marche et bon fonctionnement des divers appareils que vous m'avez fournis ;

« 7° Enfin, économie d'environ 25 0/0 réalisée sur la dépense qu'entraînait pour moi l'éclairage par le gaz. »

Nord jugea que l'application la plus utile pour elle, de l'éclairage électrique, était celle des halles à marchandises, dans lesquelles le travail se prolonge toute la nuit. Comme il s'agissait d'établir une petite usine complète, comprenant le bâtiment, le moteur, la transmission et les appareils Gramme, il était plus économique d'éclairer pendant toutes les nuits, afin de répartir l'amortissement de la dépense sur un plus grand nombre d'heures. C'est dans ces conditions favorables que la Compagnie voulut se placer.

Voici la désignation des espaces éclairés :

1° Une halle de 70 mètres de longueur sur 25 mètres de largeur et 8 mètres de hauteur au faîtage ;

2° Un hangar de 70 mètres de longueur sur 15 mètres de largeur et 8 mètres de hauteur au faîtage ;

3° Une cour de 20 mètres de largeur, séparant la halle du hangar.

La halle est éclairée par deux lampes placées sur une des diagonales et d'une façon dissymétrique par conséquent, ce qui est très-avantageux pour le service. Les lampes sont élevées à $4^m,50$ du sol et renfermées dans de grandes lanternes carrées. Les vitres de ces lanternes sont peintes au blanc de zinc à leur partie inférieure jusqu'à un niveau tel que, d'aucun point de la halle, l'œil ne puisse apercevoir l'arc voltaïque et en être affecté. La partie supérieure, au contraire, reste claire et le dessus des lanternes n'est même pas vitré, d'où il résulte que les rayons lumineux supérieurs vont sans obstacle frapper le plafond et les parois de la halle, grossièrement blanchis à la chaux, et réfléchissent une lumière douce et très uniformément répartie.

L'éclairage de cette halle était l'objet principal qu'on avait en vue ; il est très abondant et cela est nécessaire parce qu'on y manutentionne des petits colis parmi des gros et qu'on a quantité d'étiquettes à lire ; on y fait même des écritures correspondant au mouvement des marchandises, qui arrivent, se distribuent et finalement se chargent dans des wagons amenés sur l'un des côtés de la halle.

On voit clair partout, sur les bureaux des écrivains, comme dans les parties les plus éloignées de l'espace en question, comme dans les petits passages ménagés entre les volumineux colis, et malgré leur nombre; on y voit même suffisamment dans le fond des wagons couverts qui sont en chargement.

D'un document qui nous a été obligeamment communiqué avec l'autorisation de M. Sartiaux, ingénieur de l'exploitation au chemin de fer du Nord, nous extrayons les passages suivants :

« L'éclairage fonctionne depuis le 17 janvier 1877 avec une durée quotidienne de 15 heures et demie en moyenne pour le premier mois et variable, bien entendu, avec la saison.

« La grande clarté répandue dans la halle permet de faire le travail avec une plus grande célérité et moins d'hommes; l'économie de personnel réalisée est évaluée à 25 pour 100.

« Chaque chef d'équipe n'a plus besoin de porter avec lui une lanterne à main pour chercher les colis, déchiffrer les adresses et les marques et lire les feuilles de chargement ; le travail se fait donc la nuit à peu près dans les mêmes conditions qu'en plein jour.

« Nous avons pris des mesures pour ne plus utiliser que deux halles au lieu de trois pour le service des expéditions, ce qui nous permettra d'économiser la construction d'une nouvelle halle.

« En dehors de ces résultats directs, l'éclairage électrique a donné les avantages indirects suivants, qui diminuent les indemnités payées par la Compagnie. Il diminue les erreurs de directions et les retards qui en sont la conséquence, les avaries produites dans le chargement..... »

Ajoutons qu'il met obstacle à diverses fraudes des expéditeurs et diminue les détournements.

Le hangar est éclairé par une seule lampe, et cela est suffisant parce qu'on n'y manie que de gros colis; la lanterne est semblable à celles de la halle, le blanchiment à la chaux a été expérimentalement reconnu ici nécessaire comme dans l'autre bâtiment.

La cour est éclairée surtout par la lampe du hangar, qui est absolument ouverte sur les côtés longitudinaux; il y vient aussi de la lumière par les portes de la halle lorsqu'elles s'ouvrent; au total, l'éclairage y est au moins aussi bon que dans les rues de Paris.

La distance moyenne des machines aux lampes est de 80 mètres.

La dépense est estimée aujourd'hui à $0^f,75$ par heure et par lampe. Ce chiffre sera grandement réduit quand on aura un nombre double de lumières, car le mécanicien et le lampiste suffiraient à un éclairage beaucoup plus important.

Les frais de premier établissement se sont élevés à 23,000 francs, y compris l'achat d'une machine à vapeur de force surabondante. Cette dépense ne sera que très-peu augmentée par l'addition de trois nouvelles machines Gramme.

Voici le détail des frais de premier établissement :

Une machine locomobile de 12 chevaux.	7,960 francs.
Transmission, courroies, etc.	4,348 —
Bâtiment	3,560 —
Lanternes, fils et poulies	792 —
Trois machines Gramme.	4,500 —
Quatre lampes Serrin	1,800 —
Total.	22,900 francs.

Sans rien exagérer, une installation analogue vaut 16,000 francs; car la transmission, le bâtiment et la machine sont 30 pour 100 trop chers, eu égard, non à ce qu'on a fait, mais à ce qu'il était réellement nécessaire de faire.

Avant-port du Havre. — Entreprise Jeanne Deslandes

Une des plus remarquables applications de l'éclairage à l'électricité est celle faite sur les chantiers de M. Jeanne Deslandes, au Havre.

On sait que cet entrepreneur termine, en ce moment, de grands travaux ayant pour objet l'agrandissement de l'avant-port du Havre et la création d'une annexe destinée aux bâtiments en relâche.

Ces travaux nécessitent la démolition d'ouvrages considérables tels que : le quai courbe et la jetée sud jusqu'à la mer, les écluses de chasse du bassin de la Floride, les murs de contrescarpe, le déblai de tous les terre-pleins compris dans cette vaste étendue, l'annexion de la majeure partie du bassin de la Floride à l'avant-port. Ils auront pour résultat de donner à l'avant-port une largeur de 185 mètres, au lieu de 90 mètres, qui est sa dimension actuelle ; la superficie nouvelle, en y comprenant le bassin de la Floride, sera de 21 hectares au lieu de 11 hectares.

Pour l'exécution de toutes les maçonneries à bas niveau, le battage des pieux, la démolition des anciens murs, etc., on ne peut travailler qu'à marée basse et c'est pour utiliser les marées basses nocturnes que M. Chéron, directeur de l'entreprise, a fait installer deux machines Gramme, lesquelles fonctionnent depuis six mois dans d'excellentes conditions.

En visitant en détail les travaux en cours d'exécution, par une nuit sombre, dépourvue d'étoiles, nous avons constaté que des hommes, placés à des distances variant de 20 à 120 mètres des lampes, pouvaient se livrer à tous les travaux ordinaires sans le moindre inconvénient. Les mineurs perforaient l'ancien mur à 115 mètres du foyer le plus rapproché d'eux, et produisaient la même somme de travail que pendant le jour. Une locomotive, remorquant 10 wagons, circulait sur une voie de 1500 mètres, amenant des matériaux à pied d'œuvre et transportant les déblais aux emplacements désignés. Une équipe battait des pieux à l'aide d'une sonnette à vapeur. Des maçons, des charpentiers, des terrassiers, etc., exécutaient, çà et là, des travaux de toute nature. Plus de 150 ouvriers, sur un espace d'environ 30,000 mètres carrés, travaillaient sans autre éclairage que celui produit par les deux machines Gramme.

Les foyers, placés dans des lanternes, sur un terre-plein, à 5 mètres de hauteur, se trouvaient en réalité à 15 mètres d'élévation de la plupart des parties en construction ou en démolition. A 115 mètres nous lisions distinctement un journal mieux que nous ne l'eussions fait, éclairé par un bec de gaz placé à 5 mètres. Chaque lampe répandait une lumière de plus de 500 becs Carcel.

Nous engageons vivement les ingénieurs et les entrepreneurs de travaux publics à visiter l'installation de M. Jeanne Deslandes : ils y trouveront la solution la mieux appropriée qui existe aujourd'hui de l'éclairage des travaux publics.

Usine de MM. Mignon, Rouart et Delinières, à Montluçon

Dans leur fabrique de tubes en fer, à Montluçon, MM. Mignon, Rouart et Delinières, ont fait placer deux machines Gramme et deux lampes Serrin pour l'éclairage d'un des ateliers.

Le bâtiment, ainsi éclairé, est une halle de 63 mètres de longueur sur 35 mètres de largeur. Les lampes sont placées à 6 mètres de hauteur et à 31^m,50 l'une de l'autre. Les ouvriers peuvent très aisément faire leur travail et exécuter la manœuvre et le transport des pièces lourdes comme pendant la journée. Les ombres portées par les colonnes ou par l'outillage de l'usine sont assez peu sensibles pour qu'on puisse lire dans les parties où elles ont le plus d'intensité.

Une deuxième halle, adjacente à la première et séparée de celle-ci par un mur percé de larges baies, se trouve profiter de l'éclairage électrique, assez pour qu'on puisse lire partout, bien que certaines parties soient à 85 mètres des lampes.

On ne se sert à Montluçon que des crayons Gauduin, qu'on trouve bien supérieurs aux charbons de cornue.

MM. Mignon et Rouart, satisfaits de cette première application, se disposent à éclairer complètement, avec des machines Gramme, les nouveaux ateliers qu'ils viennent de faire construire sur le boulevard Voltaire, à Paris [1].

C'est là une chose qui prouve beaucoup en faveur du système, que toutes les personnes qui en font déjà usage en étendent successivement l'application à tous leurs locaux susceptibles de le recevoir.

Hippodrome de Paris

L'Hippodrome de Paris renferme une installation d'éclairage par l'électricité des plus remarquables, où se trouvent réunis les deux modes d'application usités aujourd'hui : les bougies Jablochkoff et les régulateurs automatiques.

La salle est immense, et lorsqu'elle est entièrement illuminée, son aspect est réellement féerique. Sa forme est celle d'un rectangle, terminé par deux demi-circonférences. Quatre colonnes en fonte, distantes de 36 mètres dans un sens, et de 17 mètres dans l'autre, sont les seuls points

---

1. Cette installation est aujourd'hui réalisée. Neuf machines Gramme répandent dans ces beaux ateliers une lumière très remarquable par son intensité et sa régularité.

d'appui placés à l'intérieur de cette vaste construction. La longueur totale de l'édifice est de 105 mètres ; sa largeur de 70 mètres ; sa hauteur de 25 mètres ; sa surface, de 6,300 mètres carrés. Huit mille personnes, environ, peuvent trouver place dans le pourtour de l'enceinte.

La piste est éclairée par 20 régulateurs, munis de puissants réflecteurs, et la salle, par 60 bougies Jablochkoff disposées en deux lignes sur le pourtour, et en 4 corbeilles couronnant les colonnes centrales. Deux machines à vapeur, de 100 chevaux chacune, donnent le mouvement aux appareils magnéto-électriques. La force réellement absorbée ne dépasse pas 140 chevaux, transmissions comprises ; mais on a installé des moteurs ayant un excès de puissance, en prévision d'un supplément de lumière exigé par les fêtes de nuit.

Le local des machines est intéressant à visiter, car la disposition adoptée a été l'objet d'une étude approfondie [1]. Ce local, en outre des moteurs, renferme 3 machines Gramme à courants alternatifs, alimentant chacune 20 bougies, les excitatrices de ces machines, et 21 machines Gramme du type normal, dont 20 servent aux régulateurs de la piste, et une à l'éclairage du local en question. La lumière totale dépasse 12,000 becs Carcel. La dépense par soirée, tous frais compris, est de 250 francs. Le prix de l'installation est, en chiffre rond, de 200,000 francs.

Port du canal de la Marne au Rhin, à Sermaize

L'éclairage électrique a été installé vers la fin de 1875 sur l'un des ports du canal de la Marne au Rhin, à Sermaize, port contigu à une sucrerie. On voulait continuer pendant les longues nuits d'hiver le déchargement, si pressé alors,

---

1. Le projet de cet éclairage a été conçu par M. A. Berthier et réalisé sous notre direction.

des bateaux de betteraves et en conduire immédiatement le contenu à l'usine, sans mise en dépôt sur le terre-plein du canal. Il importait d'ailleurs que le terre-plein restât libre en tout sens pour la circulation. Ce problème spécial fut résolu grâce à une machine Gramme de 200 becs, placée auprès d'une des machines à vapeur de l'usine, à 70 mètres de distance de la lampe. Les ouvriers, qui déchargent souvent deux bateaux simultanément, peuvent travailler sans le moindre embarras. Ce fait a été constaté par l'ingénieur du canal et par le directeur de la sucrerie ; ce dernier nous a écrit qu'il était très content de cet éclairage, que la machine Gramme atteignait à merveille le but qu'il s'était proposé et lui économisait au moins 10 francs par heure.

Il est bon de dire que dans les sucreries la dépense occasionnée par l'éclairage électrique est à peu près limitée aux baguettes de carbone des lampes, car la vapeur dont on se sert pour actionner le moteur peut être utilisée à nouveau en sortant de l'échappement.

Éclairage d'une piste de patinage

La Société de patinage de Vienne (Autriche) a fait installer l'éclairage à l'électricité dans la grande piste qu'elle possède près de *Park-Ring*. C'est l'installation en plein air la plus réussie qui soit à l'étranger.

La surface du banc de glace est de 5,700 mètres carrés.

La longueur de l'emplacement éclairé, y compris le promenoir, est de 133 mètres.

La largeur totale dudit emplacement est de 57 mètres.

La lumière est fournie par deux machines Gramme de 3,000 francs chacune, placées à 135 mètres de la piste et actionnées par une locomobile de 8 chevaux.

Les lampes sont du système Serrin. Elles sont placées

à la partie supérieure de deux pylones en sapin de 7^m,50 d'élévation. Leur écartement est de 57 mètres.

Deux abat-jour empêchent la lumière d'éclairer, en pure perte, le haut de l'espace et ramènent tous les rayons sur la surface glacée. A cet effet, les huit segments qui composent chacun de ces abat-jour sont courbés suivant une ellipse, laquelle a l'un de ses foyers au point lumineux, et l'autre, un peu plus bas, à 1 mètre de distance.

Tous les points de l'emplacement sont très bien éclairés et l'ensemble de l'installation est des plus satisfaisants.

Il est à remarquer qu'aucun autre système d'éclairage n'aurait pu donner un aussi bon résultat, car la principale condition d'une piste de patinage c'est de n'être pas encombrée en son milieu par une série de poteaux. Chacun sait d'ailleurs combien le gaz éprouve de variations en plein air, et quelle dépense considérable il exigerait pour éclairer convenablement un espace de 5,700 mètres carrés.

La meilleure preuve que nous puissions donner de la réussite de cette installation, c'est que la Société de patinage qui avait pris les appareils en location, vient de les acheter définitivement.

Ateliers de **MM.** Ch.-L. Carels frères, à Gand

Nous avons trouvé dans le journal l'*Ingénieur Conseil* de M. E. Bede des renseignements très précis sur cette installation, et bien que par leur nature ils anticipent un peu sur un des chapitres suivants, nous les donnons ici aussi complets que possible.

Depuis longtemps MM. Carels frères, constructeurs à Gand, éclairent leur fonderie par la lumière électrique, à l'aide d'un régulateur Serrin et d'une machine Gramme. Les avantages de cet éclairage se sont montrés si grands à tous les points de vue, que MM. Carels ont voulu l'étendre à d'autres parties de leurs ateliers et tout d'abord à la halle de montage des locomotives, à la chaudronnerie et aux forges ; mais ces deux premières parties ayant une longueur de 90 mètres sur une largeur d'environ 14 mètres, il importait, pour répartir la lumière uniformément, de placer plusieurs foyers. Il fallait pour cela établir plusieurs régulateurs et plusieurs machines électro-dynamiques ou bien diviser le courant d'un seul générateur d'électricité. MM. Carels se sont arrêtés à ce dernier parti, et ont eu recours aux appareils qui se sont jusqu'à ce jour le mieux prêtés à cette division de la lumière, c'est-à-dire aux foyers Jablochkoff.

La Société générale d'électricité a été chargée de cette installation qui nous a paru très intéressante et très réussie. La halle et la chaudronnerie, ayant ensemble environ 90 mètres de longueur, sont éclairées par cinq foyers, et la forge, qui a $17^m,50 \times 29$ mètres, est éclairée par un seul foyer.

Ces foyers sont placés à envion 7 mètres de hauteur, et leur lumière, à cette hauteur, est assez douce pour qu'on ait pu, sans aucun inconvénient, se dispenser de globes dépolis ou opalins. De grands abat-jours réfléchissent et dispersent cette lumière. L'éclairage est parfait et remplace celui de 126 becs de gaz qui ont été supprimés.

Chaque foyer est de quatre bougies qui durent chacune environ 1^h35^m. Quand une bougie est consommée, on tourne un commutateur pour en allumer une autre.

Les lampes qui portent ces quatre bougies sont fixes. On y arrive facilement dans la halle de montage au moyen de la grue mobile de cette halle qui passe sous les lampes et assez près de celles-ci.

Le courant électrique est fourni par une machine Gramme à courants alternatifs pour six foyers ; une petite machine Gramme à courant continu excite les électro-aimants de la première. Celle-ci produit deux courants alternatifs qui éclairent chacun trois foyers.

Nous avons mesuré la force absorbée par ces machines et nous avons trouvé qu'elle était, de $1^{ch}6$ par bougie.

Le frottement seul des machines Gramme absorbe environ $1/5$ de cette force.

Nous n'avons pas pu mesurer l'intensité de la lumière des bougies Jablochkoff, de sorte que nous ne pouvons comparer le résultat de cette expérience à ceux d'essais semblables. D'ailleurs, cette comparaison ne me paraît pas avoir une importance pratique. L'essentiel, c'est que la force absorbée soit faible en comparaison de l'éclairage obtenu, et c'est bien le cas ici, où un seul bec, absorbant 1,6 cheval, éclaire parfaitement une forge de $507^m,2$ de surface.

La dépense occasionnée par cette force est presque insignifiante. En effet, la machine Sulzer de MM. Carels ne dépense guère plus de 8 kilog. de vapeur par heure et par cheval indiqué, ce qui, avec une bonne chaudière, correspond à moins de 1 kilogr. de charbon. Ainsi les 9,5 chevaux indiqués, absorbés par les 6 becs Jablochkoff, ne coûteraient pas par heure, chez MM. Carels, 10 kilogr. de charbon ordinaire valant moins de 10 centimes.

On objectera peut-être que beaucoup de machines à vapeur consomment plus de 1 kilogr. de charbon par heure et par cheval. Nous répondrions que lorsqu'on veut bien conserver une machine dispendieuse, on ne doit pas trop se préoccuper des forces absorbées. Si un manufacturier qui possède un moteur de 60 chevaux consommant 2 kilogr. par cheval et par heure au lieu de 1 kilogr., veut bien subir cet excès inutile de consommation de 60 kilogr. par heure, pourquoi se préoccuperait-il des 20 kilogr. que la machine Gramme consommerait utilement.

Les 6 bougies Jablochkoff remplacent chez MM. Carels 126 becs de gaz qui étaient ainsi répartis : 80 dans la halle de montage, 22 dans la chaudronnerie et 24 dans la forge, remplacés respectivement par 4 bougies, une bougie et une bougie.

On peut admettre que ces 126 becs consommaient en moyenne pour 3 centimes de gaz par heure, sans tenir compte de l'amortissement et des frais d'entretien du matériel. On aurait ainsi une dépense de $126 \times 0,03 =$ fr. 3,78 par heure.

MM. Carels ont bien voulu me communiquer leurs notes de dépenses de bougies Jablochkoff. Elles se résument comme suit :

Du   2 janvier   au 19 janvier pour 26^h8^m de travail   90 bougies.
   19   —   — 26 — — 25 2   —   86 —
   29   —   — 2 février — 25 13   —   96 —
   2 février — 8 — — 26 50   —   100 —
   10   —   — 16 — — 24 17   —   96 —
   16   —   — 22 — — 23 47   —   90 —

       ensemble pour 151 17   —   578 —

Chacun des 6 foyers a donc dépensé en moyenne 578 : 6 = 96.3 bougies pour 151 h. 17 de travail. Ce qui donne pour la durée pratique d'une bougie $151^h17^m : 96,3 = 1^h34^m$.

Le prix de ces bougies est actuellement de fr. 0,60 : la dépense de bougies chez MM. Carels a donc été par heure, pour les 6 foyers : fr. $\dfrac{6 \times 0,60}{1\quad 34^m} =$ fr. . 2,25

Il faut y ajouter :

Combustible absorbé par la machine. . . . . fr. . 0,10
Surveillance et graissage . . . . fr. . 0,15

       Ce qui donnera en tout . . . . fr. . 2,50

Telle serait la dépense qui serait à comparer à celle du gaz si l'on avait à installer l'un des deux éclairages. Car il est certain que l'amortissement et l'entretien de tous les appareils et de la canalisation nécessaires pour les 126 becs remplacés chez MM. Carels représenteraient une somme au moins aussi forte que celle dont on devrait charger les frais de l'éclairage électrique. Dans ces conditions, on pourrait dire que cet éclairage coûte 34 0/0 de moins que celui qu'il remplace et dont le prix doit, avons-nous dit, être évalué au moins à fr. 3,78 pour le gaz seulement.

Mais, dans la plupart des cas, il s'agira de remplacer l'éclairage au gaz par la lumière électrique, et l'on devra tenir compte de l'amortissement de la nouvelle installation, sans en déduire celui de l'ancienne.

La valeur de l'amortissement par heure dépend naturellement du nombre d'heures d'éclairage qui varie beaucoup d'un établissement à l'autre. En admettant 800 heures par an, nous serons généralement au-dessous de la vérité et en portant 15 0/0 d'amortissement et d'intérêt, nous compterons largement cette partie de la dépense.

Or, chez MM. Carels la dépense totale a été inférieure 6,000 francs ; l'amortissement par heure serait donc

$$\text{fr. } 0,15 \times 6000 : 800 = 1,13.$$

En ajoutant cette somme à fr. 2,50, on arrive à fr. 3,63, ce qui est encore en dessous de ce qu'il y avait à payer précédemment aux Compagnies de gaz.

Au reste nous avons pu voir par les livres de MM. Carels que la consommation de gaz pendant le mois de janvier de cette année est de 1,900 mètres cubes inférieure à celle du mois de janvier 1874, pendant lequel on travaillait le même nombre d'heures. Pendant le mois de février des mêmes années, la différence a été de 1,360 mètres cubes. Ces différences correspondent à une économie de fr. 3,70 c. par heure, qui dépasse le prix de la lumière électrique.

Je ne parle pas de l'entretien des appareils. Il suffit d'avoir vu de près ce que coûte dans un atelier l'entretien des becs, des genouillères, des tuyaux et des compteurs pour être certain que c'est de beaucoup au-dessus de ce que peut coûter l'entretien de deux machines Gramme, de quelques commutateurs et de quelques fils.

Mais ce n'est pas tout. J'ai pu voir aussi par les livres de MM. Carels que pendant le mois de janvier il y a eu, comparativement à 1874, une économie d'huile de fr. 1,75 par heure. En effet l'éclairage au gaz dans un atelier de construction et dans bien des industries ne dispense pas de l'éclairage à l'huile. On est obligé d'avoir des lampes mobiles pour tous les travaux où il faut approcher la lumière de l'objet au travail.

L'économie de fr. 1,75 dans le cas qui nous occupe est un bénéfice net réalisé sur l'éclairage.

Ainsi les résultats pratiques obtenus chez MM. Carels démontrent industriellement que l'on peut remplacer l'éclairage au gaz dans un atelier de construction par l'éclairage électrique, *même à foyers divisés*, non seulement sans surplus de dépense, mais avec une économie réelle, sans parler de celle qui résulte de la facilité de travail et de surveillance et devant laquelle s'effacerait même un excès considérable des frais d'éclairage.

Photographie électrique

L'application de la lumière électrique dans la photographie est vraiment très avantageuse, car la qualité photogénique de ses rayons lui permet de remplacer *avantageusement* le soleil. Les ateliers de photographie sont toujours situés aux derniers étages des maisons, ce qui n'est pas agréable pour la clientèle ; ils doivent être vitrés sur toute leur étendue, et avoir une exposition telle qu'il y ait le plus de jour possible sans cependant recevoir les rayons directs du soleil qui gêneraient le modèle et donneraient des clichés trop durs. M. Liébert, vient d'installer dans son atelier à Paris, un système très ingénieux qui lui permet de faire des portraits et de tirer des épreuves, non seulement par tous les temps, mais à n'importe quelle heure de la nuit. La lumière est produite par l'arc voltaïque de 2 crayons actionnés par une machine Gramme, mise en mouvement par une machine à gaz. L'arc lumineux n'éclaire pas directement le modèle, mais il passe au travers d'une lentille qui rend les rayons parallèles : ceux-ci sont projetés sur un premier réflecteur qui les renvoie sur un deuxième réflecteur d'où ils sont dirigés sur le modèle. On obtient ainsi un éclairage constant, au lieu de la lumière variable du soleil ; on éclaire le modèle comme on le veut, à toute heure du jour ou de la nuit et dans n'importe quelle chambre, fût-ce même une cave. Le temps de la pose est moindre qu'avec la lumière du jour. On comprend l'importance de tous ces avantages, qui évitent aux photographes l'obligation d'avoir un atelier spé- cial, haut perché et coûteux, dans lequel ils obtiennent néanmoins rarement une bonne lumière.

L'emploi du moteur à gaz, qui a l'avantage de ne dépenser que lorsqu'il fonctionne, rend le procédé adopté par M. Liébert aussi économique que commode,

CHAPITRE X

APPLICATIONS AUX PHARES, AUX NAVIRES
ET AUX PLACES FORTES

Éclairage des phares. — Phare de la Hève. — Rapport de M. Quinette de Rochemont. — Divers phares éclairés électriquement. — Installation des phares
électriques. — Installation faite à bord de l'*Amérique*, de la Compagnie transatlantique. — Rapport du capitaine Pouzolz. — Premières tentatives par la
Société l'*Alliance*. — Installation à bord des navires de guerre. — Projecteur
Sautter. — Applications aux opérations militaires. — Expériences faites au
mont Valérien. — Projecteur Mangin. — Machine locomobile actionnée par une
machine Brotherhood. — Expériences faites à Toulon et à Cherbourg. — Défense
des ports russes.

La lumière électrique est employée avec succès dans les
phares, sur les navires et dans les opérations du génie militaire. Elle rend visibles, la nuit, à des distances variant de
2,000 à 8,000 mètres, des objets tels que balises, navires,
côtes, maisons, hommes, levées de terre, etc. Elle permet
d'établir une correspondance télégraphique, soit par transmission directe de la lumière d'un poste d'observation à
l'autre, soit par la réflexion sur un objet intermédiaire visible
à la fois de deux postes quand ceux-ci ne peuvent pas communiquer directement.

Éclairage des phares

C'est en 1863 que la lumière électrique fut, pour la première fois, appliquée à l'éclairage des phares. L'essai en
fut fait, avec une machine de l'*Alliance*, au phare de pre-

15

mier ordre de la Hève, près du Havre, et les résultats en furent si satisfaisants, qu'il n'est pas douteux que tous les phares eussent été munis immédiatement de feux électriques, sans les dépenses assez élevées exigées par un remaniement général. On a constaté que le phare à l'électricité était vu en moyenne à 8 kilomètres plus loin que le phare à l'huile, et qu'en temps de brume la portée de la lumière était sensiblement plus du double, avec le premier qu'avec le second.

M. Quinette de Rochemont, ingénieur des ponts et chaussées, a publié, en 1870, sur les phares de la Hève, une note dont voici quelques extraits :

« Depuis six années que la lumière électrique a été installée pour la première fois à la Hève, il s'est écoulé un temps suffisant pour qu'on ait pu se faire une idée exacte de la valeur de ce mode de production de lumière, au point de vue de l'éclairage des côtes.

« Les navigateurs se plaisent à reconnaître les bons services que leur rendent les phares électriques ; les avantages du système ont été vivement appréciés ; l'augmentation de portée des feux est très sensible, surtout par des temps un peu brumeux ; elle permet à bien des navires de continuer leur marche et d'entrer au port la nuit, alors qu'ils n'auraient pas pu le faire avec les phares à l'huile.

« La lumière, qui d'abord laissait un peu à désirer par sa mobilité, est arrivée peu à peu à avoir une fixité remarquable, grâce au perfectionnement des appareils et à l'expérience acquise par les gardiens.

« Les craintes que l'on avait pu concevoir, *à priori*, eu égard à la délicatesse de certains appareils, ne se sont pas réalisées dans la pratique. Les accidents ont été rares, les extinctions courtes et peu nombreuses ; deux seulement, pendant cette période de six années, ont eu une durée notable : l'une, d'une heure, tient à une avarie à la machine à vapeur ;

l'autre, de quatre heures, paraît devoir être attribuée à la malveillance. Dans ces circonstances, il semble qu'il n'y a pas trop lieu de se préoccuper des accidents possibles. »

Depuis 1863, l'expérience n'a fait que confirmer les appréciations favorables de M. Quinette : les phares de Grinez (France), Cap Lizard (Angleterre), Odessa (Russie) et Port-Saïd (Égypte), ont été pourvus d'appareils électriques, et il est question d'en mettre prochainement dans les phares du Planier et de la Palmire, en France, et dans plusieurs phares étrangers.

Voici quelques données, sur l'installation des phares électriques, qui nous ont été communiquées par MM. Sautter et Lemonnier :

Lorsque le feu doit être fixe, la partie optique de l'appareil se compose d'un tambour lenticulaire, de forme convenable, qui rend les rayons horizontaux dans le plan vertical, en les laissant diverger dans le plan horizontal.

Lés dimensions de ce tambour varient suivant les machines. Le diamètre de $0^m,50$ (appareil de 4e ordre) est suffisant pour les machines Gramme du type normal.

Il convient de l'augmenter quand les machines sont plus puissantes, afin d'éloigner le verre du foyer et d'éviter qu'il ne se brise par suite du trop grand échauffement.

Avec les machines de 2,000 becs, il faut des optiques ayant $0^m,75$ de diamètre, et avec les machines de 4,000 becs des optiques de 1 mètre de diamètre.

L'augmentation de diamètre des appareils est sensiblement proportionnelle à l'augmentation de diamètre des crayons de carbone entre lesquels se produit l'arc voltaïque, et qui détermine à peu de chose près les dimensions de la lumière électrique ; il en résulte que la divergence verticale reste la même dans les trois types d'appareils.

Lorsque le phare doit être tournant, on enveloppe l'optique de feu fixe d'un tambour mobile formé de lentilles droites verticales, dont la forme varie suivant l'apparence qu'on veut donner au feu.

Les phares tournants électriques ont sur les phares tournants à l'huile ce très grand avantage, que l'on peut donner aux éclats une durée égale à celle des éclipses.

Dans les phares à l'huile, quand on concentre la lumière sous forme d'éclats, on a deux buts en vue : 1° augmenter l'intensité et par suite la portée du phare ; 2° créer une apparence différente de celle du feu fixe. On ne peut atteindre le premier de ces buts qu'en donnant à l'éclat une durée beaucoup plus courte que celle de l'éclipse, ou, en d'autres termes, en faisant l'angle du faisceau lumineux une faible partie de l'angle soustendu par la lentille. Du reste, cet angle dépend de la dimension du foyer lumineux, et on ne peut l'augmenter, soit en augmentant cette dimension, soit en changeant la distance focale de la lentille, qu'en se condamnant à perdre une partie de la lumière, puisque la divergence se produit non-seulement dans le plan horizontal, le seul dans lequel elle est utilisée pour prolonger les éclats, mais dans tous les sens.

Avec la combinaison de lentilles verticales et d'un tambour cylindrique qui sert à produire les éclats dans les phares électriques, on peut, en donnant aux lentilles verticales une courbure convenable, augmenter autant qu'on le veut la divergence des faisceaux dans le plan horizontal seulement, et diminuer à proportion la durée des éclipses.

La portée d'un phare électrique de la plus petite dimension reste néanmoins très supérieure à celle des plus puissants phares à l'huile. On peut s'en convaincre par les chiffres suivants :

L'intensité lumineuse d'un phare de premier ordre à feu fixe avec lampe à six mèches équivaut à 1,105 becs Carcel.

L'intensité lumineuse d'un panneau annulaire de 45° d'un phare de premier ordre tournant, avec lampe à 6 mèches, équivaut à 9847 becs Carel. C'est la plus grande intensité lumineuse qu'on puisse obtenir avec un phare à huile.

La divergence du faisceau donné par ce même panneau est de $7°,7$, et la durée de l'éclat est environ le sixième de la durée de l'éclipse qui le précède et qui le suit.

En appliquant au calcul de l'intensité lumineuse des phares électriques les méthodes de M. Allard, et en partant des mesures photométriques, prises dans différentes directions, d'une lampe électrique alimentée par une machine Gramme petit modèle, on trouve que l'intensité lumineuse d'un phare électrique de $0^m,50$ de diamètre à feu fixe équivaut au moins à 20,000 becs Carcel.

Cette même lumière concentrée au moyen de lentilles droites mobiles, en faisceaux ayant une divergence telle que la durée des éclipses soit égale à celle des éclats, équivaudra à 40,000 becs Carcel, c'est-à-dire qu'elle sera quatre fois plus intense que celle des plus puissants phares à l'huile, avec une durée d'éclipse beaucoup moindre.

Avec une machine Gramme à quatre colonnes, l'intensité lumineuse d'un phare électrique de $0^m,75$ de diamètre sera d'environ 60,000 becs ou 100,000 becs pour le feu fixe (suivant que la machine sera couplée en tension ou en quantité) et de 120,000 ou 200,000 becs pour le feu tournant.

Avec une machine Gramme grand modèle, l'intensité lumineuse d'un phare électrique de 1^m00 de diamètre sera d'environ 80,000 becs ou 160,000 becs pour le feu fixe (suivant que la machine sera couplée en tension ou en quantité) et de 160,000 ou 320,000 becs pour le feu tournant.

Les chiffres donnés pour les feux tournants correspondent, dans les trois types, à une durée d'éclats égale à la durée des éclipses.

On conçoit que, disposant d'une telle quantité de lumière,

on n'ait pas à se préoccuper de concentrer plus ou moins les faisceaux, afin d'augmenter ainsi la portée du phare. Le seul objet des lentilles mobiles des appareils tournants est alors de produire des apparences caractéristiques qui distinguent nettement chaque phare des phares voisins.

L'emploi de la lumière électrique et celui des groupes d'éclats (beaucoup plus faciles à réaliser avec cette lumière qu'avec les lampes à huile) fournit un nombre d'apparences suffisant pour que l'on puisse se dispenser de faire figurer parmi les caractères distinctifs d'un phare tournant, la durée de l'intervalle qui sépare les apparitions de deux éclats successifs. Chaque phare dit son nom plus vite, plus nettement, et sans obliger l'observateur à consulter sa montre.

Enfin, si le nombre des apparences réalisées avec la lumière blanche paraît insuffisant, on peut recourir à la lumière rouge, ou, ce qui est toujours préférable, à une combinaison d'éclats blancs et d'éclats rouges, sans craindre de trop diminuer la portée du feu, qui, même après la perte causée par la coloration, restera supérieure à celle des plus puissants appareils à huile.

Eclairage des navires

Pour bien faire connaître les avantages de l'éclairage électrique à bord des navires, nous allons d'abord reproduire la note que nous avons publiée en 1876 dans le *Moniteur de la Flotte*, et nous donnerons ensuite quelques renseignements sur les applications à la marine de guerre :

Le paquebot l'*Amérique*, appartenant à la Compagnie générale transatlantique, est, depuis la fin de mars 1876, pourvu d'une machine Gramme et des divers appareils propres à la production de la lumière électrique.

L'installation, qui a été faite sous notre direction avec le concours de MM. Sautter et Lemonnier, est due à l'initiative personnelle de M. Eugène Pereire. La machine Gramme a été construite par l'inventeur lui-même, sur un type essentiellement nouveau. Tous les détails du projet ont été préalablement soumis à M. Audenet, ingénieur en chef. Elle est fixée à l'avant du paquebot, à 15 mètres de l'étrave.

Le fanal proprement dit est à verres prismatiques ; il peut éclairer un arc de 225 degrés, en laissant le paquebot presque entièrement dans l'ombre. Le régulateur électrique est du système Serrin. L'appareil est suspendu à la Cardan ; un petit siège ménagé dans le haut de la tourelle permet au surveillant chargé du service de régler la lampe sur place. La tranche lumineuse a environ $0^m,80$ d'épaisseur.

La machine magnéto-électrique Gramme a une puissance de 200 becs Carcel, son poids est de 200 kilogrammes ; elle est actionnée par un moteur à trois cylindres, système Brotherhood. La vitesse de régime est de 850 tours à la minute pour la machine Gramme comme pour son moteur (les axes de ces deux appareils sont simplement réunis par un manchon d'entraînement). L'emplacement exigé pour les deux machines ne dépasse pas $1^m,20$ de longueur, $0^m,65$ de largeur et $0^m,60$ de hauteur.

Les câbles qui réunissent le fanal ou la lampe mobile au générateur d'électricité sont bien isolés. La section totale des fils qui les constituent est de $0^{m²},00016$. La machine Gramme et son moteur sont placés sur un faux plancher dans la chambre de la machine motrice, à 40 mètres environ du fanal.

Tous les fils passent par la cabine du commandant, lequel a sous la main des commutateurs lui permettant de faire naître ou d'interrompre à volonté la lumière dans chacune des lampes, alternativement ou simultanément, et sans que la machine Gramme s'arrête.

La nouveauté de l'installation de l'*Amérique* réside dans

l'intermittence automatique de la lumière du fanal. Cette intermittence est obtenue par un petit mécanisme très simple fixé à l'extrémité libre de l'arbre de la machine Gramme.

Un fil spécial permet cependant au commandant de faire briller une lumière fixe et continue dans le fanal ; mais cette manœuvre est tout exceptionnelle, et en général les éclats et les éclipses se succèdent sans cesse. La machine Gramme, comme nous l'avons dit, ne s'arrête pas, elle tourne pendant toute la durée de la marche des appareils ; mais l'électricité se rend tantôt dans la lampe du fanal entre deux pointes de charbon d'où jaillit la lumière, tantôt dans un faisceau métallique fermé qui s'échauffe et se refroidit alternativement. Un dessin serait nécessaire pour faire bien comprendre l'organe d'interruption ; nous pouvons cependant en donner une idée assez précise.

La machine est animée d'une vitesse de 850 tours à la minute ; au moyen de deux vis sans fin et de deux roues d'engrenages, on fait tourner un disque 1,700 fois moins vite, c'est-à-dire qu'on lui donne une vitesse d'un tour en deux minutes. Le disque est double dans le sens de son épaisseur et il est formé de bois et de cuivre. Deux petits frotteurs appuyés chacun sur une des parties du disque communiquent, l'un avec les conducteurs du fanal, l'autre avec les fils destinés à équilibrer la résistance électrique de la lampe. L'appareil est combiné de façon à ce que le frotteur d'une partie du disque se trouve sur le cuivre, tandis que l'autre est sur le bois, ce qui résout d'une manière très satisfaisante le problème de l'intermittence du feu dans le fanal. D'après les calculs de M. Pouzolz, la meilleure relation entre les arcs métalliques et isolants du disque est celle qui produit alternativement 20 secondes d'éclat et 100 secondes d'éclipse. Rien n'est d'ailleurs plus facile que de modifier cette proportion, même en route ; il suffit pour cela de se munir d'une série de disques ayant des garnitures métalliques plus ou moins grandes.

Placé sur un sol peu stable en lui-même, le moteur Brotherhood a donné lieu à des vibrations intenses et à un bruit si exagéré, qu'il devenait impossible de s'entendre dans la chambre des machines ; mais cet inconvénient disparaîtra complètement dans les autres installations, qui posséderont des moteurs à peu près silencieux.

La hauteur du foyer lumineux est de 10 mètres au-dessus de l'eau. La portée possible de la lumière, eu égard à la dépression de l'horizon, est de 10 milles marins (18,520 mètres) pour un observateur ayant l'œil à 6 mètres au-dessus de l'eau.

Dans le but d'éclairer les huniers et les perroquets, tout en laissant les basses voiles dans l'obscurité, M. Pouzolz a fait construire un tronc de cône en fer blanc et l'a placé sur la lampe mobile, la large ouverture en l'air. De cette façon l'*Amérique* était vue de très loin par les bâtiments et les sémaphores, quand il convenait au commandant de laisser la lumière électrique en fonction continue pendant toute la nuit. C'est certainement là une bonne idée qui rendra de grands services dans les atterrissages.

Ce que nous avons tous cherché, en étudiant l'installation de l'*Amérique,* c'est d'éviter les inconvénients plus ou moins sérieux qui nous avaient été signalés et qui peuvent se résumer ainsi : la lumière électrique crée autour d'elle un nuage blanchâtre qui fatigue la vue et nuit aux observations ; le feu fixe électrique, par sa grande intensité, fait disparaître les feux réglementaires vert et rouge, ce qui constitue un vrai danger ; près des côtes, les bâtiments peuvent prendre le fanal électrique pour un phare et faire fausse route ; enfin les appareils sont encombrants et leur prix d'installation est trop considérable eu égard aux services rendus.

Les appareils Gramme ne coûtent pas cher ; ils sont très-faciles à installer et à manœuvrer, ne courent aucun risque de dislocation, et ils n'exigent enfin qu'un emplacement très-restreint. Les autres objections sont levées par l'emploi de feux intermittents. M. Pouzolz termine son rapport en déclarant *que la lumière faite par courts éclats n'a jamais gêné la vue d'aucun officier de quart, ni des hommes de veille au bossoir, et que l'éclat des feux de côtés vert et rouge n'est en rien diminué par l'usage du phare de l'avant.*

Après des expériences aussi concluantes, il semble que rien ne doive plus s'opposer à l'adoption immédiate de la lumière électrique sur tous les navires, car il est bien prouvé que la plupart des collisions proviennent de la difficulté qu'éprouvent les capitaines à relever la position exacte du navire qui approche, et c'est surtout en navigation que les questions de sécurité doivent primer toutes les autres. Cependant, nous ne croyons pas que l'application s'en généralisera vite; ce n'est que petit à petit, après de nouvelles séries d'essais, que la lumière électrique prendra définitivement possession de l'Océan. Nous désirons même que les choses se passent ainsi, car si nous avons réussi à annuler les inconvénients qu'on nous avait signalés, nous espérons bien, dans les installations qui vont suivre, apporter des améliorations importantes. A notre avis, les véritables progrès ne se développent que très lentement, mais aussi, dès que l'expérience les a consacrés, ils restent à l'abri des revirements, si communs dans l'histoire des innovations scientifiques et industrielles.

Les essais qui réussissent trop vite amènent le plus souvent de graves déceptions, et s'il nous fallait une preuve de cette assertion, nous la trouverions précisément dans les premières tentatives d'installation de l'électricité sur les navires.

Il y a douze ans que M. Berlioz, alors directeur de la Société l'*Alliance,* installait à bord du *Jérôme-Napoléon* une machine électrique avec un projecteur placé à quelques mètres au–dessus du pont et destiné à diriger la lumière sur l'horizon. Le succès de cette première application fit beaucoup de bruit et amena d'autres commandes à la même société. Parmi les applications qui suivirent, nous citerons celles du *Saint-Laurent*, du *Forfait*, du *d'Estrées* et celle plus récente de la *France*, de la Société des transports maritimes de Marseille. Eh bien, à l'exception de la dernière, dont nous ignorons le sort, il ne reste rien de toutes ces installations, et nous avons vu à Saint-Nazaire la carcasse tout oxydée de l'appareil électrique du *Saint–Laurent*.

Cependant les machines de l'*Alliance* étaient bonnes, les rapports des capitaines sur leur emploi étaient favorables, et ce n'est malheureusement pas que les sinistres maritimes soient devenus plus rares.

Les causes de l'insuccès viennent surtout de ce qu'on n'a pas eu assez de constance dans les expériences, qu'on s'est arrêté au moindre inconvénient qui a surgi, au lieu de chercher à l'annuler. Le déplacement dans les commandements a également nui au maintien des appareils à bord.

Il y a aussi le point de vue économique, qui, ici comme partout ailleurs, a joué un grand rôle : on espérait qu'en augmentant la sécurité, les Compagnies d'assurance feraient une réduction dans les primes : ce résultat n'ayant pu être obtenu, on est bientôt arrivé à considérer l'appareil électrique comme un objet de luxe. De là l'abandon du système essayé souvent à grands frais.

En moins de deux ans nous venons, à notre tour, d'installer des machines Gramme à bord de plusieurs navires de guerre français, danois, russes, anglais et espagnols ; nous reprenons à la Compagnie transatlantique la suite d'expériences depuis longtemps interrompues et nous avons l'espoir de voir nos efforts aboutir à la réalisation complète du problème.

Jusqu'à présent nous n'avons éprouvé aucun mécompte et

nous travaillons sans cesse à améliorer nos premières dispositions, afin d'en tirer encore un meilleur parti.

Parmi les applications récentes nous citerons celles faites par MM. Sautter, Lemonnier et C° sur le *Livadia* et le *Pierre-le-Grand* de la marine russe, le *Richelieu* et le *Suffren* de la marine française, etc., etc. ; et celles faites par M. Dalmau à bord des navires cuirassés espagnols *Numancia* et *Vitoria*.

Le *Livadia* est muni d'une machine Gramme donnant 500 becs Carcel environ, avec laquelle on distingue nettement des édifices à une distance de 3,000 mètres. Plusieurs fois il est entré la nuit et s'est mis à quai dans les ports d'Odessa et de Constantinople, aussi facilement que s'il eût fait jour.

La lumière électrique lui fut particulièrement utile une nuit, à l'entrée de l'hiver, où, le froid continu qui régnait depuis plusieurs jours s'étant encore accru pendant sa navigation, il craignait d'être pris par les glaces. Il fallait aller chercher de suite un refuge dans une rivière à l'entrée de laquelle la barre ne laisse qu'un chenal balisé d'une vingtaine de mètres. Grâce à son projecteur, il distingua parfaitement le chenal et atteignit à toute vitesse l'abri de la rivière.

A bord de tous ces navires, l'éclairage électrique a été utilisé avec grand succès pour renouveler la provision de charbon sans attendre le jour.

La marine française a fait installer, à bord du *Richelieu* et du *Suffren*, des machines Gramme très puissantes commandées directement par une machine Brotherhood et envoyant la lumière par des projecteurs lenticulaires. De nouvelles installations vont suivre.

Le nouvel engin d'attaque, la *torpille*, portée ou remorquée, met, on le sait, les plus gros cuirassés à la merci d'un de ces rapides canots porte-torpilles. L'expérience a en effet

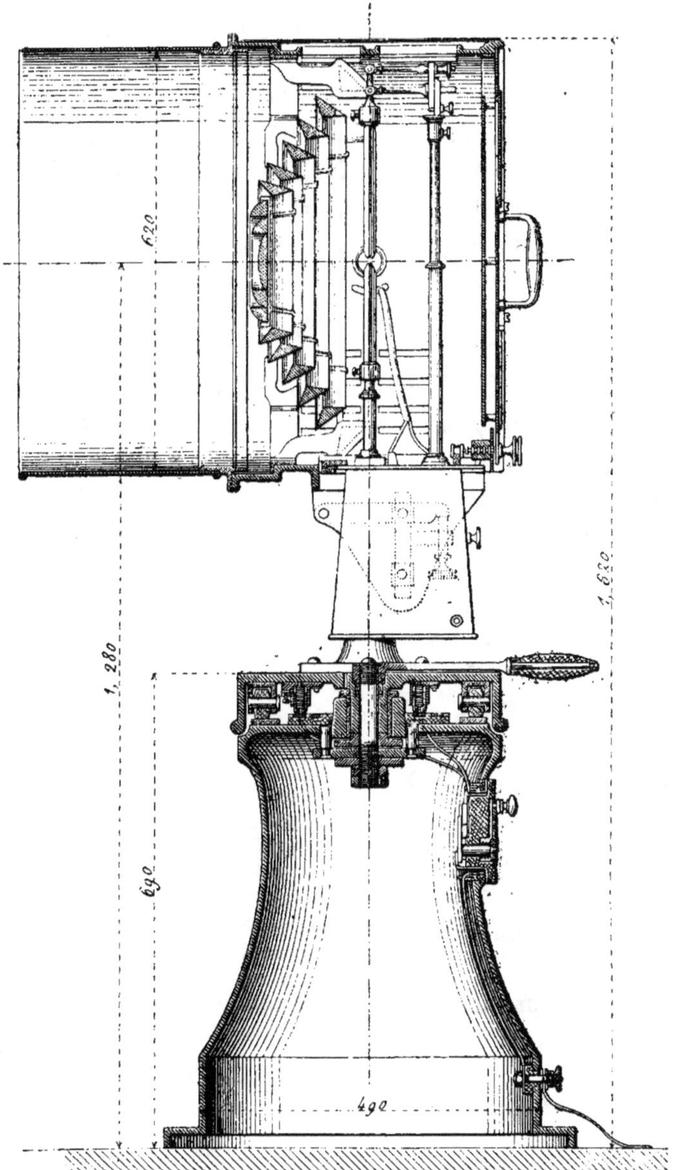

FIG. 68. Projecteur Sautter et Lemonnier.

démontré que, quelque vigilante que soit la surveillance à bord d'un navire de haut bord, une attaque nocturne par une chaloupe porte-torpille réussit souvent. Le bateau rapide filant à 15 ou 18 nœuds est arrivé à son but avant qu'on ait soupçonné sa présence. Il en est autrement si le navire, but de l'attaque, peut explorer l'horizon dans toutes les directions à une distance de deux à trois milles. Il voit l'ennemi une dizaine de minutes avant d'être atteint, c'est assez pour se défendre, si même cette attaque n'est pas empêchée par le seul fait qu'elle est découverte.

Les installations à bord des navires sont complétées, comme nous l'avons dit, par le projecteur lenticulaire Sautter et Lemonnier. Ce projecteur, que nous représentons figure 43, a pour fonction de concentrer en un faisceau cylindrique, les rayons émanés de la lampe, et de donner à l'opérateur les moyens faciles de diriger la lumière sur un point quelconque de l'espace. A cet effet, l'arc voltaïque d'un régulateur Serrin est placé au foyer d'une lentille de Fresnel de $0^m,60$ de diamètre, composée de 3 éléments dioptriques et de 6 éléments catadioptriques. La lampe et la lentille sont portées dans un tambour en fonte, mobile autour de son axe vertical et oscillant autour de son axe horizontal, sans que les positions relatives de la lampe et de la lentille changent ; d'où il résulte qu'en repos comme en mouvement, le point lumineux reste au foyer optique et ses rayons continuent à être envoyés dans l'espace en faisceau, suivant l'axe optique de la lentille.

Les mouvements tournant et oscillant peuvent être successifs ou simultanés ; ils ont pour objet de diriger l'axe optique et, par suite, le faisceau lumineux dans toutes les directions et sous toutes les inclinaisons.

L'opérateur est placé debout derrière le projecteur, il effectue ses manœuvres au moyen de poignées disposées très commodément.

Par le seul fait de son introduction dans l'appareil, la lampe est mise dans le circuit électrique et ne cesse de s'y trouver quels que soient les mouvements imprimés au cylindre mobile.

Une petite lunette, placée sur un des tourillons du cylindre, projette sur un écran de verre dépoli l'image des charbons et permet de suivre la marche de la lampe sans qu'il soit nécessaire d'ouvrir le cylindre. Une vis fait varier la position de la lampe lorsqu'il s'agit de ramener au foyer le point lumineux ou de l'en écarter pour produire une divergence plus ou moins grande du faisceau. Une deuxième vis et une manette servent à maintenir le faisceau dans une direction déterminée : la vis en arrêtant le mouvement tournant, la manette en empêchant l'oscillation.

Pour les usages de l'artillerie, une disposition particulière permet de déplacer lentement, au moyen de vis tangentes, le faisceau lumineux, afin de l'amener exactement dans une direction déterminée à l'avance.

L'appareil complet est placé sur un socle en fonte qui se fixe sur la passerelle d'un navire, à l'intérieur d'une casemate dans un fort, ou sur un chariot mobile. A l'aide d'un interrupteur on supprime à volonté le courant sans qu'il soit utile d'arrêter la machine.

La machine électrique et son moteur peuvent être installés dans la chambre des machines ou en tout autre emplacement. La vapeur peut être empruntée aux chaudières de la grosse machine ; mais il vaut mieux qu'une chaudière spéciale et à haute pression soit disponible pour cet objet.

On peut ainsi avoir de la lumière au mouillage et sans qu'il soit nécessaire d'être sous pression dans les grandes chaudières.

L'emplacement affecté au projecteur lenticulaire a beaucoup varié. Installé d'abord sur la passerelle du commandant, on a préféré sur le *Livadia* mettre le socle à poste fixe tout à fait à l'avant et y monter l'appareil optique quand on voulait éclairer. A bord de la frégate cuirassée la *Numancia* de la marine espagnole, on a disposé à l'avant une plate-forme ; c'est sur cette plate-forme qu'est mis le projecteur et que se tient l'officier qui le manœuvre.

Cette disposition nous paraît avantageuse, elle permet à l'observateur d'être placé en contre-bas de la zone du faisceau et de ne pas être gêné par lui ; mais elle n'est possible que lorsque l'avant ne porte pas de beaupré.

Sur le *Téméraire,* de la marine royale anglaise, on a placé deux projecteurs, l'un à tribord et l'autre à bâbord.

On emploie également la lumière électrique sur les canots à vapeur employés en vedette et munis d'un appareil de projection permettant soit de fouiller l'horizon à une distance de 1,500 mètres, soit de correspondre par signaux lumineux avec le navire dont ils dépendent.

Le peu de place et le peu de force dont on peut disposer sur ces canots exigent des appareils très légers, peu encombrants et par suite beaucoup moins puissants que ceux dont nous avons parlé.

L'appareil projecteur n'est plus l'appareil lenticulaire, mais un simple réflecteur parabolique argenté, monté sur la lampe même ; il est mobile à la main autour d'un axe horizontal, et l'ensemble, renfermé dans une boîte très légère, peut tourner sur un axe vertical. On l'installe instantanément à l'avant de la chaloupe ; l'opérateur peut alors diriger les rayons dans tous les sens.

La machine Gramme est disposée pour être actionnée soit par le moteur, soit par quatre hommes agissant sur une double manivelle.

Quelle que soit la combinaison adoptée, l'appareil tient un quart de mètre cube environ et ne pèse pas plus de 250 kilogrammes.

Le courant électrique est porté de la machine à la lampe

Fig. 69. Application de la lumière électrique au yacht de M. Menier.

16

par un câble à double conducteur en fil de cuivre rouge parfaitement souple et assez isolé pour qu'il puisse être dévidé hors du canot et tremper dans la mer, afin de ne pas gêner la circulation à bord.

Dans les embarcations particulières, l'éclairage électrique donne également de très bons résultats. M. Menier a installé sur son yacht une petite machine de 50 becs mue par un moteur Brotherhood, et il est très satisfait de son service.

Nous représentons, figure 69, cette application qui fait honneur à l'esprit d'initiative du grand industriel de Noisiel.

Application aux opérations militaires

La première idée de l'application de la lumière électrique à l'art militaire remonte à la guerre d'Italie, en 1859. Une Société fut formée à cette époque pour exploiter, en vue de cette application, la pile de Grenet, et l'on put voir circuler dans les rues de Paris une voiture portant une pile et une lumière électrique. La paix de Solférino mit fin à ces expériences dont, avec les moyens alors connus de produire l'électricité, on n'aurait pu attendre des résultats pratiques sérieux.

En 1867, à l'Exposition universelle de Paris, l'Autriche avait envoyé une parabole métallique de grande dimension, ayant une lampe électrique à son foyer ; à côté étaient exposés plusieurs dessins montrant diverses applications qui pouvaient être faites de cet appareil à l'attaque ou à la défense des places, ou à d'autres opérations militaires.

Les premières applications pratiques que nous connaissons datent de la guerre franco-allemande, du siége de Paris. On n'obtint, à cette époque, aucun résultat saillant. Cela tient, d'une part, à ce que, pendant cette opération militaire, les attaques par l'artillerie n'eurent lieu qu'à de grandes distances et à ce que les tentatives d'attaque de vive force furent extrêmement rares ; d'autre part, à ce que les moyens dont on disposait pour produire la lumière et la projeter à distance étaient hors de proportion avec la portée des engins d'artillerie. Les producteurs d'électricité étaient des piles, et la machine de l'Alliance (la machine de Gramme était à peine inventée), les appareils, des projecteurs, des réflecteurs paraboliques ou sphériques de petits diamètres, quelques combinaisons plus ou moins ingénieuses de lentilles, et un projecteur lenticulaire.

Ces efforts montrèrent, dès lors, qu'il était nécessaire d'avoir des appareils mobiles pouvant opérer hors de l'enceinte de la place et susceptibles d'accompagner certaines opérations. A cet effet, on étudia des piles portatives, très ingénieuses d'ailleurs, mais dont les dimensions encore encombrantes ne permettaient pas un emploi courant.

Si la lumière électrique employée dans ces conditions ne parut pas aux assiégés d'une grande utilité, il est probable que les assiégeants n'en jugèrent point ainsi, car dès cette époque, les Allemands s'en occupèrent, et l'on voyait figurer en 1873, à l'Exposition de Vienne, dans leur section, un appareil de projection de lumière électrique approprié aux usages militaires et alimenté par une machine dynamo-électrique de Siemens, en même temps que quelques travées plus bas, MM. Sautter et Lemonnier exposaient, dans la section française, un projecteur destiné à la marine, qu'une machine de Gramme éclairait.

L'année précédente, le Danemark et la Russie s'étaient déjà servi d'engins analogues que nous leur avions fournis pour éclairer des passes défendues par des torpilles.

Depuis cette époque, des travaux sérieux ont été faits, et les résultats, obtenus dès maintenant par une commission d'officiers français au fort du Mont-Valérien, permettent de compter l'éclairage électrique parmi les moyens utiles de défense dont doivent disposer une place de guerre, un fort, un corps d'armée.

Nous citerons quelques-uns de ces résultats dont nous avons été nous-même témoin. En employant la machine Gramme à 4 colonnes donnant, couplée en tension 1,500 becs Carcel, et couplée en quantité 2,500 becs Carcel, on rendit visibles, pour des observateurs placés à côté de l'appareil de projection de lumière, des mouvements de troupes, des maisons, des chariots à une distance de 5,000 mètres ; on put, à une distance de 2,700 mètres, apercevoir des soldats et reconnaître qu'ils s'escrimaient à la baïonnette.

Si l'on remarque que, pour un observateur placé près de l'appareil projecteur, la lumière traverse deux fois la distance qui le sépare du terrain éclairé et que l'intensité de la lumière de retour est inversement proportionnelle non plus au carré de la distance, mais à sa quatrième puissance, abstraction faite de l'absorption atmosphérique qui, de son côté, agit comme si la distance était doublée, on reconnaîtra que la portée de la vue peut être notablement augmentée en plaçant l'observateur à 1,000 ou 1,500 mètres du point à éclairer, laissant l'appareil projecteur à 3 ou 4 kilomètres en arrière, à l'abri de l'artillerie ennemie.

Nous laisserons aux gens spéciaux à examiner le parti à en tirer pour leur art. Nous appellerons toutefois leur attention sur cette particularité de la machine de Gramme de pouvoir, par un simple mouvement de commutateur, être couplée en tension ou en quantité ; couplée en quantité, la lumière est doublée, ce qui est commode si l'on veut éclairer plus loin ou d'une façon plus intense, et indispensable si le temps est brumeux ; couplée en tension, on peut porter le courant à une grande distance, jusqu'à 1 kilomètre de la machine, et obtenir encore une lumière de 1,000 à 1,500 becs Carcel, en augmentant le nombre de tours de la machine électrique en proportion de la distance à laquelle on veut produire la lumière. La machine électrique peut alors être installée dans une position fixe et centrale, autour de laquelle on déplace l'appareil projecteur dans un rayon de 1,000 mètres. A cet effet, cet appareil est monté sur un léger chariot très facilement transportable.

Les appareils employés par le gouvernement français pour l'éclairage des places fortes et la défense des côtes se composent d'une machine Gramme, d'un projecteur Mangin, d'un machine Brotherhood, d'une chaudière Field.

La machine Gramme a des électro-aimants plats; elle donne, couplée en tension, une lumière de 2,500 becs Carcel, et couplée en quantité, une lumière de 4,500 becs.

Cette machine tourne à des vitesses de 250 à 300 tours couplée, en tension, et de 500 tours, couplée en quantité.

A cause de sa destination, cet ensemble : machine électrique, moteur et chaudière, peut être installé à demeure sur un socle en maçonnerie, ou mieux, comme le représente la figure 69, monté sur un chariot en fer muni de 4 roues également en fer. La chaudière, dans cette dernière disposition, porte une cheminée mobile et assez basse pour pouvoir passer sous les voûtes des traverses.

Le projecteur employé est celui du colonel Mangin. Il est établi sur un chariot bas et léger qui permet de le porter sur le point de la fortification ou de la côte le plus convenable. Ce projecteur, décrit en détail dans le *Mémorial de l'officier du génie*, se compose essentiellement d'un miroir de verre concave convexe, à surfaces sphériques de rayons différents. La face convexe est réfléchissante et est recouverte d'argent. Ce miroir, qui a $0^m,90$ de diamètre, jouit de la remarquable propriété de ne pas avoir d'aberration de sphéricité, malgré la presque égalité entre son diamètre et sa distance focale.

Entre le miroir et le foyer est interposée une lentille concave convexe dont la concavité est tournée vers le foyer. Son rôle est de recueillir, au profit du miroir, une plus grande quantité de rayons de la source lumineuse et d'augmenter ainsi l'amplitude du champ éclairé.

Le faisceau qui sort du projecteur Mangin, quand la lampe est au foyer de la lentille, est parfaitement limité par une circonférence presque sans pénombre, et n'a de divergence que celle due à la dimension de la source lumineuse, c'est-à-dire 2 degrés 1/2 environ. La lumière est uniformément répartie sur toute sa surface.

Cet appareil possède la propriété de pouvoir, par le simple déplacement du foyer, lequel s'effectue par une vis ordinaire, éclairer à volonté un espace considérable ou de concentrer toute son intensité sur un même point. Cette propriété le rend éminemment propre à un certain nombre d'opérations militaires.

MM. Sautter et Lemonnier ont déjà construit un grand nombre d'appareils *photo-électriques* pour la marine et la guerre et, grâce à leur compétence exceptionnelle dans la question, ils ont su combiner les divers organes de ces appareils, de manière à leur assurer un fonctionnement irréprochable.

Nous citerons parmi les principales installations qu'ils ont réalisées, celle destinée à éclairer la passe de la Caraque à Toulon.

Cette passe a 1,800 mètres de large, elle est défendue par 12 torpilles dont la position est signalée par 12 bouées rouges. Le problème était de trouver à chaque instant un navire partant à toute vapeur de Toulon et cherchant à traverser la passe en divers endroits.

L'expérience a été des plus concluantes.

A peine le navire avait-il franchi le cap qui ferme l'entrée du port qu'il fut aperçu à plus de 3,000 mètres et, à partir de ce moment, on a pu le suivre, le quitter, le retrouver avec la plus grande facilité.

Fig. 70. Locomobile à lumière construite par MM. Sautter, Lemonnier et Cⁱᵉ.

Ce premier essai terminé, on a voulu se rendre compte du nombre de bouées visibles à la fois. Pour cela on a projeté le faisceau lumineux au pied de la fortification et l'on a vu nettement la ligne de séparation de l'eau et du sol ; puis élevant peu à peu le faisceau on a vu successivement la première, la deuxième, la troisième et la quatrième bouée. A ce moment, on a remarqué qu'on pouvait relever le faisceau jusqu'à l'apparition de la douzième bouée, placée à 2,600 mètres, sans perdre de vue aucune des premières, bien que celles-ci ne reçussent pas de lumière directe. Elles étaient éclairées par la lumière que réfléchissaient les corpuscules et les vésicules d'eau répandus dans l'atmosphère.

Grâce à l'intensité de la source lumineuse et à l'exactitude de concentration des rayons que donne le projecteur Mangin, la puissance du faisceau était telle que les corps placés en dehors de son action et à 10 mètres au-dessous de lui, étaient parfaitement visibles.

On fit ensuite une troisième expérience.

La porte divergente fut placée devant le faisceau lumineux, qui se trouva étalé et qui permit de voir, de l'autre côté de la passe, à 3,000 et 3,500 mètres, un champ de plus de 200 mètres de longueur, éclairé suffisamment pour rendre faciles toutes les opérations de l'artillerie.

Enfin, on voulut reconnaître quelle portée maxima on pouvait atteindre. La porte divergente fut supprimée et le faisceau concentré fut envoyé sur les hauteurs qui dominent la ville de Toulon. Ce fut avec la plus grande satisfaction que les observateurs, munis de bonnes jumelles et placés près de l'appareil optique, découvrirent la caserne du Mont-Faron située à 9,500 mètres de distance et à 500 mètres d'altitude.

Les conclusions furent unanimes. Il était certain que l'ensemble de ces appareils constituait une protection efficace contre les bateaux torpilles qui essaieraient de franchir la passe. Ces bateaux seraient découverts à temps pour être battus par les feux du fort, et des officiers placés dans des postes spéciaux pourraient provoquer l'explosion des torpilles noyées, au moment précis où lesdits bateaux ennemis arriveraient dans leur rayon d'action. Ces expériences ont été faites par une nuit sombre. Une légère brume empêchait l'atmosphère d'être absolument pure.

L'efficacité des appareils Gramme et Mangin a été également reconnue dans des expériences faites pour l'éclairage de la passe nord du port de Cherbourg.

Plusieurs bateaux devaient franchir cette passe et être reconnus de l'endroit où se trouvaient placés les appareils photo-électriques. La plupart furent parfaitement reconnus; puis le jet de lumière fut dirigé constamment sur l'un d'eux. Quand le capitaine qui commandait ce bâtiment vint près des observateurs, il leur adressa de vifs reproches : la lumière électrique l'avait empêché de gouverner et il avait failli à plusieurs reprises se heurter dans d'autres embarcations. On peut conclure de ce fait que les navires ennemis sur lesquels se concentrerait un semblable faisceau lumineux ne pourraient pas entrer dans le port et seraient obligés de virer de bord.

Pendant la guerre turco-russe, les bords de la mer Noire ont été protégés par des appareils semblables qui ont fonctionné toutes les nuits, au port d'Odessa notamment.

Pour les signaux de guerre, M. Gramme a étudié une machine de très petites dimensions qu'on peut faire mouvoir à bras. Cette machine, actionnée par 4 hommes, produit une lumière équivalente à 50 becs Carcel environ. Elle a des électro-aimants plats, est montée sur chariot, et reçoit le mouvement de deux manivelles agissant sur un double jeu d'engrenages. Sa construction est rustique et convient éminemment au rôle qu'elle est appelée à remplir.

On exécute en ce moment, pour divers gouvernements, de

nombreux appareils de projection de lumière électrique ; les uns placés sur des locomobiles comme il est indiqué, fig. 70 ; les autres alimentés par des chaudières fixes et accouplés avec leur moteur. Un des appareils les plus réussis que nous connaissions est celui qui a été agencé par M. Brotherhood de Londres, avec une machine à trois cylindres combinée spécialement pour cet usage. Le générateur d'électricité, système Gramme, sort des ateliers de MM. Sautter et Lemonnier.

CHAPITRE XI

FORCE MOTRICE ABSORBÉE PAR LES MACHINES MAGNÉTO-ÉLECTRIQUES

Unités de lumière. — Influence de la direction des rayons sur la lumière obtenue. — Influence de la vitesse de la machine. — Influence de l'écart des rayons. — Influence de la longueur des câbles. — Influence de la durée du fonctionnement. — Expériences de M. Tresca. — Expériences de M. Hagenbach. — Rendement de diverses machines.

Avant d'évaluer la force motrice absorbée par les machines magnéto-électriques pour produire une lumière déterminée, il est nécessaire de connaître : 1° l'unité de lumière ; 2° la position de l'observateur par rapport au foyer électrique.

En France, on prend comme unité de lumière l'intensité d'une lampe Carcel, dont la mèche a $0^m,03$ de diamètre, et qui brûle 42 grammes d'huile de colza épurée à l'heure, avec une hauteur de flamme de 40 millimètres. On lui donne le nom de *bec Carcel*.

En Angleterre, on prend comme unité l'intensité d'une bougie de spermaceti (*London standard spermaceti candle*), qui, avec une flamme de 45 millimètres de hauteur, brûle 7,77 grammes à l'heure et qu'on appelle simplement *candle*.

En Allemagne, on a généralement adopté comme unité, l'intensité d'une bougie de paraffine de 20 millimètres de diamètre, brûlant avec 50 millimètres de hauteur de flamme.

L'expérience a appris que 1 bec Carcel donne une lumière égale à 7,4 bougies anglaises et à 7,6 bougies allemandes.

La mesure d'intensité d'un foyer électrique a été, jusqu'à ce jour, faite de diverses manières suivant le but que poursuivait l'opérateur. Pour l'éclairage des ateliers, on a coutume de mesurer la lumière envoyée horizontalement dans toutes les directions ; pour les phares on évalue la puissance des foyers en envoyant, autant que possible, toute la lumière du côté du réflecteur. Tout naturellement, les résultats obtenus ainsi ne sont pas comparables entre eux.

Lorsqu'il s'agit d'évaluer la lumière produite par incandescence ou par arc voltaïque provenant de courants alternatifs, on peut se placer de manière à ce que le photomètre, la lampe Carcel et le foyer électrique soient dans un même plan horizontal. On obtient ainsi des résultats comparables à ceux obtenus en mesurant l'intensité des lampes à huile. Mais quand on est en présence d'un régulateur à charbons verticaux, alimenté par une machine à courants continus, les choses ne doivent pas se passer ainsi, car l'avantage serait considérable en faveur des lampes Carcel[1].

Les flammes des lampes Carcel sont en effet transparentes et leur disposition est telle qu'elles donnent leur maximum d'intensité dans le plan horizontal. Ce n'est pas le cas de la lumière électrique produite par des courants continus. L'hypothèse qui l'assimile à une petite sphère lumineuse d'un centimètre de diamètre n'est pas conforme à la réalité. Le charbon supérieur[1], ainsi que nous l'avons dit chapitre VII, se creuse et le charbon inférieur se taille en pointe ; la lumière émane d'une petite coupe lumineuse appliquée

---

1. Nous avons reproduit chapitre VII, sur le même sujet, quelques considérations et une série d'expériences qui ont paru dans notre première édition. Au lieu de nous borner à des explications sommaires, nous nous proposons maintenant d'analyser complètement le mode de distribution de lumière dans les foyers à courants continus.

contre un corps opaque, et dont la forme et la position varient
avec l'intensité et le sens du courant. La quantité de lumière
reçue par l'observateur dépend de l'angle sous lequel il voit
la coupe lumineuse et, si l'on considère un cercle tracé dans
le plan des charbons, avec la coupe pour centre, chaque
point de la circonférence de ce cercle recevra des quantités
de lumière différentes. Pour avoir des mesures comparables,
il faut, ou prendre la moyenne des mesures obtenues sur
toute la circonférence, aussi bien dans la lampe Carcel que
dans le régulateur électrique, ou mesurer la lumière dans la
direction où elle est la plus intense. Or l'expérience a prouvé
que l'intensité maximum d'un foyer électrique a lieu dans
une direction faisant un angle de 50 à 60 degrés avec le plan
horizontal ; ce serait donc sous cet angle qu'il faudrait
mesurer sa lumière.

Il est bon de faire remarquer que l'inégalité des quantités
de lumière émise dans des directions différentes n'est pas un
fait spécial aux foyers électriques, et que, suivant M. Allard,
une lampe à huile, mesurée dans une direction inclinée de
50 degrés au-dessous de l'horizon, ne donne que 0,20 de la
lumière qu'elle donne dans le plan horizontal [1]. La quantité
de lumière a donc, dans un cas comme dans l'autre, *un
maximum*, avec cette différence que ce maximum existe,
avec la flamme à huile, sur le plan horizontal, et avec le
foyer électrique, à la surface d'un cône dont la génératrice
est inclinée d'environ 60 degrés au-dessous ou au-dessus du
plan horizontal, suivant que le charbon positif est au-dessus
ou au-dessous de l'autre.

Dans les ateliers de construction et dans la plupart des
applications industrielles, les lampes et les régulateurs étant
placés dans une position assez élevée par rapport aux objets
à éclairer, nous aurions pu, dans nos calculs, prendre comme
intensité d'une machine le maximum qu'elle peut produire

---

1. *Mémoire sur l'intensité et la portée des phares*, 1878, page 210.

dans la direction la plus favorable. Mais nous avons préféré faire des expériences directes, pour déterminer la moyenne des intensités lumineuses envoyées dans toutes les directions, aussi bien au-dessus qu'au-dessous du foyer. De cette façon nous présenterons des mesures réelles pouvant servir de base à un calcul pratique, et non des évaluations spéciales à une seule direction.

Le tableau N° 1 ci-après résume les résultats obtenus dans cette première série d'expériences.

Ier TABLEAU. — INTENSITÉS LUMINEUSES DANS DIVERSES DIRECTIONS.

VUE EN DESSOUS		VUE EN DESSUS		OBSERVATIONS
INCLINAISON sur l'horizontale du rayon lumineux observé	INTENSITÉ lumineuse en becs Carcel	INCLINAISON sur l'horizontale du rayon lumineux observé	INTENSITÉ lumineuse en becs Carcel	
0°	225	0°	225	Pendant toutes ces expériences, la vitesse de la machine était de 750 tours, la force motrice absorbée 202 kilogrammètres, l'écart entre les crayons de $3^{m/m}$, la longueur du câble de 160 mètres, l'usure des crayons de $0^m,07$ à l'heure.
15°	400	15°	144	
30°	822	30°	130	
45°	1.175	45°	119	
60°	1.323	60°	79	
75°	1.051	75°	21	
90°	0	90°	12	

En prenant la moyenne des intensités mesurées dans 24 directions, 12 à droite et 12 à gauche, nous avons trouvé 458 becs. Ce qui prouve que la lumière mesurée horizontalement est très approximativement la moitié de celle envoyée, en moyenne, dans toutes les directions.

Dès lors, lorsqu'on voudra connaître l'intensité lumineuse d'un appareil électrique à courants continus, il suffira de prendre une mesure photométrique, en plaçant la lampe Carcel, le régulateur et le photomètre dans un même plan horizontal, et de multiplier par 2 l'intensité observée. Le résultat obtenu sera la véritable moyenne des intensités.

Parmi les causes qui peuvent influer sur le travail moteur absorbé par une machine à lumière, nous examinerons successivement celles relatives à la vitesse de la machine, à la durée du fonctionnement, à l'écart des pointes de crayons et aux dimensions des câbles conducteurs.

Toutes les expériences, dont nous allons rendre compte, ont été faites avec le plus grand soin dans le laboratoire de M. Gramme qui a bien voulu nous aider de ses conseils et contrôler les résultats photométriques et dynamométriques.

Le générateur d'électricité était du type normal ; il possédait quelques perfectionnements dans les détails récemment étudiés par l'inventeur, et il sortait des ateliers de MM. Mignon et Rouart.

Le régulateur était du système Serrin, fabrication de M. Breguet.

Les crayons avaient un diamètre de 13 millimètres. Ils avaient été obtenus par le procédé Gauduin.

Le moteur était une machine à gaz horizontale, système Otto, d'une force maximum de 5 chevaux. Un régulateur à gaz Giroud corrigeait les variations de pression qui auraient sans lui influencé la marche du moteur.

La machine Gramme était actionnée directement par le moteur, de sorte que nous n'avons pas eu à tenir compte du travail, souvent irrégulier, absorbé par une transmission intermédiaire.

La conductibilité des câbles était de 0,95, celle de l'argent étant 1.

La vitesse du moteur était de 160 tours à la minute. Le nombre des explosions du gaz variait, suivant la force employée, de 40 à 80 par minute.

L'évaluation du travail mécanique pouvait se faire à chaque instant, très approximativement, en comptant les explosions ; mais pour éviter toutes causes d'erreur, nous mettions un frein de Prony sur le volant du moteur, après chaque constatation dans les intensités lumineuses. De cette façon, nous sommes certain de l'exactitude des résultats relatifs à la force motrice.

L'évaluation des intensités lumineuses a été obtenue à l'aide d'un photomètre Foucault. Trois personnes examinaient successivement le photomètre et réglaient l'écartement de la lampe à huile ; et nous enregistrions, non la moyenne des observations, mais seulement celle qui était la moins favorable à la lumière électrique,

L'examen des tableaux qui vont suivre montrera pourquoi certains industriels trouvaient que leurs machines Gramme ne consommaient que deux chevaux et demi de force, alors que d'autres industriels constataient que cette force dépassait 4 chevaux.

La vitesse de la machine influence naturellement son rendement ; il y aurait donc intérêt à augmenter considérablement cette vitesse lorsqu'on veut beaucoup de lumière, mais on est retenu d'autre part par la grandeur de l'arc voltaïque qui croît également avec la vitesse et qui ne peut pas dépasser, en pratique, une dimension déterminée. Lorsque l'arc dépasse 5 millimètres avec des charbons de $0^m,013$, les crayons se taillent trop en pointes, le positif n'a plus qu'une très petite coupole, et la lumière devient variable à chaque instant.

Si l'on diminuait l'arc, en serrant le ressort régulateur, la résistance deviendrait trop grande, et la machine chaufferait outre mesure.

En général, pour être dans de bonnes conditions de marche, il faut chercher à quelle distance entre les pointes, le régulateur s'éteint, et fonctionner avec un écart égal à la moitié de cette distance.

Comme on le voit par le tableau n° 2, la lumière qu'on obtient à 1,000 tours est 4 fois plus considérable que celle obtenue à 700 tours et 2 fois environ celle obtenue à 800 tours ; la force consommée pour 100 becs est de 57 kgm. 1/2, à 700 tours. et de 26 kgm. à 1,000 tours.

2ᵉ Tableau. — INFLUENCE DE LA VITESSE DE LA MACHINE

NOMBRE DE TOURS par minute	LONGUEUR du CABLE conducteur	ÉCART entre les pointes des CRAYONS	INTENSITÉ lumineuse EN BECS CARCEL		FORCE ABSORBÉE en KILOGRAMMÈTRES		NOMBRE de BECS par cheval vapeur
			Mesurée horizontalement	Moyenne	Totale	Par 100 becs d'intensité moyenne	
700	100ᵐ	3 ᵐ/ᵐ	160	320	185	57,81	130
725	100	3	243	486	165	33,95	220
750	100	3	295	590	192	32,54	230
800	100	4	365	730	230	31,65	235
850	100	5	458	976	282	28,89	270
900	100	6	576	1.152	330	28,64	260
1.000	100	10	646	1.292	338	26,16	285

Les résultats consignés dans la dernière colonne sont très satisfaisants, ils prouvent qu'on peut obtenir réellement 285 becs par cheval-vapeur. C'est, croyons-nous, le maximum de ce qu'on a constaté jusqu'à présent en marche régulière. Nous n'avons dépassé ce résultat que dans une seule expérience, en nous tenant à la limite de longueur d'arc, mais la lampe s'éteignait souvent.

3ᵉ Tableau. — INFLUENCE DE L'ÉCART DES CRAYONS

NOMBRE DE TOURS par minute	LONGUEUR du CABLE conducteur	ÉCART entre les points des CRAYONS	INTENSITÉ lumineuse EN BECS CARCEL		FORCE ABSORBÉE en KILOGRAMMÈTRES		NOMBRE de BECS par cheval vapeur
			Mesurée horizontalement	Moyenne	Totale	Par 100 becs d'intensité moyenne	
750	100ᵐ	5 m/m	351	702	175	25	301
750	100	4	321	642	186	29	259
750	100	3	295	590	192	32,5	231
750	100	2	256	512	213	41,7	214
750	100	1	225	450	233	51,6	145
750	100	0	140	280	330	117,8	63

Le 3ᵉ tableau montre quelle est l'influence de l'écart des crayons, lorsque la vitesse et la longueur du câble conducteur sont constantes. Le maximum d'intensité correspond ici au minimum de force employée, mais nous avons remarqué qu'avec 5 millimètres d'écart, la lumière était instable et que le régulateur s'éteignait à la moindre variation dans la vitesse du moteur ; la 3ᵉ expérience peut servir de base à une application, car la lumière était très régulière. Lorsque l'écart devient nul, la lumière n'est produite que par l'incandescence des charbons, il faut alors une grande force motrice pour produire une lumière relativement faible.

4ᵉ TABLEAU. — INFLUENCE DE LA LONGUEUR DU CABLE

(DANS TOUTES LES EXPÉRIENCES, LA SECTION DU CABLE ÉTAIT DE 10 MILLIMÈTRES CARRÉS)

NOMBRE DE TOURS par minute	LONGUEUR du CABLE conducteur	ÉCART entre les pointes des CRAYONS	INTENSITÉ lumineuse EN BECS CARCEL		FORCE ABSORBÉE en KILOGRAMMÈTRES		NOMBRE de BECS par cheval vapeur
			Mesurée horizontalement	Moyenne	Totale	Par 100 becs d'intensité moyenne	
750	100	4 m/m	321	642	186	28,9	267
800	150	5	345	690	230	33,3	225
825	200	5	315	630	232	36,8	178
850	300	5	275	550	225	40,9	183
900	400	5	260	520	241	46,3	162
950	500	5	245	490	230	46,1	160
1.000	750	5	236	472	243	51,4	145
1.100	1.000	5	215	430	256	59,5	126
1.350	2.000	5	160	320	230	71,8	104

Nous avons groupé, dans le 4ᵉ tableau, les indications relatives à l'influence de la longueur du câble sur l'intensité lumineuse et sur la dépense de force motrice.

Autant que possible la force motrice totale a été maintenue constante ; et pour éviter les déperditions trop rapides dans les intensités lumineuses, la vitesse de la machine Gramme a été augmentée en même temps que la longueur du câble.

Avec un câble de 2,000 mètres, correspondant par conséquent, à une distance d'un kilomètre, entre la machine et le régulateur, nous avons obtenu la moitié de la lumière, constatée avec un câble de 100 mètres. C'est là un résultat qui présente un intérêt capital dans beaucoup d'installations.

Nos dernières expériences, tableau nᵒ 5, sont relatives à l'influence de la durée du fonctionnement. Elles prouvent qu'au début de l'allumage il faut un peu plus de force et qu'on a plus de lumière ; mais qu'après 15 minutes de marche on se trouve dans des conditions tout à fait normales.

5ᵉ Tableau. — INFLUENCE DE LA DURÉE DU FONCTIONNEMENT

NOMBRE DE TOURS par minute	LONGUEUR DU CABLE conducteur	ÉCART entre les pointes DES CRAYONS	DURÉE du fonctionnement	INTENSITÉ lumineuse EN BECS CARCEL		FORCE ABSORBÉE en KILOGRAMMÈTRES		NOMBRE de BECS par cheval vapeur
				Mesurée horizontalement	Moyenne	Totale	Par 100 becs d'intensité moyenne	
750	100 ᵐ	2 ᵐ/ᵐ	Au départ.	199	398	214	53,7	139
»	»	4	15 minutes	180	360	183	50,8	147
»	»	»	30 minutes	175	350	191	55,1	135
»	»	»	1 heure.	181	362	191	53	142
»	»	»	2 heures.	191	382	192	50,2	149
»	»	»	3 heures.	190	380	190	50	150

Les différences observées au début s'expliquent par l'état même de la machine. Les fils des électro-aimants et des bobines sont froids, leur conductibilité est meilleure et l'induction plus considérable ; puis au bout de peu de temps l'échauffement atteint son maximum et, loin de diminuer sans cesse, l'intensité lumineuse gagne un peu lorsqu'on a fonctionné deux heures.

En résumé, on se trouve dans d'excellentes conditions de marche avec la machine que nous avons expérimentée, en mettant 100 mètres de câble et en donnant à l'arc voltaïque une longueur de 3 millimètres. On obtient alors en moyenne 390 becs Carcel de lumière diffusée, avec une dépense de 192 kilogrammètres (2ᶜʰ 55) ; ce qui correspond à 25 kilogrammètres pour 100 becs Carcel, ou bien à 231 becs par cheval vapeur.

Parmi les expériences les plus intéressantes faites dans le but de déterminer la force motrice absorbée par les machines Gramme, nous citerons celles de M. Tresca, de l'Institut ; celles de M. Hagenbach, professeur à l'Université de Bâle.

1° *Expériences de M. Tresca.* — Les expériences de M. Tresca ont été faites dans les ateliers de MM. Sautter et

Lemonnier, sur une machine à 4 colonnes et sur la première machine du type normal qui ait été exécutée. Voici les résultats obtenus, tels qu'ils ont été présentés à l'Académie des sciences :

Machine grand modèle.

Rapport des distances au photomètre. . . . . . $40^m,00 : 0^m,93$
Rapport des intensités . . . . $1850 : 1$

Numéros des tracés	Tours du dynamomètre par minute.	Ordonnées moyennes du diagramme.	Travail en kilogrammètres par seconde
		Millimètres.	
1	238	22,50	678,28
2	251	18,89	600,56
3	248	21,74	682,82
4	244	16,60	513,00
5	241	15,59	475,86
6	244	16,65	516,23
Moyenne . .	244		576.12
			ou $7^{ch},68$

Travail pour 100 becs $= \dfrac{7^{ch},68}{18,50} = 0^{ch},415$.

Travail par bec et par seconde, $0^{km},31$.

Machine petit modèle.

Rapport des distances au photomètre . . . . . . $20 : 1,15$
Rapport des intensités . . . . $302,4 : 1$

Numéros des tracés.	Tours du dynamomètre par minute.	Ordonnées moyennes du diagramme.	Travail en kilogrammètres par seconde.
		Millimètres.	
1	234	7,11	201,72
2	238	6,66	200,79
3	244	7,42	229,41
Moyenne	239		210.65
			ou $2^{ch},81$

Travail pour 100 becs $\dfrac{2^{ch},81}{3,024} = 0^{ch},92$.

Travail par seconde et par bec, $0^{km},69$.

Les expériences de M. Tresca ont été faites à la fin de 1875, c'est-à-dire trois ans et demi avant les nôtres ; c'est ce qui explique les différences assez sensibles qu'on peut constater dans les résultats obtenus, car M. Gramme perfectionne sans cesse ses machines.

Ainsi, nous avons trouvé que la force absorbée pour 100 becs était de 25 kilogrammètres, tandis que M. Tresca a constaté que cette force était de 31 kilogrammètres pour la grosse machine, et de 68 kilogrammètres pour la petite.

2° *Expériences de M. Hagenbach.* — M. Hagenbach a expérimenté une machine Gramme de petites dimensions, d'un faible rendement lumineux, mais très bien construite pour l'étude détaillée de ses propriétés physiques.

Nous regrettons de ne pouvoir donner en entier le rapport de ces expériences, car il est fort intéressant ; mais le défaut d'espace nous force à ne publier que les tableaux et la conclusion.

« I. Le circuit de la machine fut fermé au moyen d'un fil court et épais dont la résistance pouvait être négligée ; on avait donc une résistance extérieure nulle et une résistance totale égale à 1,88 unité Siemens.

NOMBRE DE TOURS à la minute.	INTENSITÉ DU COURANT en centimètres de gaz à la minute.	FORCE ÉLECTRO-MOTRICE exprimée en éléments de Deleuil.
285	46,0	4,5
386	78,0	7,6
421	86,0	8,4
495	97,1	9,4
537	112,6	10,9
584	123,8	12,0
744	150,7	14,6
817	160,3	15,6
879	166,6	16,2
930	172,5	16,8
978	177,7	17,3
1,045	183,0	17,8
1,082	186,8	18,2

« II. Le circuit de la machine fut fermé au moyen d'un fil de cuivre plus long enveloppé de gutta-percha et représentant une résistance de 0,5 unité Siemens, ce qui donnait une résistance totale de 2,38 unités Siemens.

NOMBRE DE TOURS à la minute.	INTENSITÉ DU COURANT en centimètres cubes de gaz à la minute.	FORCE ÉLECTRO-MOTRICE exprimée en éléments de Deleuil.
253	9,3	1,1
365	11,1	3,5
450	69,0	8,5
597	96,8	11,6
818	129,8	16,0
906	140,7	17,3
981	147,9	18,2
1,109	161,7	19,9
1.175	166,4	20,5
1,283	176,3	21,7

« III. On introduisit dans le circuit un fil encore plus long représentant deux unités Siemens, ce qui donnait une résistance totale de 3,88 unités.

NOMBRE DE TOURS à la minute.	INTENSITÉ DU COURANT en centimètres cubes de gaz à la minute.	FORCE ÉLECTRO-MOTRICE exprimée en éléments de Deleuil.
539	41,0	8,2
707	70,0	14,0
905	91.2	18,3
1,178	110,5	22,2
1.416	129,8	26,0
1,584	142,1	28,5

« Les mesures exécutées sur l'intensité lumineuse et l'intensité de courant correspondante m'ont conduit par le calcul et l'interpolation aux résultats suivants :

NOMBRE de tours à la minute.	INTENSITÉ lumineuse en bougies normales.	INTENSITÉ du courant en centimètres cubes de gaz à la minute.	FORCE électro-motrice en éléments de Deleuil.
1,700	506	119	40,8
1,800	567	126	43,2
1,900	628	133	45,6
2,000	689	140	48,0

« Des expériences faites avec le dynamomètre de Prony m'ont démontré que, pour la production de la lumière à 1,800 tours par minute, on dépense environ 90 kilogrammètres, c'est-à-dire plus d'un cheval de force.

« Or, 567 bougies normales équivalent à peu près à 80 becs Carcel; il faut donc, pour la production d'un bec Carcel avec notre machine, 1,1 kilogrammètre.

« La résistance galvanique d'un de mes éléments Deleuil équivaut à 0,083 unité de Siemens, il faut donc 72 éléments à la suite les uns des autres pour produire la même lumière qu'avec la machine de Gramme à 1,700 tours par minute, et 86 éléments pour produire la même lumière qu'avec la machine à 2,000 tours; de là il ressort clairement que l'emploi de la machine de Gramme pour la production de la lumière électrique a, sur celui de la pile, l'avantage non seulement d'une plus grande commodité, mais aussi d'une grande économie. »

Tout ce qui précède est relatif aux machines Gramme.

Nous n'avons pas beaucoup de renseignements sur la force dépensée par les autres systèmes de machines et il nous manque surtout des points de comparaison pour servir de base à un classement impartial. Nous avons lu attentivement le rapport américain de MM. Thomson et Houston et le rapport anglais de M. Douglas, mais comme ni en Amérique ni en Angleterre on n'a opéré sur de bonnes machines Gramme, nous ne pouvons, malgré l'autorité des rapporteurs, considérer leurs conclusions comme bien fondées.

En réunissant les résultats obtenus en Angleterre et en Amérique avec ceux de nos expériences personnelles; et en ramenant les intensités trouvées par MM. Thomson et Houston aux intensités moyennes de lumière diffusée, nous avons établi le tableau suivant, qui peut donner une idée du rendement des divers systèmes d'appareils magnéto-électriques.

Ce tableau fait surtout ressortir l'avantage des machines à courants continus sur les machines à courants alternatifs, au point de vue de la transformation du travail mécanique en lumière. Il montre également les grands progrès réalisés par M. Gramme depuis 1873.

RENDEMENT DES MACHINES MAGNÉTO-ÉLECTRIQUES

NOMS DES MACHINES	NOMBRE de tours par minute	INTENSITÉ moyenne en becs Carcel	FORCE ABSORBÉE en KILOGRAMMÈTRES		NOMBRE de becs par cheval vapeur
			Totale	Par 100 becs d'intensité moyenne	
Wallace (petite)	1.000	118	292	248	30
Brush (petite).	1.400	242	282	116	64
Holmes.	400	217	240	110	67
De l'*Alliance*	400	279	270	96	77
Brush (grande)	1.340	332	244	73	100
Gramme (modèle 1873) petite. .	800	190	138	72	103
— — grande .	420	573	397	68	108
Siemens (grande)	480	1.276	735	56	130
— (moyenne	850	591	247	41	179
Gramme (type normal)	750	590	192	25	231

CHAPITRE XII

PRIX DE L'ÉCLAIRAGE A L'ÉLECTRICITÉ

Prix de l'éclairage au moyen d'un régulateur. — Pile Bunsen. — Évaluation de M. Becquerel. — Prix résultant de l'emploi de la machine de l'*Alliance*. — Prix résultant de l'emploi de la machine Gramme. — Tableau comparatif du prix de diverses lumières. — Calculs de MM. Heilmann, Manchon et Powell. — Prix de l'éclairage avec bougies Jablochkoff. — Quantité de lumière produite par les bougies. — Frais d'installation. — Dépenses d'entretien. — Comparaison avec le gaz.

1º Prix de l'éclairage à l'électricité obtenu au moyen de régulateurs

Bien que l'emploi de la pile tende à disparaître depuis l'invention de M. Gramme, il n'est pas inutile d'examiner quelles étaient les dépenses qu'elle occasionnait pour la production de la lumière.

Nous trouvons, à ce sujet, des renseignements assez précis, dans un rapport présenté, il y a une vingtaine d'années, par M. Edmond Becquerel à la Société d'encouragement.

Le point important à déterminer, dans les recherches sur la pile, est la consommation moyenne de zinc, d'acide sulfurique et d'acide nitrique nécessaires pour l'obtention d'une lumière constante pendant plusieurs heures. Or, l'expérience prouve que l'intensité lumineuse décroît très-rapidement alors que le courant lui-même diminue beaucoup moins vite. Cette différence de décroissance entre le courant et ses effets est d'ailleurs irrégulière et rend impossible la détermination exacte de la loi suivant laquelle s'effectue la consommation des substances nécessaires à la production d'une lumière donnée. Mais, malgré cela, on peut indiquer les limites entre lesquelles se trouve comprise la dépense totale, lorsqu'on fait usage de piles dont les dimensions sont connues.

Ainsi, avec 60 éléments Bunsen de 0^m,20 de hauteur, fonctionnant pendant 3 heures, on a obtenu au début 75 becs Carcel en dépensant par heure 2^f,85 de produits et, à la fin, 30 becs Carcel, en dépensant 2^f,15 à l'heure. La dépense de zinc a été calculée d'après l'intensité du courant mesurée par une boussole des sinus introduite dans le circuit, et rapportée à l'action qui serait produite dans un voltamètre à sulfate de cuivre par un courant électrique de même intensité ; celle d'acides sulfurique et nitrique a été calculée par les équivalents. Il est certain que la dépense réelle est plus forte que celle indiquée par la théorie des décompositions électro-chimiques ; d'autre part, le mercure éprouve des pertes, l'acide nitrique dont le degré est abaissé ne donne plus une énergie suffisante pour une nouvelle expérience, etc., aussi M. Becquerel estime-t-il que la dépense des 60 éléments est au moins de 3 francs par heure.

Ce résultat a d'ailleurs été confirmé par des expériences directes exécutées en 1857, pour l'éclairage d'une des grandes rues de Lyon. La lampe, système Lacassagne et Thiers, était alimentée par 60 éléments Bunsen. Elle a fonctionné pendant 100 heures.

Le tableau ci-après donne exactement les substances consommées, le prix payé par les expérimentateurs, le prix par heure d'éclairage et le prix des substances.

En appliquant les prix actuels des substances aux quantités consommées, on arrive au prix de 3 francs par heure, comme dans les expériences de M. Becquerel.

DÉSIGNATION des SUBSTANCES	CONSOMMATION en 101 HEURES	PRIX PARTIELS	PRIX TOTAL	PRIX PAR HEURE	OBSERVATIONS (PRIX ACTUEL)
Zinc	72^k,00	104 fr. les 100 kil.	74^f,95	0^f,75	80 fr. les 100 kil.
Acide sulfurique.	154 ,00	24 fr. les 100 kil.	36 ,95	0 ,37	12 fr. les 100 kil.
Acide nitrique .	247 ,00	70 fr. les 100 kil.	173 ,25	1 ,73	56 fr. les 100 kil.
Mercure	9 ,50	550 fr. les 100 kil.	49 ,75	0 ,50	650 fr. les 100 kil.
Carbone purifié .	6^m,21	3 fr. le mètre.	19 ,85	0 ,20	2 fr. 50 le mètre.
TOTAUX.			354^f,75	3^f,55	

Ce prix donnerait certainement lieu à des réductions si on
opérait dans une usine avec une installation permanente ;
on pourrait, en effet, révivifier le mercure, économiser
l'acide nitrique, utiliser les sous-produits, etc. Cependant,
comme, d'autre part, le prix de 3 francs ne comprend ni
l'amortissement du capital de premier établissement, ni la
main-d'œuvre, ni aucuns frais généraux, et qu'en résumé,
une installation d'éclairage électrique, quelque grande
qu'elle soit, ne donnerait jamais lieu à une consommation assez importante de produits chimiques pour qu'on
ait grand profit à en retirer la quintessence, on peut
admettre que le prix de 3 francs l'heure, pour une lumière
moyenne de 50 becs Carcel, est un minimum dans la pratique.

Dans le même rapport, M. Becquerel donne le rapprochement suivant, qui comble une lacune du chapitre précédent
et qui nous servira de transition pour passer de l'éclairage
par la pile à celui obtenu par les machines magnéto-électriques :

« Il est intéressant de rapprocher les nombres indiqués
de ceux que l'on obtiendrait si l'on évaluait la force à communiquer à une machine magnéto-électrique de l'*Alliance*
pour fournir un courant électrique capable de maintenir
constant un arc voltaïque semblable à celui qui a servi aux

études sur la pile. Si l'on compare ces effets avec ceux qui ont été obtenus, en 1856, avec la machine qui a fonctionné au Conservatoire des arts et métiers, on trouve qu'il faudrait communiquer une force de 2 chevaux un quart à cette machine pour donner un courant électrique capable de maintenir constant un arc lumineux éclairant comme 50 becs Carcel. »

M. Leroux, dans les conférences déjà citées, donne les éléments complets de la dépense qu'occasionneraient les machines de l'*Alliance* si on les utilisait à l'éclairage industriel ; seulement, nous ferons remarquer qu'il suppose 360 jours de marche par an, tandis que dans la plupart des usines on ne veille que 100 jours par an, ce qui augmente beaucoup la dépense réelle par heure d'éclairage.

Voici les devis de M. Leroux pour une lumière de 125 becs Carcel :

1" Cas le plus défavorable, lorsque le moteur qui donne le mouvement aux machines magnéto-électriques n'a pas d'autre emploi et exige un chauffeur spécial ;

Pour un service de 10 heures par jour :

Amortissement à 10 0/0 des 12,000 francs de premier établissement ; par jour.	3f,35
Charbon, 100 kilogrammes à 10 francs la tonne	4 , »
Salaire d'un chauffeur	5 , »
Crayons de carbone.	3 ,60
Graissage, etc	1 ,30
Dépense par jour.	17f,25

Pour un service de 5 heures par jour :

Amortissement de 10 0/0 des 12,000 francs de premier établissement.	3f,35
Charbon, 50 kilogrammes à 10 francs la tonne.	2 , »
Chauffeur.	5 , »
Crayons de carbone.	1 ,80
Graissage, etc	0 ,70
Dépense par jour.	12f,85

2° Cas le plus favorable ; la force motrice étant emprun-

tée à une machine puissante, fonctionnant pour d'autres
besoins.

Pour un service de 10 heures par jour :

```
Amortissement à 10 pour 100 sur 9,000 francs. . . . . . .   2f,50
Charbon, 40 kilogrammes à 40 francs la tonne. . . . . . .   1 ,60
Crayons de carbone . . . . . . . . . . . . . . . . . . . .   3 ,60
Graissage, etc. . . . . . . . . . . . . . . . . . . . . .   0 ,70
                                                           ______
            Dépense par jour. . . . . . . . . . . . . . .   8f,40
```

Pour un service de 5 heures par jour :

```
Amortissement de 9,000 francs, 10 pour 100. . . . . . . .   2f,50
Charbon, 20 kilogrammes à 40 francs la tonne. . . . . . .   0 ,80
Crayons de carbone. . . . . . . . . . . . . . . . . . . .   1 ,80
Graissage, etc . . . . . . . . . . . . . . . . . . . . . .   0 ,40
                                                           ______
            Dépense par jour. . . . . . . . . . . . . . .   5f,50
```

En admettant 100 jours à 5 heures, ou 500 heures
d'éclairage par an, les chiffres précédents de dépenses quo-
tidiennes deviennent, dans le cas défavorable, 21f,50 pour
5 heures, soit 4f,30 par heure, et dans le cas favorable,
15 francs pour 5 heures, soit 3 francs par heure. Ce qui fait
0f,034 par heure et par bec dans le premier cas, et 0f,024
dans le second. Ces dépenses correspondent à très peu près
à celles occasionnées par le gaz d'éclairage pour les abonnés,
d'une part, et pour la municipalité de Paris, d'autre part.

Examinons maintenant les divers prix de revient de
l'éclairage obtenu au moyen de la machine Gramme. Le
grand nombre des applications industrielles faites avec cette
machine nous permettra de donner sur ce sujet les renseignements les plus complets et les plus précis.

En principe et à de très rares exceptions près, M. Gramme
ne conseille l'emploi de sa machine que là où il y a de
grands espaces à éclairer et un moteur suffisamment puissant pour que l'addition d'une ou de plusieurs machines
n'entrave en rien la marche régulière de l'usine. Sur
100 installations, 90 ont été faites sur ces données. C'est

donc sur ce genre d'applications que nous commencerons nos calculs.

Une machine Gramme de 150 becs, montée sur socle, coûte 1,600 francs; un régulateur Serrin, 450 francs; le prix des câbles de transmission, suivant leur longueur, varie de 1 franc à 2 francs le mètre. Avec les frais d'emballage, de transport et d'installation, un appareil complet prêt à fonctionner coûte au maximum (en France et dans les pays limitrophes) 2,500 francs, tous frais compris.

Les crayons de cornue pour régulateur coûtent 2 francs le mètre; leur usure est de $0^m,08$ par heure, déchets compris.

Avec 500 heures de veillée par an et 4 appareils dans le même établissement, les dépenses annuelles, si l'on emploie une machine à vapeur, sont :

4,000 kilogrammes de charbon à 35 francs la tonne. .	140 francs.
160 mètres de crayons de cornue.	320 —
Entretien des appareils, $0^f,50$ par heure.	250 —
Amortissement de 10,000 à 10 pour 100 par an. . . .	1,100 —
Total.	1,810 francs.

Si l'on dispose d'une force hydraulique, ces dépenses sont réduites à 1,570 francs; ainsi, l'éclairage produit par 4 foyers de 150 becs chacun, pendant 500 heures, coûte 1,810 francs lorsque les machines Gramme sont actionnées par une machine à vapeur, et 1,570 francs lorsque les machines Gramme sont actionnées par une roue hydraulique.

Pour un foyer unique, il faut compter $0^f,30$ d'entretien par heure, ce qui augmente un peu le prix proportionnel. Pour 8 foyers, par contre, l'entretien ne dépasse pas $0^f,75$, et le prix proportionnel est réduit. En prenant pour base 525 francs par appareil et par an, pour 500 heures de veillée, on pourra être certain de ne pas éprouver de mécompte.

Lorsqu'on travaille toute la nuit et toute l'année, comme chez M. Menier, à Noisiel, le prix, pour 4,000 heures de veillée et par foyer, avec un moteur hydraulique, se trouve ainsi composé :

320 mètres de crayons de cornue.	640 francs.
Entretien annuel d'un appareil; au maximum	200 —
Amortissement annuel.	250 —
Total.	1,090 francs.

Avec l'emploi d'une machine à vapeur, ce dernier chiffre serait augmenté de 280 francs, prix de 8 tonnes de charbon à 35 francs la tonne; il deviendrait donc 1,370 francs.

Le prix de l'unité de lumière par heure produite par les machines Gramme (type de 150 becs), calculé d'après ce qui précède est le suivant :

Pour 500 heures par an avec une machine à vapeur.	0^f,0070
Pour 500 heures par an avec une force hydraulique.	0 ,0066
Pour 4,000 heures par an avec une machine à vapeur. . . .	0 ,0023
Pour 4,000 heures par an avec une force hydraulique. . . .	0 ,0018

Avec les nouvelles machines Gramme (type 1877) et les charbons Gauduin, le prix de l'unité de lumière par heure est réduit de 40 pour 100; il revient donc au prix suivant :

Pour 500 heures par an avec une machine à vapeur. . . .	0^f,0042
Pour 500 heures avec une force hydraulique.	0 ,0040
Pour 4,000 heures par an avec une machine à vapeur. . . .	0 ,0016
Pour 4,000 heures par an avec une force hydraulique. . . .	0 ,0011

Ces chiffres sont le résultat de la pratique; jamais nous n'avons constaté qu'ils étaient trop forts; au contraire, dans beaucoup d'applications, il a été reconnu que la dépense par bec Carcel était plus faible que celle que nous indiquons.

Dans tout ce qui précède, il n'est question, bien entendu, que des installations faites là où il existait un moteur, nous verrons plus loin quels sont les prix de revient lorsque le matériel d'éclairage comprend, en outre des appareils élec- triques, un moteur spécial.

TABLEAU COMPARATIF DU PRIX DE DIVERSES LUMIÈRES

DÉSIGNATION	QUANTITÉ BRÛLÉE A L'HEURE	DÉPENSE PAR BEC et par heure	DÉPENSE POUR 400 BECS et par heure	OBSERVATIONS
Huile de colza épurée.	42g	0f,07	28f,00	Prix du kilog., au détail à Paris : 1f,70.
Huile neutre Allaire.	39	0 ,06	24 ,00	— 1f,55.
Huile de schiste .	36	0 ,0468	18 ,72	— 1f,30.
Huile de pétrole .	30	0 ,054	21 ,60	— 1f,80.
Chandelle de suif.	83	0 ,141	56 ,40	— 1f,70.
Bougie de cire . .	66	0 .33	132 ,00	— 5 fr.
Bougie stéarique .	82	0 .246	98 ,40	— 3 fr.
Pile voltaïque. . .	»	0 ,06	24 ,00	
Machine l'*Alliance*.	»	0 ,024	9 ,00	Pour 500 heures par an.
Machine l'*Alliance*.	»	0 ,007	2 ,80	Pour 4.000 heures par an.
Gaz de houille . .	140l	0 ,029	11 ,60	A 0f,15 le mètre cube : 500 heures par an.
Gaz de houille . .	»	0 ,025	10 ,00	A 0f,15 le mètre cube : 4,000 heures par an.
Gaz de houille . .	»	0 ,050	20 ,00	A 0f,30 le mètre cube : 500 heures par an.
Gaz de houille . .	»	0 ,046	17 ,80	A 0f,30 le mètre cube : 4.000 heures par an.
Machine Gramme, nouveau modèle.	»	0 .0042	1 ,78	Emploi d'une machine à vapeur : 500 heures par an.
Machine Gramme, nouveau modèle.	»	0 ,0016	0 ,56	Emploi d'une machine à vapeur : 4,000 heures par an.
Machine Gramme, nouveau modèle.	»	0 ,004	1 ,60	Emploi d'une force hydraulique : 500 heures par an.
Machine Gramme, nouveau modèle.	»	0 ,0011	0 ,44	Emploi d'une force hydraulique : 4.000 heures par an.

Le tableau ci-dessus donne le prix de l'unité de lumière produite avec diverses substances et les machines magnéto-électriques. Comme c'est le gaz qu'on prend le plus souvent pour terme de comparaison, nous avons fait varier son prix d'achat de 0 fr. 15 à 0 fr. 30 le mètre cube.

Pour calculer le prix de l'éclairage au gaz, nous avons ajouté à la dépense courante une plus-value de 4 francs par an et par bec pour l'amortissement et l'entretien des appareils.

Le tableau montre que, pour une même intensité, la machine Gramme type normal, dans le cas le plus défavorable, procure une lumière :

75 fois moins chère qu'avec la bougie de cire.
55   —   —   la bougie stéarique.
16   —   —   l'huile de colza.
11   —   —   du gaz à 0ᶠ,30 le mètre cube.
5 1/2   —   —   du gaz à 0ᶠ,15 le mètre cube.

Avec les anciennes machines, le bénéfice était beaucoup moindre ; cependant il y avait toujours une notable différence en faveur de la lumière électrique.

Prenons par exemple le cas où l'on emploie une machine de 100 becs, où l'on tient compte des frais du moteur et où le taux de l'intérêt de dégrèvement est porté à 15 pour 100 au lieu de 10 pour 100, comme nous l'avons compté précédemment.

Nous ne pouvons mieux faire que de reproduire les chiffres mêmes donnés par M. Heilmann sur la dépense des machines qui fonctionnent depuis trois années dans la fonderie Ducommun, à Mulhouse, en faisant toutefois observer que le taux de l'amortissement est très exagéré, puisque les machines Gramme ne sont pas susceptibles de détérioration, et qu'il s'agit de la première installation complète exécutée. Ce renseignement est donc aussi défavorable que possible, au point de vue de l'électricité.

Quatre machines Gramme avec quatre régulateurs coûtent par heure :

FRAIS D'ÉCLAIRAGE PROPREMENT DITS.	Charbon au régulateur : pour 4 régulateurs. . . .	0ᶠ,88
	Consommation de vapeur pour 4 machines Gramme.	0 ,36
	Surveillance	0 ,30
	Pour 4 foyers de lumière	1ᶠ 54

INTÉRÈTS ET DÉGRÈVEMENT.	L'installation est estimée :	
	Pour les machines Gramme et les régulateurs.	9,000 fr.
	Pour la part incombant comme puissance motrice. . . . . ·. .	8,000
	Total.	17,000 fr.
	15 pour 100 intérêts, dégrèvement et entretien, 2,550 francs à répartir sur 500 heures annuelles d'éclairage.	5 ,10

Total de la dépense par heure pour 4 foyers de lumière. 6ᶠ,64

Si, dans le cas spécial qui nous occupe, on voulait faire la comparaison entre le coût de l'éclairage de la fonderie des ateliers Ducommun, soit au moyen de la lumière électrique, soit au moyen du gaz, voici comment pourrait s'établir cette comparaison :

ÉCLAIRAGE AU MOYEN DU GAZ EXTRAIT DE LA HOUILLE			ÉCLAIRAGE AU MOYEN DE LA LUMIÈRE ÉLECTRIQUE		
Puissance de lumière exprimée en becs de gaz	DÉPENSE PAR HEURE		Équivalent de la puissance de lumière électrique de 4 régulateurs exprimée en nombre de becs de gaz	DÉPENSE PAR HEURE	
	Sans intérêts ni dégrèvement	Avec intérêts et dégrèvement		Sans intérêts ni dégrèvement	Avec intérêts et dégrèvement
442 becs.	11f,05.	15f,03.	442 becs.	1f,54.	6f,64.

Du tableau ci-dessus on peut tirer la conclusion suivante :

A émission de lumière égale, la lumière électrique coûte moins que le gaz, et ceci dans le rapport environ de 1 à 2,26 avec intérêts et dégrèvement, et de 1 à 7,17 sans intérêts ni dégrèvement.

Voici les chiffres qui ont servi de base aux calculs qui précèdent :

Nombre d'heures annuelles d'éclairage : 500 ;

Puissance de lumière de quatre régulateurs : 320 becs Carcel ;

Coût de 1 mètre cube de gaz : 0 fr. 25 ;

Coût de l'installation de gaz par bec : 30 francs.

Dans l'industrie courante, surtout avec les constructions actuelles qui sont loin d'être aménagées pour permettre l'emploi économique du nouvel éclairage, on ne peut utiliser qu'une partie de la lumière provenant d'un puissant foyer, c'est ce qui donne aux comparaisons précédentes un intérêt purement théorique.

Quelques exemples pratiques sont donc nécessaires pour apprécier la valeur réelle de la lumière électrique.

Prix de revient dans un tissage

M. Manchon s'est rendu un compte exact du prix de l'installation de l'électricité dans son tissage, et des dépenses de lumière électrique comparées à celles du gaz. Voici le calcul qu'il a établi :

ÉCLAIRAGE ÉLECTRIQUE. DÉPENSES D'INSTALLATION.

1°	Plafond, menuiserie.	3,913ᶠ,
2°	— peinture.	1.249
3°	— main-d'œuvre pour établis.	125
4°	— bois pour installation.	57 ,50
5°	Installation de cinq stores	140
6°	Toile pour lesdits.	35
7°	Armoire des machines, menuiserie et vitrerie.	211 ,90
8°	Armoire des machines, garniture en zinc du fond de l'armoire.	15 ,75
9°	Six machines Gramme; six régulateurs, conducteur.	14,700
10°	Transmission	1,146 ,25
11°	Courroies pour renvois 210,431^{mm} et pour machines 70,306^{mm}.	737 ,20
12°	Charpente pour la transmission	80 ,20
13°	Transport et frais divers	100
		22,810ᶠ,80

PRIX DE REVIENT DE L'ÉCLAIRAGE ÉLECTRIQUE.

	Par an 660 heures.	Par heure.
Intérêt, 6 0/0, amortissement 6 0/0, ensemble 12 0/0 sur 22,810ᶠ,80	2.737ᶠ,29	4ᶠ,147
Force motrice en location.	750 , »	1 ,135
Crayons m. 0,686 par heure à 2ᶠ,25 le mètre (compris déchet).	1,018 ,38	1 ,543
Surveillance et entretien des appareils.	330 , »	0 ,500
Huile pour graissage 30 kil. à f. 140.	42 , »	0 ,062
Total.	4,877ᶠ,67	7ᶠ,387

ÉCLAIRAGE AU GAZ. DÉPENSE D'INSTALLATION.

160 becs à 40 fr. . . . . 6,400 fr.

Prix de revient de l'éclairage au gaz.

	Par an 660 heures.	Par heure.
Intérêt et amortissement 12 0/0 sur 6,400 fr.	768f, »	1f,163
Consommation de gaz à 0f,32 le mètre cube.	5.238 .42	7 ,937
Réparations et entretien des appareils.	200 , »	0 ,300
Verres	100 , »	0 ,150
Total.	6,306f,42	9f,550

D'où l'on déduit que l'économie réalisée par l'électricité sur le gaz se chiffre ainsi qu'il suit :

Economie annuelle	1,428f,75
— par heure.	2 ,16
— pour cent.	22 ,60

Je n'ai, naturellement, rien voulu changer aux chiffres de M. Manchon, mais je ferai simplement remarquer que 15 chevaux vapeur ne coûtent guère, dans une usine, plus de 25 kilogrammes de charbon, c'est-à-dire environ fr. 0,50. Il était d'ailleurs intéressant de connaître un prix de revient de l'éclairage électrique, avec la force motrice en location.

Prix de revient dans un montage de machines

MM. Thomas et Powel, ingénieurs mécaniciens à Rouen, ont installé la lumière électrique dans leur montage, et ils ont calculé que leur éclairage leur revenait deux fois meilleur marché qu'avec le gaz. L'extrait suivant d'une lettre adressée à MM. Sautter et Lemonnier par M. Powell établit nettement ce fait :

« La halle à éclairer avait 40 mètres de longueur, 13 mètres de largeur et une grande hauteur. Sur vos conseils, j'installai deux machines Gramme, modèle d'atelier, et deux régulateurs Serrin. Ces derniers sont placés à

8 mètres du sol, ce qui est un peu haut, mais le service des ponts roulants n'a pas permis de les descendre davantage.

« L'installation totale a coûté 5,000 francs. Je comprends dans ces frais les machines, les régulateurs, les câbles, le transport, les fondations, le montage, les transmissions et les courroies, c'est-à-dire tout ce qui a été dépensé.

« Il résulte d'essais photométriques faits dans mes ateliers que la lumière diffuse équivaut à 500 becs Carcel.

« Le coût journalier peut s'établir comme suit :

Crayon par heure 0 fr. 40 c., pour deux lampes. 0ʳ,80
Force motrice, résultant d'essais faits chez moi, cinq chevaux pour
   les deux machines, soit à raison de 1 kil. 500 par heure et par
   force de cheval, au maximum, 7 kil. 500 de charbon, à 25 fr.
   la tonne. . . . . · 0ʳ,18
                                             ———
   Soit, dépense courante, par heure d'éclairage. 0ʳ,98

« Avec le graissage, c'est tout au plus 1 franc.

« Je crois inutile de dresser un compte d'amortissement de l'installation, vous pouvez le faire mieux que moi.

« Mais je crois devoir déclarer que, amortissement à part de la dépense première, l'entretien est à peu près nul.

« Il est évident que, si j'avais monté un éclairage au gaz, je n'aurais pas installé une somme de lumière de 500 becs Carcel, que je me serais contenté de 60 environ, et que la dépense d'installation eût été moindre, 3,000 francs environ.

« Avec 60 becs Manchester brûlant 120 litres à l'heure et du gaz coûtant 0 fr. 32 c. le mètre cube, je dépenserais par heure :

$$60 \times 120 \times 0,32, \text{ soit 2 fr. 30 c.}$$

non compris les chandelles ou chandeliers à gaz pour le travail sur les pièces au milieu de l'atelier. J'ajouterai que l'entretien des tuyaux et becs serait beaucoup plus considérable.

« Je travaille de nuit comme en plein jour ; les manœuvres les plus compliquées, les chargements, se font avec la plus extrême facilité. Après deux hivers, pas un ouvrier ne s'est plaint, et pourtant les lampes ne sont entourées d'aucun globe.

« Je suis tellement satisfait de mon essai que j'appliquerais partout cet éclairage si la disposition de mes ateliers s'y prêtait. Si j'avais à construire un atelier de construction, je le disposerais pour utiliser cet éclairage, et la question d'économie n'existât-elle pas, que je le ferais, tant j'apprécie l'avantage sérieux qui résulte de l'abondance de la lumière et de l'absence de tout danger de fuites, et par suite d'explosion. »

Dans le chapitre relatif aux installations industrielles, nous avons exposé combien ce procédé était avantageux dans les ateliers de construction.

Nous pourrions multiplier les citations et reproduire un grand nombre d'attestations en faveur de l'éclairage par régulateurs ; mais ce qui précède prouve surabondamment que ce système peut s'employer dans beaucoup d'usines[1] et procurer souvent une notable économie sur l'éclairage au gaz.

Nous insisterons d'autant moins sur ce point que l'économie obtenue est rarement ce qu'il y a de plus avantageux dans la lumière électrique. Dans le montage des locomotives de la maison Cail, pour ne citer qu'un seul exemple, on peut, depuis l'installation des machines Gramme, exécuter la nuit des manœuvres d'ensemble qu'on ne pouvait exécuter avant cette installation que pendant le jour. On a donc, par la simple addition d'un appareil peu encombrant et peu coûteux, augmenté beaucoup la puissance de production de cet atelier ; et l'avantage qui en résulte peut, surtout dans des moments de presse, dépasser la valeur de plusieurs années d'éclairage.

---

1. Les tissages, surtout ceux qui font des étoffes foncées comme celui de M. Manchon, sont les ateliers qui exigent la plus grande somme de lumière artificielle pour le travail de nuit.

2° Prix de l'éclairage à l'électricité obtenu au moyen de bougies Jablochkoff

M. Th. Lévy, ingénieur du service municipal de Paris, a établi ainsi qu'il suit le prix de revient par heure pour les 62 foyers de l'avenue de l'Opéra :

Force motrice (chauffeurs)	3 20
Charbon pour alimenter la machine qui produit la force motrice.	6 64
Huile pour graissage.	1 23
Journées de surveillants	3 20
62 bougies à 0 fr. 50 c.	31 »

Total. . . . . 45 27 pour les 62 becs.

Soit par conséquent par bec et par heure

$$\frac{45,27}{62} = 0 \text{ fr. } 73 \text{ c.}$$

De son côté, M. Leblanc, vérificateur du pouvoir éclairant du gaz pour le compte de la ville de Paris, a fait diverses expériences d'où il résulte qu'un bec électrique fournit un pouvoir éclairant qui équivaut, en général, à 30 becs Carcel. Mais, comme un bec électrique ne peut être employé pour l'éclairage qu'en tamisant sa lumière au moyen de verres opalins, le pouvoir éclairant se réduit à 18 ou 20 Carcels pour la lumière mesurée, suivant l'horizontale passant par les foyers, et se réduit à 12 Carcels 10 c. pour l'éclairage du sol, c'est-à-dire l'éclairage mesuré suivant les rayons obliques lumineux tombant sur le sol.

Nous ignorons sur quelle machine M. Leblanc a opéré, et nous sommes surpris des résultats qu'il a obtenus, car il résulte d'expériences faites par nous avec une machine Gramme de 6 foyers, d'un type analogue à celles en usage pour l'éclairage de l'Avenue de l'Opéra et avec une résistance extérieure sensiblement la même, que chaque bougie avait une intensité lumineuse de :

77 becs, les deux charbons tournés du côté de l'opérateur et la mesure
  prise horizontalement.
56 becs, la bougie en profil, mesure horizontale.
86 becs, mesure prise à 90° en haut.
61 becs,   —   à 45° en bas.
30 becs,   —   à 85° en bas.
34 becs, la bougie placée dans un globe de 0^m,40.

Les foyers électriques de l'avenue de l'Opéra étant à 4^m,50
du sol et ceux des flammes de gaz à 3^m,20 seulement, il en
résulte que les intensités mesurées sur le trottoir, à égalité
de lumière sont entre elles comme deux est à un (le carré de
4,5 étant 20,25 et celui de 3,2 étant 10,24) ; ce qui revient
à dire qu'au lieu de 34 becs chaque foyer électrique ne peut
remplacer que 17 becs de gaz.

L'intensité moyenne d'une bougie à feu nu est de 58 becs;
on perd en réalité 40 0/0 en se servant des globes dépolis
ordinaires.

On comprend aisément que cette perte peut être considérablement réduite par l'emploi de globes spéciaux, et, nous
sommes convaincu qu'il est possible, dès maintenant, d'obtenir des verres tout aussi diffusants et beaucoup moins
absorbants.

La question de comparaison des prix entre la bougie électrique et le gaz a été traitée en détail dans une petite bro-
chure que nous a communiquée la Société Jablochkoff et
dont nous extrayons les passages suivants :

Les prix des machines motrices et de tous les appareils
destinés à produire la lumière électrique peuvent être esti-
més pour :

16 foyers à.	22,000 fr.
8 — à.	13,500
6 — à.	10,000
4 — à.	8,500

Soit, 1,600 fr. environ, en moyenne par foyer, pour les
machines à vapeur, les machines Gramme, les porte-bougies,
les câbles et les divers accessoires.

L'installation du gaz à Paris, dans les grands établissements revient à 100 francs par bec [1].

Il résulte de là que l'installation d'un foyer électrique dans le cas où elle revient le plus cher par suite de l'emploi d'un moteur spécial, ne coûte pas plus que celle de 16 becs de gaz. Donc, toutes les fois qu'un foyer électrique remplacera 16 becs de gaz, son installation n'entraînera à aucuns frais supplémentaires, bien que son intensité lumineuse soit très supérieure à celle de ces 16 becs.

Examinons maintenant quels seront les frais de consommation.

Si nous prenons pour type un éclairage fait par 16 foyers lumineux, la dépense horaire de consommation peut se décomposer de la manière suivante :

16 bougies coûtant chacune 0 fr. 60 et brûlant environ 1 heure et 1/2.

Dépense par heure pour les 16 bougies	6ʳ,40
Charbon du moteur : — 1 cheval par foyer, soit environ 16 chevaux-vapeur à 2 kil. 00 et 35 fr. la tonne.	1 ,12
Huile et chiffons	0 ,25
Salaire du chauffeur	0 ,60
	8ʳ,37

Ce qui correspond à 0 fr. 52 par foyer et par heure.

Dans les usines qui ont déjà des machines à vapeur et dans celles où l'on peut se servir de machines hydrauliques, on réalisera une grande économie sur les dépenses ci-dessus qui peuvent être considérées comme un maximum.

Or, 1 bec de gaz de 140 litres à 0 fr. 30 le mètre cube coûte 0 fr. 042.

La dépense d'un foyer électrique est donc égale à celle de 12 becs de gaz environ.

Par conséquent, toutes les fois que, dans la zone d'éclai-

1. Les dépenses d'installation du gaz se sont élevées à 132 fr. par bec au marché des Batignolles, 130 fr. à la Belle Jardinière, 82 fr. à la salle Erard, 126 fr. au Nouvel Opéra, 80 fr. au magasin des Deux Magots, 304 fr. à la salle Marengo des grands magasins du Louvre, 48 fr. à la raffinerie de Saint-Ouen.

rement d'un foyer électrique, c'est-à-dire dans un cercle de 10 mètres de rayon environ, on aura 12 becs de gaz, on pourra les remplacer par un foyer électrique donnant une puissance éclairante supérieure sans augmentation de dépense.

L'économie se produira et augmentera d'autant plus rapidement que le nombre des becs de gaz sera plus éloigné de la limite inférieure de 12 becs.

Aux magasins du Louvre, le procédé Jablochkoff donne environ 30 0/0 d'économie sur l'éclairage au gaz, en produisant une lumière plus belle et plus intense.

CHAPITRE XIII

ECLAIRAGE PAR INCANDESCENCE

Appareils à spirales métalliques, systèmes de Moleyns, Pétrie, de Changy et Edison. — Appareils à charbons encastrés par leurs deux extrémités, systèmes King, Lodyguine, Konn, Bouliguine et H. Fontaine. — Appareils à contact imparfait, systèmes Varley, Reynier, Werdermann et Ducretet.

Tandis que, grâce aux travaux de MM. Gramme et Jablochkoff, l'éclairage par l'arc voltaïque prenait un développement considérable, l'éclairage par incandescence faisait également de rapides progrès. C'est même lui, bien qu'il ne fût pas encore entré dans le domaine de la pratique, qui a jeté récemment une grande perturbation dans les valeurs de l'industrie du gaz. Un journal américain ayant raconté que M. Edison allait éclairer tout un quartier de New-York à l'électricité, un grand nombre d'actionnaires des sociétés de gaz, de l'ancien comme du nouveau monde, se hâtèrent de vendre leurs titres, et jetèrent une véritable panique sur le marché de ces excellentes valeurs. Aujourd'hui le calme est revenu, le récit du journal en question est, à juste titre, traité de mystification, et les cours des actions ont repris leurs anciennes cotes. Mais le marché est resté très impressionnable, et nous ne serions pas surpris de le voir bientôt agité de nouveau par des racontars aussi dénués de fondement.

La vérité, c'est que le célèbre inventeur du phonographe n'a fait que rééditer une lampe à fil de platine, qui avait déjà été essayée, perfectionnée, et finalement reconnue impropre à un usage industriel par plusieurs électriciens de grand mérite.

Nous allons examiner rapidement les appareils qu'on a proposés pour produire de l'éclairage à l'électricité, en se servant d'un corps mauvais conducteur amené, par le courant, à une température voisine de la fusion.

Ces appareils peuvent se diviser en trois classes : 1° lampes à spirales métalliques ; 2° lampes à charbons encastrés ; 3° lampes à contact imparfait.

Nous citerons particulièrement dans la 1re classe, les lampes de Moleyns, Pétrie, de Changy et Edison ; dans la 2e classe, les lampes King, Lodyguine, Konn, Bouliguine et Fontaine ; et dans la 3e classe, les lampes Varley, Reynier, Werdermann et Ducretet.

1° Lampes à spirales métalliques

Lampe de Moleyns. — Le premier document que nous ayons trouvé sur l'incandescence électrique, est un brevet anglais délivré en 1841, à M. Fréderick de Moleyns, de Cheltenham.

Le brevet de M. de Moleyns se rapporte à une nouvelle pile, à une lampe électrique et à la production d'une force motrice. Nous ne parlerons que de la lampe.

Cet appareil, que nous représentons fig. 71, se compose d'un globe en verre A, d'un réservoir B, traversé par une tige D, de deux presse-étoupes métalliques CC', de deux spirales en platine EE, et de deux bornes d'attache pour les conducteurs.

Le tube B est légèrement conique ; il contient du charbon

pulvérisé qui en tombant, grain à grain, sur le platine rendu incandescent par le passage du courant électrique, donne une lumière blanche d'un bel éclat. Le fil de platine étant disposé en deux spirales on peut, de l'extérieur, rétablir le circuit si les parties en contact venaient à fondre. Tous les joints sont étanches afin que, après quelques minutes de fonctionnement, l'atmosphère de l'intérieur du globe devienne incomburante.

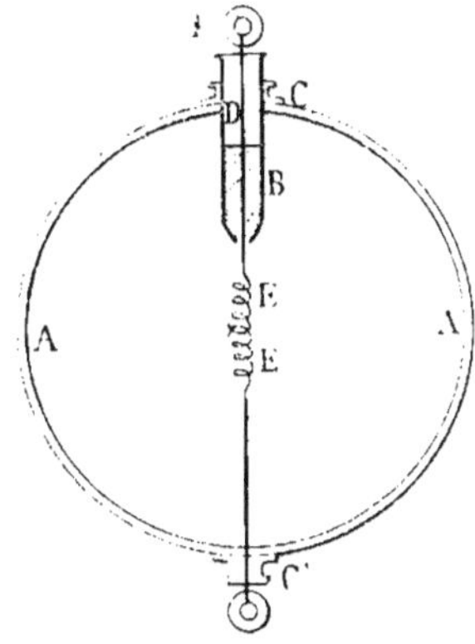

Fig. 71. Lampe de Moleyns.

Lampe Pétrie. — En 1849, M. Pétrie reprend la même idée, et conseille d'employer l'iridium au lieu de platine.

Voici en quels termes il explique son invention :

« Une lumière peut être produite en faisant passer un courant électrique à travers un conducteur court et mince qui s'échauffe et devient lumineux; mais la plus grande partie des substances fondent et brûlent rapidement; cependant, j'obtiens une bonne lumière en me servant de l'iridium ou de quelques-uns de ses alliages. L'iridium peut être fondu jusqu'à produire un lingot lorsqu'il est soumis à la chaleur de l'arc voltaïque; on le décarbonise ensuite et on le rend plus malléable. Puis on le coupe par petits morceaux de

0^m,001 de diamètre et de 0^m,010 à 0^m,020 de longueur que l'on fixe enire deux supports métalliques isolés, lesquels sont en connexion avec les deux fils d'une batterie galvanique convenable. On obtient alors une belle lumière. »

Lampe de Changy. — Le 27 février 1858, M. Jobart, directeur du *Musée industriel belge*, écrivait à l'Académie des sciences de Paris que M. de Changy venait de résoudre le problème de la divisibilité d'un courant électrique, et qu'il avait vu, de ses yeux vu, une pile de douze éléments Bunsen produire douze lumières très fixes et tout à fait indépendantes les unes des autres. M. Jobart ajoutait que ce résultat était obtenu au moyen de spires de platine incandescentes et d'un *régulateur diviseur* de courant, empêchant la fusion.

Aucun brevet n'a été pris en France. Le seul document un peu précis que nous ayons trouvé sur cette invention se trouve dans le recueil imprimé des brevets belges. Le voici *in extenso:*

« D'après un travail que l'inventeur avait entrepris, depuis 1852, sur l'éclairage électrique à l'aide de l'incandescence de conducteurs imparfaits, et notamment du fil de platine, et sur la possibilité de diviser le courant provenant d'une seule source de génération de l'électricité, après de nombreuses expériences, il a acquis la preuve de la possibilité de cette division à l'aide de dispositions dont voici le principe: un électro-aimant placé en communication sur un circuit principal, et dont l'armature vient se bifurquer avec celle-ci et le bec contenant l'hélice en fil de platine, qui doit être maintenu à l'état incandescent, et l'autre partie du fil bifurqué attaché au delà du fil, l'armature étant maintenue à un certain éloignement par un ressort antagoniste et dont on peut faire varier la tension suivant la quantité du courant que l'on désire laisser passer. Le courant principal, à l'aide de cette disposition, peut se diviser en autant de points qu'on le désire, en faisant même varier au besoin la quantité de l'électricité employée sur une ou plusieurs parties des becs d'éclairage, sans que les autres y participent en rien. On emploie, pour cet effet, soit les électro-aimants pleins pour l'attraction directe sur l'armature, soit l'action magnétique qu'exercent les solénoïdes sur un fer mobile à leur intérieur.

« Dans le cas d'électro-aimants pleins, ceux-ci sont creusés en cône, dont l'armature porte l'inverse pour établir une connexion plus ou moins grande, suivant l'éloignement de celle-ci. En définitive, le principe à l'aide duquel on obtient la division du courant repose essentiellement sur la possibilité de permettre à celui-ci de sauter en deçà du bec à éclairer, lorsqu'un maximum d'intensité réglé d'avance a été obtenu. »

Lampe Edison. — Les expériences sur l'éclairage par l'incandescence du platine se continuèrent après 1858, et plusieurs électriciens entreprirent de le rendre pratique ; mais aucun d'eux ne réussit à faire faire un seul pas à la question. On la croyait même abandonnée à tout jamais, lorsque surgit cette fameuse note américaine qui attribuait à M. Edison l'honneur d'avoir résolu complètement le problème de la divisibilité de la lumière électrique à l'aide de spirales en platine.

Nous extrayons du brevet de M. Edison la figure 72 et la description sommaire de son appareil.

« Le platine et les autres corps qui peuvent être fondus seulement à une très haute température ont été employés dans les lampes électriques, mais l'énergie du courant les a rapidement mis hors de service. Cette partie de l'invention est relative à la régularisation du courant électrique, de façon à empêcher la fusion tout en maintenant les corps à la température qui les rend lumineux. La régularisation est obtenue automatiquement par la chaleur des conducteurs.

Le corps lumineux a est disposé en spirale. Il est attaché aux supports CC, dont l'un communique électriquement avec les leviers S O et l'arbre avec l'équerre I et la vis Z.

La spirale a est placée à l'intérieur d'un cylindre en verre b, ledit cylindre a un couvercle d et s'appuie sur une embase y et un socle e. Le tout est supporté par un pied g surmonté d'une colonne f. Il est préférable d'avoir la lumière dans un globe, et, pour retenir la chaleur et diminuer les radiations, M. Edison conseille soit des verres colorés, soit deux verres concentriques contenant, dans l'espace annulaire compris entre le verre extérieur et le verre intérieur, certains liquides comme le sulfate de quinine. On peut fonctionner dans l'atmosphère ou en faisant le vide dans le cylindre b.

Le courant électrique passe par le fil P, la borne h, le fil p, le levier S isolé de la masse e, la tige X X′, puis par le fil m, le support C′, la spirale a, le support C, la masse e, le fil n, la borne k et le fil N. Les fils P et N sont reliés aux pôles du générateur d'électricité.

La double spirale a étant la partie la plus résistante du circuit, c'est dans cette partie que se développe naturellement la lumière. La tige XX′ se dilate plus ou moins, suivant l'intensité du courant. Lorsque la chaleur s'accroît d'une façon dangereuse, la dilatation de la tige XX′ fait mouvoir le levier S, lequel ferme le circuit en I, mettant ainsi en court circuit une partie du courant et réduisant par suite la température de la spirale.

Le courant n'a pas besoin de traverser la tige XX′, car l'expansion de cette tige peut être produite par le rayonnement de la spirale a; cependant il est préférable, au point de vue de la sensibilité de l'appareil régulateur, de se servir de la chaleur directe du courant et de celle du rayonnement. Dans tous les cas, l'action du court circuit a pour effet d'affaiblir momentanément le courant qui traverse la spirale lumineuse; le contact I s'ouvrant ou se fermant alterna-

tivement de façon à conserver l'uniformité de l'éclat lumineux. M. Edison signale le platine, l'iridium et l'osmium

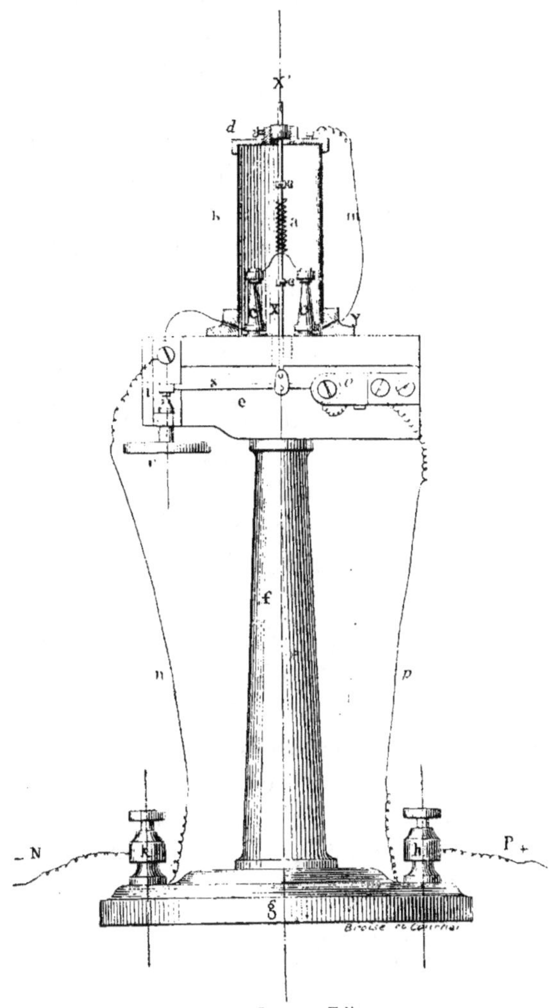

Fig. 72. Lampe Edison.

comme les substances les plus convenables pour former
la spirale lumineuse.

19

Le brevet renferme des dispositions assez curieuses : 1° pour empêcher la rupture du circuit général, si la spirale d'une des lampes fond; 2° pour introduire dans le circuit une résistance égale à celle de la lampe qui s'éteint ; 3° pour l'emploi d'un liquide comme régulateur; 4° pour l'emploi d'un diaphragme comme régulateur ; 5° pour la mise en série d'un grand nombre de lumières ; 6° pour faire varier la résistance proportionnellement à l'intensité du courant, etc. Mais tout cela ne constitue pas une invention susceptible d'applications immédiates et, à plus forte raison, d'influencer un marché aussi important que celui des valeurs du gaz.

2° Lampes à charbons encastrés

L'éclairage avec des charbons encastrés a été étudié depuis fort longtemps ; mais son application usuelle a rencontré de si grandes difficultés qu'aujourd'hui on peut encore le considérer comme du domaine purement scientifique, bien qu'il existe déjà un certain nombre d'appareils d'un assez bon fonctionnement.

Lampe King. — C'est à M. King que fut délivré, le 4 novembre 1845, le premier brevet où il soit question de charbons incandescents [1].

L'inventeur, dans sa description, entre dans des détails précis sur son idée et présente des considérations qui tendraient à prouver que des machines magnéto-électriques, assez puissantes pour produire de la lumière, existaient déjà en 1845.

1. Le brevet en question est bien délivré au nom de King, mais, d'après M. Giffard, le véritable inventeur serait, J. W. Starr, de Cincinnati, dont King était simplement l'agent.

Starr était l'auteur de plusieurs ouvrages philosophiques, et ce fut Peabody, le grand philanthrope, qui lui fournit le capital nécessaire pour expérimenter ses procédés en Angleterre. Starr installa un candélabre à 26 lumières pour symboliser les 26 États de l'Union. Faraday admira beaucoup cette première expérience, à la suite de laquelle Starr et King retournèrent aux États-Unis. Le lendemain de leur départ, Starr fut trouvé mort dans son lit.

Voici la traduction des passages principaux de cette description :

L'invention a pour base l'emploi de conducteurs métalliques ou de charbons continus, chauffés à blanc par le passage d'un courant électrique. Le meilleur métal pour cet usage est le platine, le meilleur charbon est celui de cornue.

Quand on emploie le charbon, il est utile, à cause de son affinité pour l'oxygène à haute température, de le mettre à l'abri de l'air et de l'humidité, comme il est indiqué figure 73. Le conducteur C repose sur un bain de mercure; la tige B est en porcelaine; elle sert à soutenir le conducteur C, le conducteur D est fixé sur la cloche par un joint bien hermétique. La baguette en charbon de cornue A repose, en haut et en bas, sur des blocs conducteurs et devient incandescente par le passage d'un courant électrique. Le vide est préalablement fait dans la cloche, et le mieux est d'employer un véritable baromètre en mettant un des pôles de la pile en communication avec la colonne de mercure et l'autre avec le conducteur D.

Pour obtenir une lumière intermittente, on rompt périodiquement le circuit par un mouvement d'horlogerie.

Fig. 73.
Lampe King.

L'appareil, convenablement fermé, peut être appliqué à l'éclairage sous-marin ainsi qu'à l'illumination des poudreries, des mines, partout où l'on redoute les dangers d'explosion ou l'inflammation rapide de corps très combustibles.

Lorsque le courant est d'une intensité suffisante, deux ou un plus grand nombre de lumières peuvent être placées dans le même circuit, en ayant soin de régler la puissance des machines magnéto-électriques ou des éléments de la pile, produisant le courant.

En 1846, Greener et Staite se firent breveter pour une

lampe analogue à celle de King, en indiquant qu'il serait bon de débarrasser, avant son emploi, le charbon de ses impuretés en le traitant par l'acide nitro-muriatique.

L'éclairage par incandescence et le principe de sa production étaient depuis longtemps tombés dans l'oubli, lorsqu'en 1873, un physicien russe, M. Lodyguine, ressuscita l'un et l'autre et créa une petite lampe qui servit de prétexte à la formation d'une société financière, laquelle société n'a jamais rien rapporté à ses actionnaires.

Dans sa lampe, M. Lodyguine employait des crayons d'une seule pièce en diminuant leur section à l'endroit du foyer lumineux, et il plaçait deux charbons dans un même appareil avec un petit commutateur extérieur, pour faire passer le courant dans le deuxième charbon quand le premier était usé.

L'inventeur prétendait que le seul inconvénient de l'emploi du charbon au lieu du platine consiste en ce que, dans la combustion, le charbon se combine avec l'oxygène de l'air et se consume peu à peu, et il avait paré à cet inconvénient en enfermant le charbon dans un récipient en verre hermétiquement clos. C'est exactement ce qu'avaient, trente ans avant lui, proposé et réalisé Starr et King.

M. Kosloff, de Saint-Pétersbourg, qui vint en France dans l'espoir d'exploiter le brevet Lodyguine, perfectionna un peu la lampe primitive, sans cependant aboutir à quelque chose de passable.

Lampe Konn. — En 1875, M. Konn fit breveter une lampe plus pratique, que nous représentons figure 74, et qui a été construite pour la première fois, en France, par M. Duboscq.

Cette lampe se compose d'un socle A en cuivre sur lequel sont fixées deux bornes N pour attacher les conducteurs, deux tiges C,D en cuivre et une petite soupape K, ne s'ouvrant que de dedans en dehors. Un globe B, évasé à sa partie supérieure, est retenu sur le socle au moyen d'un écrou en bronze L pressant sur une bague en caoutchouc, exactement comme cela a lieu dans les niveaux d'eau de chaudières à vapeur.

Une des tiges verticales D est isolée électriquement du bâti et communique avec une borne également isolée. L'autre tige C est formée de deux parties : 1° d'un tube fixé directement sur le socle sans isolation, et 2° d'une baguette de cuivre, fendue dans une partie de sa longueur. Cette fente lui donne de l'élasticité et lui permet de coulisser dans le tube, tout en restant fixe si l'on n'exerce pas sur elle un certain effort.

Les charbons de cornue E, au nombre de 5, sont placés entre les deux petits plateaux qui couronnent les tiges.

Chaque charbon est introduit dans deux petits blocs, également en charbon, lesquels reçoivent des baguettes de cuivre à leurs extrémités. Les baguettes sont égales entre elles à la partie inférieure et de longueurs inégales à la partie supérieure. Une charnière I est articulée sur la tige C et repose sur la baguette d'un seul charbon à la fois.

Si l'on place cette lampe dans un circuit en attachant les deux conducteurs d'une pile aux bornes NN' (la borne N' est cachée par la borne N ; mais elle est identique et n'est pas isolée du socle), la tige de carbone E est traversée par le courant qui passe par l'intermédiaire de la charnière I, de la baguette de cuivre F, des deux blocs de charbon O, O, de la baguette de cuivre G et du plateau couronnant la tige D.

Le vide a été préalablement effectué en plaçant sur l'ajutage de K le conduit d'une pompe à air ou d'une machine pneumatique quelconque.

La tige E rougit, blanchit et devient lumineuse. Sa lumière est d'abord blanche, fixe, constante ; puis petit à petit la section diminue, la tige se rompt et la lumière disparaît.

La charnière I tombe alors sur une autre tige, et, presque instantanément, l'éclairage est rétabli.

Quand tous les charbons sont usés, la charnière s'arrête sur une tige en cuivre H et le courant n'est pas rompu. De cette manière, s'il y a plusieurs lampes alimentées par un même générateur d'électricité, l'extinction de l'une n'entraîne pas celle des autres.

Pour éviter la projection des petits charbons rompus et de leurs blocs contre le verre, M. Konn a placé à la partie inférieure de sa lampe un tube mince en cuivre M, qui reçoit les débris jusqu'à ce qu'on garnisse de nouveau les plateaux.

Lampe Bouliguine. — Un officier russe, M. Bouliguine, a combiné une lampe (fig. 75) qui atteint à peu près le même but que celle de M. Konn avec un seul charbon. Elle se compose comme la précédente, d'un socle en cuivre, de deux tiges verticales, de deux barres de prise de courants et d'une soupape d'évacuation.

Une des tiges est percée d'un petit trou du haut en bas et possède, sur presque toute sa longueur, une fente permettant le passage de deux petites oreilles latérales.

Le charbon est introduit dans cette tige comme la mine d'un porte-crayon ordinaire, et il est sollicité à monter par des contre-poids reliés au moyen de deux câbles microscopiques, aux oreilles du support en croix sur lequel repose le charbon.

La partie du charbon qui doit entrer en incandescence est retenue entre les lèvres de deux blocs coniques en charbon de cornue.

Une vis, placée sous le socle, permet d'augmenter ou de diminuer la longueur de la tige qui porte le bloc conique supérieur, et, par suite, de donner à la partie lumineuse une plus ou moins grande longueur.

La fermeture du globe est obtenue par la pression latérale de plusieurs rondelles en caoutchouc.

Lorsque la lampe est placée dans un circuit, la baguette de
charbon rougit et s'illumine jusqu'à ce qu'elle vienne à se
rompre. A ce moment, un petit mécanisme[1] commandé par
un électro-aimant ouvre les lèvres des porte-charbons, le

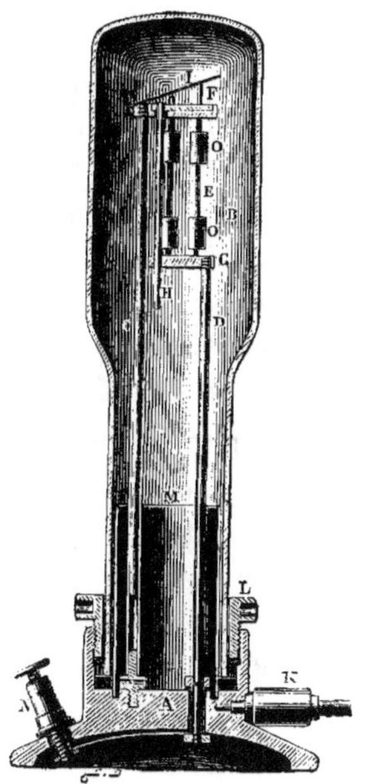

Fig. 74. Lampe Konn.

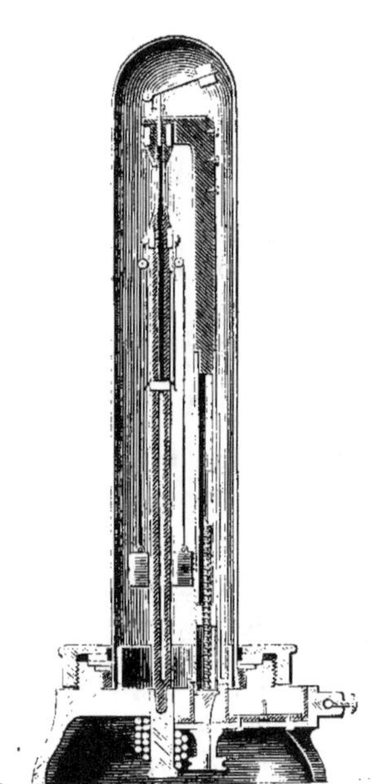

Fig. 75. Lampe Bouliguin.

contre-poids du haut chasse les fragments qui pourraient
rester dans l'entaille, les contre-poids du bas relèvent la tige
en charbon, laquelle pénètre dans le bloc supérieur et
rétablit le courant. Le mécanisme commandé par l'électro-
aimant agit de nouveau, mais en sens inverse de sa première

1. Le mécanisme en question, que l'exiguïté de notre dessin ne nous a pas
permis de figurer, se compose en substance d'une armature en fer placée dans
l'intérieur de la lampe et de deux tringles métalliques agissant sur deux leviers
croisés et articulés sur la bague enveloppant les porte-charbons.

manœuvre, les porte-crayons se resserrent et la lumière renaît.

Nous avons, à plusieurs reprises, expérimenté cette lampe et nous n'avons jamais obtenu de très-bons résultats. Elle renferme trop d'organes en mouvement, et le moindre obstacle empêche le mécanisme de jouer. Cependant, nous avons observé que, lorsque par hasard elle fonctionnait régulièrement, les contacts étant meilleurs et moins nombreux que ceux de la lampe Konn, il fallait moins d'intensité de courant pour la production d'un éclat lumineux déterminé. Avec une machine Gramme de 100 becs, nous avons obtenu avec une seule lampe jusqu'à 80 becs, tandis qu'avec une lampe Konn nous ne pouvions jamais dépasser 60 becs.

Lampe Fontaine. — Nous avons également combiné une lampe à incandescence, qui renferme une série de tiges rayonnantes portant chacune un crayon et une tige centrale couronnée par une rondelle dans laquelle sont encastrés tous les crayons. Au moyen d'un électro-aimant et d'un petit mécanisme à revolver placé dans le pied de la lampe, dès qu'un charbon est consumé, le courant traverse le charbon suivant, et l'extinction ne dure qu'une fraction de seconde. Cette lampe n'a pas encore été essayée assez longtemps pour que nous puissions nous prononcer dès aujourd'hui sur sa valeur pratique.

Tout ce que nous pouvons dire, c'est que le mouvement de revolver destiné à faire passer automatiquement le courant d'un charbon à l'autre va bien, et qu'il est applicable aux bougies Jablochkoff et à tous les régulateurs électriques.

3° Lampes à contact imparfait

Lampe Varley. — Les lampes à contact imparfait sont d'invention toute moderne, et nous ne connaissons aucun appareil qui ait fonctionné un tant soit peu régulièrement avant 1878. La lampe Varley, que nous représentons figure 76, et qui se compose d'un charbon T monté sur un levier U et reposant sur un galet en charbon N, n'est nullement pratique. Elle est comprise dans un brevet relatif à une machine électrique et daté de décembre 1876.

Lampe Reynier. — Les véritables difficultés que rencontrèrent King et tous les physiciens qui, plus tard, rajeunirent son idée, résidaient dans la taille des petits charbons qui, pris dans une masse peu homogène, se cassaient facilement et coûtaient très cher, et aussi dans l'absence d'un bon générateur d'électricité.

Aujourd'hui, grâce aux progrès réalisés dans les machines dynamo-électriques, grâce surtout à l'admirable fabrication des petits crayons artificiels créée par M. F. Carré, les inventeurs ont beaucoup plus de chances de produire un bon appareil et d'en poursuivre les applications. C'est en étudiant la question sous ce point de vue que M. Reynier, déjà connu par son régulateur à rhéophores circulaires, a combiné la jolie lampe à incandescence que nous allons décrire.

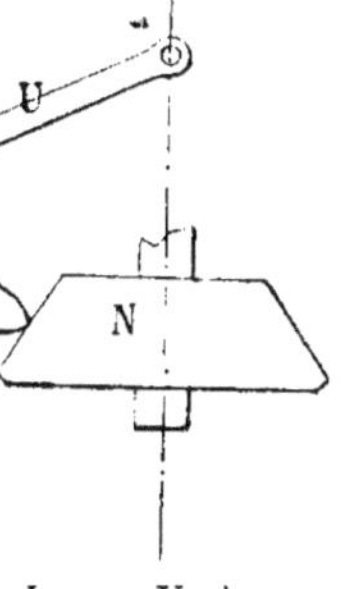

Fig. 76. Lampe Varley.

M. Reynier avait exécuté, sous notre direction, une série d'expériences avec des lampes russes, semblables, en principe, à celle de M. King, et il avait remarqué que le petit crayon placé entre deux blocs s'usait tout particulièrement au milieu, et que lors de l'extinction, les débris représentaient une notable partie du petit charbon en ignition ; de là une perte considérable de baguette de carbone. Il avait également constaté que par le fait de la combustion du charbon, la lumière était plus intense à l'air libre que dans le vide.

Ces deux judicieuses remarques ont amené M. Reynier à rechercher les moyens d'user complètement les crayons et de les brûler en plein air ; et, après une série d'essais et de tâtonnements, il s'est arrêté à un dispositif très-bien caractérisé dans la note présentée à l'Académie des sciences, le 13 mai 1878, par M. le comte du Moncel.

Voici un extrait de cette note :

« Ma nouvelle lampe électrique à incandescence repose sur le principe suivant : Si une mince baguette de carbone, pressée latéralement par un contact élastique et poussée, suivant son axe, sur un contact fixe, est traversée entre ces deux contacts par un courant assez énergique, elle devient

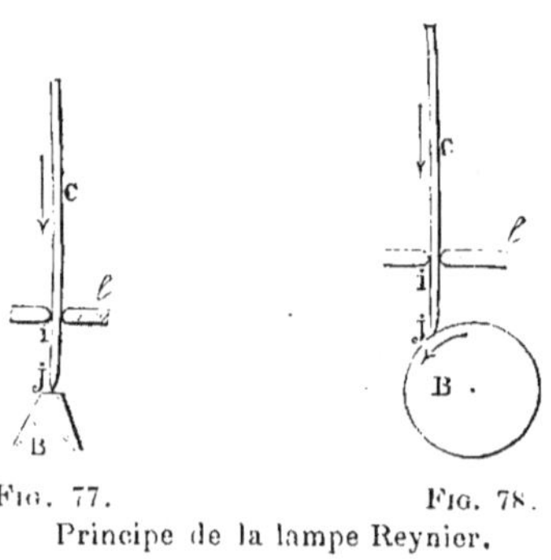

Fig. 77.   Fig. 78.

Principe de la lampe Reynier.

incandescente dans cette partie, et brûle en s'amincissant vers l'extrémité. A mesure que l'usure du bout se produit, la baguette, continuellement poussée, progresse en glissant dans le contact élastique, de manière à buter sans cesse sur le contact fixe. La chaleur, développée par le passage du courant dans la baguette, est grandement accrue par la combustion du carbone. »

Tout d'abord, M. Reynier se contenta de faire presser une baguette de carbone C (fig. 77) sur une petite masse B, également en charbon, et d'établir un contact latéral *l* pour limiter la longueur de la partie incandescente I J. Puis il mit en communication la masse B avec le pôle négatif et la pièce de contact *l* avec le pôle positif d'une pile. Il vit alors la baguette se tailler en pointe en *j*, et s'user aussi régulièrement qu'une bougie ordinaire. Mais il constata en même temps que les impuretés contenues dans le charbon donnaient lieu à un résidu qui encrassait rapidement le contact, et ne voulant pas compliquer sa lampe par l'addition de contre-poids en la retournant, il fut amené à remplacer le contact fixe inférieur par un contact mobile (fig. 78).

Dans cette nouvelle disposition, la baguette C repose, en avant de l'axe vertical, sur un petit galet de carbone B ; et la composante tangentielle du poids de la tige détermine la rotation du galet, et par suite l'entraînement des résidus qui isolaient la pointe.

Partant de cette dernière idée, M. Reynier a fait exécuter une série d'appareils qu'il a successivement améliorés, et s'est arrêté finalement à la combinaison représentée (fig. 79), laquelle est surtout remarquable par sa simplicité.

La baguette de charbon est fixée à l'extrémité du bras ou traverse supérieure couronnant une tige en cuivre carrée. Cette tige glisse dans l'intérieur de la lampe entre quatre petits galets métalliques.

Fig. 79. Lampe Reynier.

La roue en charbon est maintenue par un collier embrassant le corps de la lampe et isolé de celle-ci par une garniture en mica. L'axe de la roue repose sur une petite bascule.

Le charbon est guidé, un peu en haut du contact inférieur, par un galet en cuivre ; et le contact supérieur est obtenu par un petit bloc de charbon emmanché à l'extrémité d'une tige oblique en contact direct avec le corps de la lampe. La borne de gauche sert à attacher le fil qui conduit au pôle positif de la pile ou de la machine électrique et la borne de droite relie la roue en charbon avec le pôle négatif.

La baguette de charbon, en appuyant sur la roue, la fait tourner très lentement, et comme cette roue est montée sur une petite bascule, elle exerce une action de coïncement sur la tige motrice qui diminue son effet et empêche la partie du charbon qui est en ignition de se briser.

Les charbons ont 2 millimètres de diamètre et $0^m,30$ de longueur ; ils durent deux heures.

Nous avons vu fonctionner cette lampe avec une batterie de 12 éléments Bunsen, et nous avons évalué son intensité de 15 à 20 becs Carcel. La lumière était réellement très-fixe.

Des expériences avec une machine Gramme et 10 lampes Reynier, exécutées chez MM. Sautter et Lemonnier, ont donné des résultats qui méritent d'être consignés.

La machine Gramme actionnée par une locomobile spéciale très-bien réglée, tournait avec une vitesse de 920 à 930 tours. La résistance intercalée entre la machine et les lampes était de 100 mètres de fil de cuivre de 3 millimètres.

Les lampes étaient munies de crémaillères et d'engrenages. La baguette de carbone rencontrait le galet à 30^u de la normale et le faisait tourner par l'action de la composante tangentielle. Les lampes brûlaient des charbons cylindriques de 2 millimètres de diamètre, fabrication Carré. La longueur de la partie incandescente était de 5 à 6 millimètres dans toutes les lampes : elle était réglée au moyen d'un contact élastique fait d'un fil de platine de 26/10 de millimètres avec contre-contact en fer. Le contact en bout était un galet de charbon de cornue du diamètre de 30 millimètres, avec une épaisseur de 10 millimètres au centre et de 4 millimètres à la circonférence :

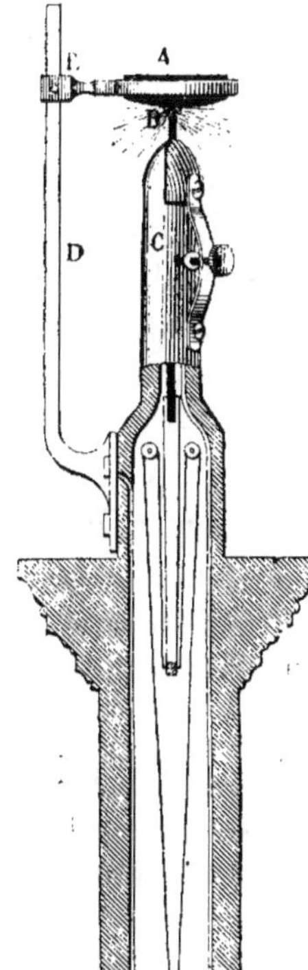
Fig. 80. Lampe Werdermann.

Voici le tableau résumant les expériences :

Nombre de lampes en tension.	Indication du galvanomètre.	Intensité lumineuse de chaque lampe.	Rendement lumineux total.
5	25	15 becs	75 becs
6	22	13 —	78 —
7	20	10 —	70 —
10	15	5 —	50 —

Le régulateur Serrin donnait, dans les mêmes circonstances, avec une déviation de 21°, une intensité lumineuse de 320 becs.

La lampe de M. Reynier est simple, son emploi est commode, son prix peu élevé. Trois grandes qualités. Nous ignorons ce que l'avenir lui réserve au point de vue des applications industrielles, mais dès maintenant sa place est marquée dans tous les laboratoires.

Lampe Werdermann. — La lampe Werdermann, représentée fig. 80, offre une grande analogie avec la précédente, quant au principe. Sa construction seule présente des particularités qui méritent d'être signalées.

Cette lampe se compose : d'un disque en carbone A en communication avec le pôle négatif et d'un petit crayon B en communication avec le pôle positif de la source électrique ; d'un porte-crayon C muni d'une lèvre mobile, d'un ressort et d'une vis pour assurer le contact du crayon contre ses parois ; d'un support D isolé électriquement du corps de l'appareil et d'une bague E servant à maintenir le disque A dans une position déterminée ; enfin d'un contre-poids P agissant par l'intermédiaire d'une corde et de deux poulies sur le crayon B pour amener constamment sa pointe contre le disque A.

Plusieurs expériences ont déjà été faites en Angleterre et en France avec cette lampe ; mais jusqu'à ce jour, il n'existe aucune installation pratique sur laquelle nous puissions porter un jugement.

Lampe Ducretet. — M. Ducretet s'est aussi beaucoup occupé des lampes à contact imparfait et il a présenté récemment à l'Académie des sciences diverses dispositions n'ayant avec les précédentes d'autre différence que le système de rapprochement du charbon incandescent. Nous représentons une de ces dispositions, figure 81.

Dans cet appareil le charbon incandescent plonge dans un bain de mercure T. Un chapeau métallique B qui sert de guide au crayon C est isolé du tube rempli de mercure, soit par un espace libre, soit par l'interposition d'une enveloppe concentrique en bois ; il est mis en communication avec la partie inférieure du tube par un fil conducteur *l*.

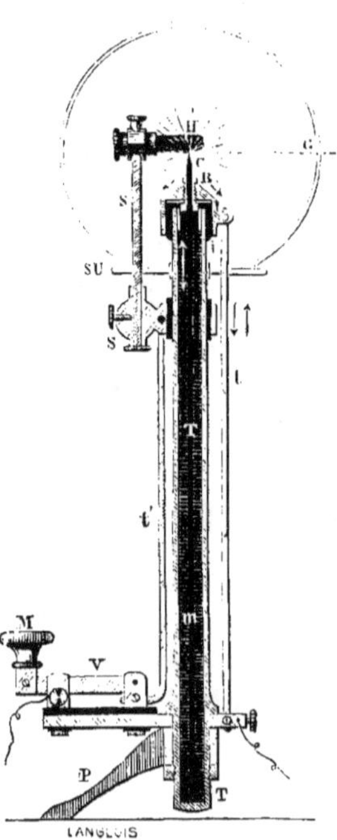

Fig. 81. Lampe Ducretet.

Les guides métalliques fixés sur le chapeau B sont mobiles, et leur ouverture dépend du diamètre des crayons qu'on emploie.

Par suite de l'action répulsive de deux portions consécutives d'un même courant, mais surtout par suite du contact imparfait du crayon G contre le bloc II, qui complète le circuit, il se produit un très petit arc ; puis le crayon rougit sur une certaine longueur et s'use au fur et à mesure de sa combustion, constamment amené au point d'appui H par la poussée du mercure. — La chaleur intense du crayon se communique de suite au chapeau métallique B, puis trouve un écoulement rapide par le conducteur métallique *t*, qui y est fixé. Le calorique tend donc à arriver, par l'intermédiaire de ce conducteur *t*, à la partie inférieure du tube T et à échauffer le mercure par la partie inférieure du tube T ; mais le rayonnement et la masse rendent cet effet nul. Cette dérivation de la chaleur est tellement efficace que, après une expérience de longue durée, le chapeau B devient extrêmement chaud ; mais le tube de fer T reste sensiblement froid à la partie supérieure, où s'arrête le mercure. — Le courant électrique arrive directement, par la masse de l'appareil, à la partie supérieure des crayons ; en même temps, par dérivation, le conducteur *t* amène le courant directement au chapeau B, la portion de crayon traversée par le courant se trouve *ainsi limitée* par la distance comprise entre le bloc II et le chapeau B, lequel a donc pour effet de *guider* les crayons, de *faciliter* le passage du courant électrique et de faire *dériver* le calorique, qui agirait directement sur le mercure, si l'enveloppe isolante *i* était supprimée.

Le conducteur *t'* relie le verrou *v* (isolé de l'appareil) avec le support *s*, également isolé du tube T ; il amène le courant au point d'appui H, qu'il suffit de déplacer un peu, après chaque séance de lumière, pour renouveler la surface de contact.

De tous les physiciens qui se sont occupés de l'incandescence, c'est M. de Changy qui a fait la meilleure lampe à spirale, M. Konn la meilleure lampe à encastrement et M. Reynier la meilleure lampe à contact imparfait.

Ce dernier serait sans doute parvenu à une solution pratique si le problème de l'éclairage par petits foyers électriques ne présentait pas des difficultés presque insurmontables.

Les inconvénients de ce système résident surtout dans son faible rendement par rapport à la force motrice employée, et dans les frais considérables de premier établissement par rapport à l'intensité lumineuse obtenue.

Dans l'état actuel des choses, avec les générateurs d'électricité en usage et les appareils proposés pour utiliser l'électricité, nous ne croyons pas qu'on puisse parvenir à généraliser l'éclairage par incandescence. Il pourra se présenter des circonstances où son application sera intéressante et même utile, mais pour qu'elle se développe, il faut qu'on invente un moteur à gaz d'un prix peu élevé ou que les piles thermo-électriques deviennent réellement pratiques. En attendant, on peut recommander les lampes à incandescence, celle de M. Reynier surtout, dans les laboratoires et chez les industriels qui ont déjà des appareils électriques à puissants foyers et qui peuvent, sans inconvénient, intercaler dans le circuit une ou plusieurs lampes à contact imparfait.

655.79. — Saint-Ouen (Seine). — Imprimerie JULES BOYER (Société générale d'imprimerie).